I0001787

2195

BIBLIOTHÈQUE
DES MERVEILLES

PUBLIÉE SOUS LA DIRECTION

DE M. ÉDOUARD CHARTON

LE SEL

3817. — PARIS, IMPRIMERIE A. LAHURE

9, rue de Fleurus, 9

BIBLIOTHÈQUE DES MERVEILLES

LE SEL

PAR

EUGÈNE LEFÉBVRE

PROFESSEUR DE PHYSIQUE AU LYCÉE DE VERSAILLES

OUVRAGE ILLUSTRÉ DE 49 VIGNETTES DESSINÉES SUR BOIS

PARIS

LIBRAIRIE HACHETTE ET Cⁱᵉ

79, BOULEVARD SAINT-GERMAIN, 79

1882

Droits de propriété et de traduction réservés

LE SEL

PREMIÈRE PARTIE

PROPRIÉTÉS ET USAGES DU SEL

CHAPITRE PREMIER

Les propriétés du sel

1° INTRODUCTION

Abondance du sel dans la nature. — Sel marin. — Le sel dans l'air. —
Sel gemme. — Origine du mot sel. — Opinions des anciens sur le sel. —
Son caractère symbolique. — Le sel de l'esprit. — Vertus médicales du
sel, suivant Pline. — Il rend la terre tantôt stérile, tantôt féconde.

Certaines matières minérales sont abondantes sur des
points déterminés du globe et manquent complètement
ailleurs : d'autres se rencontrent très fréquemment, mais
toujours en petites quantités. L'or, par exemple, est de
ces dernières : il n'existe peut-être pas de sable qui ne
contienne un peu d'or; mais dans les localités les plus
favorisées, le métal précieux ne forme jamais de grandes

1

masses. Le sel, au contraire, est très commun et presque partout très abondant.

L'eau de la mer recouvre les trois quarts de la surface du globe terrestre et forme en certains points une couche de 7 à 8 kilomètres d'épaisseur ; elle renferme en dissolution une quantité de sel qui s'élève environ à 3 pour 100 du poids de l'eau. Si l'on songe à l'immensité de la mer, on voit combien est grande la masse de sel qui s'y trouve contenue. Mais, en outre, les eaux appelées douces ne le sont que relativement : dans toutes il y a du sel, en proportion minime, il est vrai, mais en quantité suffisante pour que les chimistes puissent reconnaître sa présence. Chaque mètre cube d'eau de rivière contient en moyenne 10 grammes de sel : les eaux de source en sont souvent beaucoup plus chargées.

Si l'eau qui séjourne ou celle qui coule à la surface de la terre est toujours plus ou moins salée, l'air au milieu duquel nous vivons contient également du sel. Parmi les poussières solides qui flottent dans l'atmosphère, il y a des parcelles de ce minéral.

Nous les respirons sans cesse, de même que nous buvons le sel dissous dans l'eau : aussi n'est-il pas étonnant que notre sang et nos organes renferment du sel et que tous les êtres vivants, animaux et végétaux, en contiennent aussi.

A tous ces états, le sel est plus ou moins caché : il ne se montre pas sous l'aspect de matière solide, pierreuse, que nous lui connaissons ordinairement : il faut des moyens délicats, des réactifs chimiques pour le découvrir ou déceler sa présence. Mais on le trouve à la surface du sol ou dans les entrailles de la terre constituant une roche, une véritable pierre : c'est alors le *sel gemme*. Il n'existe pas partout ; mais il est rare qu'un pays ayant une certaine étendue en soit absolument dépourvu. En Afrique, quelques populations vivent privées de sel ; mais cela tient surtout aux difficultés des transports dans ces pays sauvages

L'usage du sel, comme condiment destiné à relever la saveur des aliments, est très ancien ; son origine se perd dans la nuit des temps : chez les nations civilisées, le sel est employé, en outre, à la fabrication d'un nombre considérable de produits utiles, le savon, le verre et tant d'autres. Aussi est-ce l'une des richesses minérales les plus importantes, une de celles que les hommes cherchent à se procurer en premier lieu : tantôt ils l'extraient de l'eau de la mer, et recueillent le *sel marin* qu'elle abandonne en s'évaporant au soleil ; tantôt ils mettent à profit et exploitent les bancs de sel gemme qu'ils ont pu découvrir. Heureux le pays qui peut ainsi se procurer en abondance le sel aussi nécessaire que le pain à la vie des habitants ! L'industrie du sel donne lieu à un commerce considérable, crée sur les côtes une pépinière de marins et de pêcheurs et fournit enfin la matière première indispensable à une foule de fabrications.

Quelle est l'origine du mot latin *sal*, duquel sont tirés les noms de sel, *salt* en anglais, *salz* en allemand ? Certains auteurs le font venir de *salum*, la mer. Il est plus naturel d'admettre que tous les noms du sel, ainsi que le mot grec ἅλς, dérivent d'un radical commun.

Le sel par son piquant rend agréables les aliments les plus insipides : aussi n'est-il pas de substance qui ait reçu de l'antiquité plus d'éloges, et de plus magnifiques. Suivant Pythagore, il n'est pas de table qui puisse s'en passer. Pline (xxxi, 7) le compare au soleil et dit que ce sont les deux choses les plus précieuses et les plus nécessaires dans la nature. Plutarque l'appelle l'assaisonnement des assaisonnements et le plus agréable de tous.

Il ajoute que le pain est bien meilleur quand il contient du sel, et que le pain et le sel peuvent suffire à la vie. Horace est du même avis. Il parle aussi du soin avec lequel on conservait chez les Romains la salière de famille (*paternum salinum*).

Aliment précieux, indispensable, le sel a pris un caractère symbolique. Le renverser à table était regardé chez les Romains comme un présage funeste, et la tradition s'en est conservée précieusement jusque dans notre société. En revanche, on plaçait, chez les Grecs comme chez les Romains, le sel devant un étranger à qui on voulait donner une marque d'amitié. Démosthène emploie l'expression, « partager le sel, » comme synonyme de recevoir l'hospitalité. Au moyen âge, le partage du sel est aussi un symbole d'alliance et de fraternité. Aujourd'hui encore, dans quelques contrées de l'Orient, deux hommes qui ont partagé ensemble ou échangé ce présent de la nature, deviennent inviolables l'un pour l'autre. Le pain et le sel offerts sous la tente de l'Arabe assurent l'hospitalité : les Bédouins se mettent réciproquement dans la bouche un morceau de pain saupoudré de sel et contractent ainsi l'*alliance du sel*. Par suite d'une association d'idées analogue, la rétribution accordée pour un service rendu a pris le nom de *salaire*, c'est-à-dire indemnité pour le sel.

Il n'est donc pas étonnant que le sel ait joué dans les cérémonies antiques et dans toutes les religions un rôle auguste. On l'offrait à la divinité dans les sacrifices. Moïse le prescrit dans le Lévitique, parce que le sel est le témoignage de l'alliance que Dieu a faite avec les Israélites, alliance désignée dans les Nombres sous le nom de *pacte éternel du sel*. Les Romains employaient également le sel dans leurs cérémonies religieuses, et, lorsqu'ils offraient des sacrifices, le mélangeaient à la farine de froment, pour se rendre les dieux favorables.

Homère et Platon ne l'ont-ils pas appelé un corps divin très aimé des dieux.

Les Hébreux avaient reconnu eux-mêmes ou appris des Égyptiens que le sel a la propriété de conserver les corps;

ces derniers l'utilisaient dans la préparation des momies. Cette vertu merveilleuse est devenue certainement la cause d'une foule d'usages, notamment de celui qui consistait à frotter de sel le corps des nouveau-nés : ces frictions avaient pour but de donner plus de fermeté à la peau et plus de vigueur aux organes. Le sel devint donc tout naturellement l'emblème de la fermeté, de l'éternité, de l'immutabilité et enfin de la sagesse. Dans l'Évangile, les apôtres sont appelés le *sel de la terre*; et lorsqu'on baptise les enfants, on leur met sur les lèvres le grain de sel de la sagesse (*sal sapientiæ*).

~ Employé à assaisonner nos aliments, le sel leur communique une saveur légèrement piquante, tandis que ceux qui n'en ont pas reçu paraissent sans goût : aussi a-t-on donné le nom de sel au piquant et à la sagacité de l'esprit. On dit que dans un discours, dans un écrit, il y a beaucoup de sel, et comme les Athéniens furent les plus spirituels des Grecs, on dit que c'est du *sel attique*. En latin, les mots *sal*, *sales*, sont employés pour désigner la vivacité et les pointes de l'esprit. Le sel noir (*sal niger*) d'Horace signifie raillerie amère ; un même mot *salsus* veut dire salé et spirituel, tandis qu'un homme dépourvu de sel (*insulsus*) ne peut être qu'un sot; c'est du reste le portrait qu'en fait le poète Catulle.

De tout temps l'homme a cherché des remèdes à ses maux et des secours contre la maladie. Les facultés merveilleuses du sel devaient certainement être mises à contribution par la médecine ancienne : Pline nous a laissé de ses vertus mirifiques un catalogue qui peut servir de modèle pour une étiquette de spécialité pharmaceutique. Si l'on en croit cet auteur, on l'employait tantôt seul, tantôt mêlé au vin, à l'huile, au vinaigre, au miel, à l'origan, à la poix. Mais aussi, il guérit alors la morsure des serpents, les piqûres de guêpes ou de scorpions, aussi bien que la migraine, les ulcères et les verrues. Il est souverain contre les excroissances de chair, contre les maux d'yeux, de dents, contre les angines et les vers intestinaux; rien ne résiste à son action, ni la goutte, ni les coliques, ni les cors aux pieds, ni les engelures; en l'emploie encore avec le plus grand succès dans la jaunisse, l'hydropisie, la toux, ou bien lorsqu'on a été mordu par un crocodile.

Malheureusement il n'est pas de panacée qui n'ait ses détracteurs, et bien souvent nous trouvons dans les auteurs sacrés ou profanes le sel représenté comme un symbole de malédiction. En punition de sa curiosité, la femme de Loth est changée en statue de sel, et lorsqu'une ville doit être punie d'une manière exemplaire, le vainqueur déclare qu'après l'avoir rasée il sèmera du sel à la place où elle s'élevait, afin que rien n'y puisse pousser : le sel devient un instrument de vengeance après avoir été un instrument de vie. Mais ce qu'il y a de plus extraordinaire, c'est qu'on trouvera facilement chez les mêmes écrivains que le sel entretient la fertilité de la terre et que c'est un précieux engrais.

Nous rencontrons donc fréquemment, lorsqu'il s'agit du sel, les produits de l'imagination côte à côte avec la vérité; de sorte qu'il est souvent difficile de démêler ce qui est réel, ce qui est exagéré et ce qui est faux. Les uns en font un présent divin ou un remède à tous les maux; d'autres y voient un instrument de la vengeance céleste, peut-être ont-ils tous raison, au moins en partie. Pour décider la question, il n'est qu'un moyen, c'est de l'étudier à fond et de voir ce qu'est le sel, quelles sont ses propriétés, comment on se le procure et quel rôle il joue dans la nature.

2° PROPRIÉTÉS PHYSIQUES DU SEL.

Le sel est cristallisé. — Sa forme cristalline. — Sa structure intérieure. — Trémies de sel. — Leur formation. — Les cristaux de sel sont anhydres. — Pourquoi ils décrépitent au feu. — Sel cristallisé au-dessous de 0°. — Densité du sel. — Aspects du sel gemme. — Transparence du sel pour la chaleur. — Fusion et vaporisation du sel. — Application de ces propriétés. — Solubilité du sel dans l'eau à diverses températures. — Densité de l'eau salée. — Pèse-sel. — Influence du sel sur la congélation et l'ébullition de l'eau. — Hygrométricité du sel. — Action du sel sur la glace. — Mélanges réfrigérants. — Influence de quelques substances sur la solubilité du sel dans l'eau. — Solubilité dans l'esprit-de-vin. — Flamme de l'alcool salé. — Son analyse au spectroscope. — Lumière jaune produite par cette flamme.

Le sel se reconnaît d'abord à sa saveur agréable et à son aspect particulier. Celui dont on se sert en cuisine ou sur la table est tantôt en grains fins, tantôt en petites masses : on distingue dans le commerce ces deux variétés par les noms de *sel fin* et de *gros sel*. Mais si on les examine avec soin, on reconnaît qu'ils sont tous deux formés de cristaux, c'est-à-dire de fragments solides ayant une forme extérieure parfaitement régulière.

La forme cristalline est toujours la même dans tous les cristaux d'une substance : aussi doit-elle être rangée au nombre de ses caractères distinctifs. Les cristaux de sel sont cubiques : ils ont donc la forme générale d'un cube ou dé à jouer (fig. 1). Il ne faut pas croire cependant que chaque grain de sel ait la régularité du corps auquel nous venons de le comparer : ces cubes peuvent être brisés, accolés ou enchevêtrés les uns dans les autres; mais, dans tous les cas, il est facile de reconnaître que les grains de sel ont toujours trois faces planes et perpendiculaires entre elles, dont l'ensemble forme chaque pointe du cube. On peut admettre que les molécules

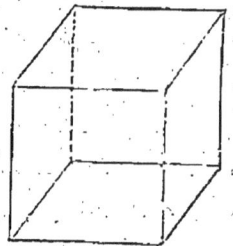

Fig. 1. Cube.

infiniment petites de sel ont elles-mêmes une forme déterminée, peut-être la forme cubique, puisque leur groupement se fait toujours de manière à donner naissance à des agglomérations ou cristaux cubiques.

Cette tendance des molécules d'un cristal à se réunir les unes aux autres toujours de la même façon, se retrouve pour le sel même dans les cristaux d'une certaine grosseur. Ils se groupent et s'unissent de manière à former des espèces de pyramides creuses, dont les faces sont composées de cristaux

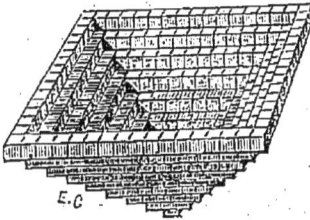

Fig. 2. Trémie du sel.

de sel disposés en escaliers : ces groupements portent dans les laboratoires le nom de *trémies* (fig. 2) ; dans l'industrie le sel qui se présente sous cette forme s'appelle *sel en écailles*. On explique de la façon suivante la formation des trémies à la surface d'une dissolution salée qui, en s'évaporant, abandonne le sel qu'elle contenait. Supposons qu'un petit cristal cubique se soit d'abord formé ; en vertu de sa plus grande densité, il tend à tomber au fond du liquide ; mais l'action capillaire le maintient à la surface (fig. 3). Bientôt il se forme d'autres cristaux dans le voisinage du premier : il est parfaitement démontré, en effet, que la présence d'un cristal quelque petit qu'il soit facilite la cristallisation. De nouveaux cristaux s'accolent au premier suivant ses quatre arêtes horizontales supérieures, et forment au-dessus de ce petit cube un cadre qui descend avec lui dans le liquide (fig. 4). De nouveaux cristaux se groupent autour du premier cadre de manière à en constituer un second (fig. 5) : après le dépôt d'un troisième, l'aspect serait celui de la figure 6 et ainsi de suite. Nous avons supposé qu'il se formait seulement une rangée de petits cristaux cubiques autour des arêtes horizontales du cadre précédemment constitué ; mais il peut aussi bien s'en former deux, trois ou quatre rangées contenues dans un même plan horizontal. Il suffit pour cela que le groupe cristallin ne s'enfonce pas dans le liquide, immédiatement après la formation d'une première rangée. On conçoit donc que la hauteur des pyramides creuses peut varier beaucoup par rapport à la largeur de leur base, suivant que le liquide est plus ou moins tranquille et que l'action capillaire est plus ou moins forte. Lorsque dans les salines on veut obtenir du sel en écailles, il faut conduire l'évaporation d'une cer-

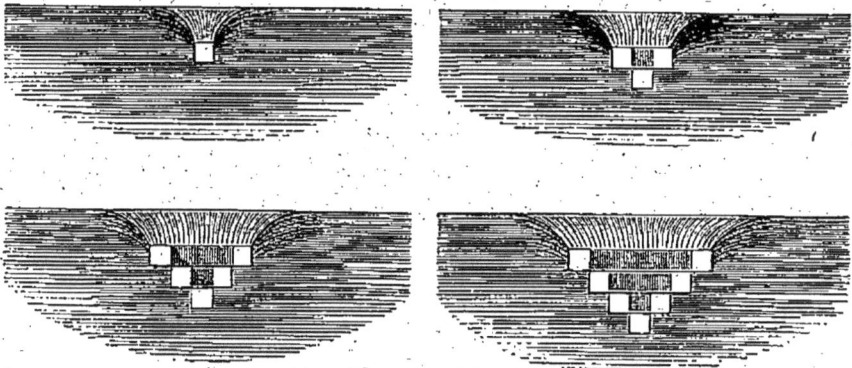

Fig. 3, 4, 5, 6. Formation d'une trémie.

taine façon et employer quelques tours de main bien connus des ouvriers qui dirigent l'opération.

Un grand nombre de substances en cristallisant au milieu de l'eau peuvent se combiner à ce liquide, de sorte que les cristaux formés contiennent une proportion déterminée d'eau : l'alun, les cristaux de soude sont dans ce cas; ces derniers, par exemple, contiennent près des deux tiers de leur poids d'eau (65 %). Il n'en est pas de même du sel; ses cristaux sont *anhydres*, c'est-à-dire qu'ils ne contiennent pas d'eau unie au sel en proportion définie ou, comme l'on dit, *d'eau de cristallisation*. Mais il reste toujours de l'eau interposée entre les lamelles cristallines. Il en résulte un effet curieux quand on chauffe brusquement le sel; l'eau dont nous venons de parler se réduit subitement en vapeurs sous l'action de la chaleur, fait éclater les cristaux et en projette les fragments de tous côtés avec de petites détonations. On dit que le sel *décrépite*. Il suffit pour le constater de jeter dans le feu une poignée de gros sel; on entend une véritable fusillade accompagnée de projections des parcelles cristallines.

On peut cependant obtenir des cristaux de sel contenant de l'eau de cristallisation. Il faut, pour cela, prendre une dissolution saturée de sel et l'abandonner à elle-même sous l'action d'une température de 15 à 20 degrés au-dessous de 0°. On voit s'y former des plaques cristallisées hexagonales qui ne ressemblent en rien au sel ordinaire. Qu'on les sépare, qu'on les mette égoutter, toujours à la même température, et qu'ensuite on les soumette à l'action de la chaleur, l'eau est chassée, le sel reste. On trouve, en comparant le poids du sel restant avec celui des cristaux primitifs, que ceux-ci contenaient :

$$
\begin{array}{lll}
\text{Sel} \dots\dots\dots & 58,5 & 62 \\
\text{Eau} \dots\dots\dots & \underline{36,0} & \underline{38} \\
& 94,5 & 100.
\end{array}
$$

Les chimistes regardent ces cristaux comme formés de 4 atomes d'eau unis à un atome de sel, et les représentent par la formule chimique : $NaCl + 4\,HO$. Ils ne peuvent se conserver à la température ordinaire, et se détruisent même au milieu du liquide dans lequel ils se sont formés : il en résulte de l'eau et une poussière cristalline cubique, formée de sel ordinaire, c'est-à-dire anhydre.

Les cristaux de sel pèsent environ deux fois autant que l'eau à volume égal : Karsten a trouvé pour leur densité le nombre 2,078; Kopp indique 2,15 et Buignet 2,145.

Le sel que nous employons journellement a été extrait, tantôt de l'eau de la mer, tantôt de celle des sources salées, tantôt enfin des bancs de sel naturel; mais dans tous les cas, il a été l'objet d'une fabrication : on l'a fait cristalliser artificiellement. Celui que l'on trouve dans le sol, le sel gemme, n'a pas des propriétés moins curieuses. Le plus ordinairement il a un aspect fibreux et une couleur grise ou rougeâtre. Dans certains pays, il est trans-lucide et même quelquefois tout à fait transparent : tel est le beau sel de Wieliczka, dont on trouve des échantillons dans tous les cabinets de minéralogie et que les physiciens recherchent particulièrement. Bien qu'il soit en masses énormes, sa structure intérieure est d'une régularité parfaite : quand on le brise à coups de marteau, il se casse dans trois directions perpendiculaires entre elles, de sorte que les morceaux obtenus ont leurs faces parfaitement planes et parallèles à celles d'un cube. C'est ce que les minéralogistes expriment en disant que le sel gemme *se clive*, suivant trois plans rectangulaires.

La lumière traverse aisément un morceau de sel gemme : cependant sa transparence est moindre que celle de l'eau ou d'un beau fragment de cristal ; mais il leur est bien supérieur sous un autre rapport. Les rayons du soleil ne donnent pas seulement de la lumière : cet astre nous envoie aussi de la chaleur. Celle-ci traverse l'air, puisque nous éprouvons une sensation de chaleur dès que la radiation solaire nous arrive à travers l'atmosphère. Le rayonnement calorifique traverse également les vitres de nos appartements et bien d'autres corps : mais aucun ne le laisse passer avec autant de facilité que le sel gemme. Pour constater le fait, on emploie l'appareil représenté dans la figure 7. Les rayons de chaleur partent d'une source quelconque A (lampe, boîte pleine d'eau bouillante, etc.), passent par l'ouverture d'un écran C et viennent tomber sur une pile thermo-électrique E : dès que celle-ci reçoit la chaleur, elle donne naissance à un courant dont on mesure l'intensité au moyen du galvanomètre G. On recommence ensuite l'expérience en pla-

çant sur le trajet des rayons de chaleur une plaque D
formée d'une substance quelconque. L'effet produit sur le
galvanomètre est moindre en raison de la chaleur que la
plaque réfléchit et de celle qu'elle absorbe. La compa-

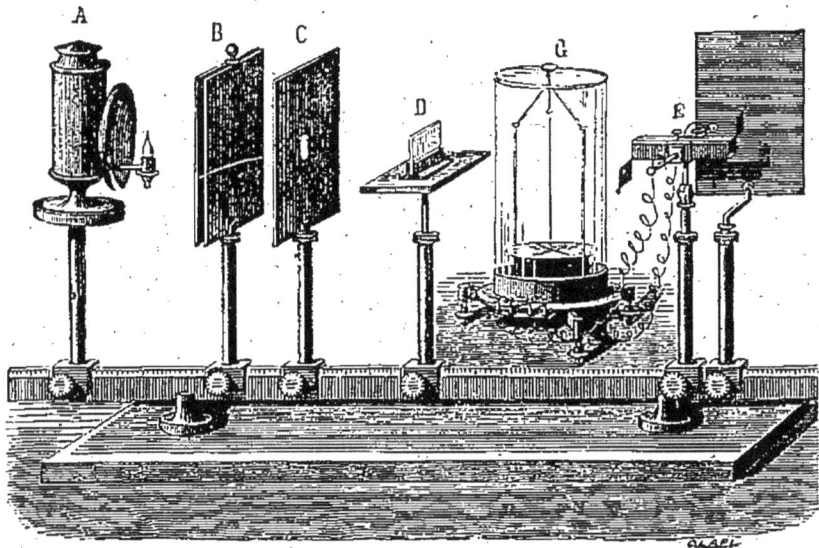

Fig. 7. Transparence du sel pour la chaleur.

raison des deux résultats obtenus permet de déterminer
la proportion de chaleur que des plaques de nature différente peuvent laisser passer.

En opérant de cette façon, on a trouvé que le sel gemme
laisse toujours passer les 0,92 de la chaleur qu'il reçoit,
et qu'en outre la chaleur est transmise avec la même
facilité, quelle que soit son origine. Enfin, l'effet produit
reste toujours aussi fort, même si l'épaisseur de la
plaque de sel devient plus considérable. Il faut donc
reconnaître que le sel gemme possède pour la chaleur
une transparence complète et qu'il n'absorbe aucune
portion de celle qui le traverse. S'il ne transmet que les
92 centièmes et non la totalité de la chaleur incidente,
c'est qu'il y a en même temps réflexion : les 8 centièmes
qui manquent représentent la quantité de chaleur réflé-

chie par la plaque de sel vers la source de chaleur. On ne connaît pas de verre ou de cristal qui soit aussi transparent pour la lumière que le sel gemme l'est pour la chaleur.

Le sel fabriqué et cristallisé artificiellement se comporte d'une façon toute différente : il ne laisse passer qu'une quantité de chaleur beaucoup moindre, environ les 0,12 de la chaleur incidente.

Chauffé dans un creuset recouvert d'un couvercle, afin d'empêcher la décrépitation, le sel fond à 772°. Refroidi, ou bien coulé sur une plaque, pendant qu'il est fondu, il se solidifie et prend la forme d'une masse cristalline opaque qui ne décrépite plus au feu. A une température notablement supérieure à son point de fusion, le sel se vaporise sensiblement : il suffit d'en jeter un peu dans un foyer pour voir apparaître, au bout de quelque temps, des fumées blanches de sel vaporisé.

Cette propriété a reçu une application assez importante : on l'utilise pour le vernissage des grès. Lorsque la poterie est à une très haute température et que sa cuisson est achevée, on projette dans le four quelques poignées de sel marin humide : l'eau et le sel se vaporisent ; leurs vapeurs, agissant sur le silicate d'alumine de l'argile, donnent de l'acide chlorhydrique et un silicate d'alumine et de soude vitreux, très fusible, qui forme à la surface des pièces une sorte de vernis ou de glaçure légère.

Tout le monde sait que le sel se dissout dans l'eau : cette solubilité présente cependant des circonstances exceptionnelles. En général un corps se dissout en plus grande quantité dans l'eau chaude que dans l'eau froide. Lorsqu'on veut faire du sirop de sucre, on a soin d'échauffer l'eau ; quand on laisse, au contraire, refroidir un sirop bien épais, préparé à chaud, on voit une grande partie du sucre se déposer en cristaux (sucre candi). La quantité de sucre qui peut rester en dissolution, est moindre à froid qu'à chaud, et c'est pour cela qu'il cristallise. Rien de semblable ne se produit avec le sel : il ne se dissout guère en plus grande quantité dans l'eau chaude que dans l'eau froide. Cela se déduit des résultats trouvés par Karsten et consignés dans le tableau suivant : les nombres inscrits dans la colonne *sel* indiquent le poids de matière solide contenue, à chaque température, dans 100 grammes d'eau salée.

SOLUBILITÉ DU SEL DANS L'EAU A DIVERSES TEMPÉRATURES.

TEMPÉRATURES	SEL	TEMPÉRATURES	SEL
— 17,4	26,3	61,4	27,9
— 7,3	26,4	64,9	28,0
— 1,1	26,5	68,3	28,1
+ 4,7	26,6	71,1	28,2
10,1	26,7	75,1	28,3
15,3	26,8	78,4	28,4
20,3	26,9	81,7	28,5
25,0	27,0	84,9	28,6
29,6	27,1	88,0	28,7
34,0	27,2	91,0	28,8
38,3	27,3	93,9	28,9
42,4	27,4	96,7	29,0
46,4	27,5	99,5	29,1
50,5	27,6	102,3	29,2
54,1	27,7	105,1	29,3
57,8	27,8	107,9	29,4

On peut donc dire que la solubilité du sel reste à peu près la même à toute température : 100 grammes d'eau dissolvent de 35 à 40 grammes de sel quand la température varie de 0° à 100°. Aussi le sel ne cristallise-t-il pas lorsqu'on laisse refroidir une dissolution saturée à chaud : il faut absolument évaporer la dissolution et en chasser l'eau par l'action de la chaleur, s'il l'on veut obtenir le sel qui s'y trouvait dissous.

L'eau salée possède une densité plus grande que l'eau pure et qui va en croissant à mesure que la quantité de sel dissous augmente. Pour s'en convaincre, il suffit de mettre un œuf dans un vase contenant de l'eau très salée (fig. 8), il flotte à la surface du liquide; il tombe au contraire au fond lorsqu'on le place dans l'eau pure. Si on verse, dans un troisième vase, l'eau pure à la sur-

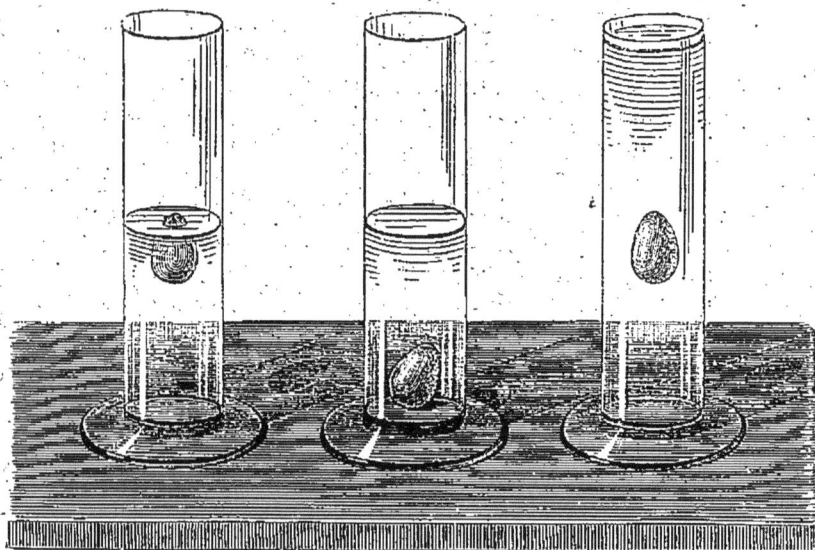

Fig. 8. Densités comparées de l'eau douce et de l'eau salée.

face de l'eau salée, il se fait un mélange des deux liquides dans les parties qui sont en contact : l'œuf mis dans ce liquide descend dans l'eau pure, et s'arrête dans un liquide salé dont la densité est égale à la sienne.

Là densité de l'eau salée contenant une même proportion de sel varie d'ailleurs avec la température. Le tableau suivant donne les densités à 4° et à 18°,75 (15° Réaumur) de dissolutions salées dans lesquelles la proportion de sel varie de 1 pour 100. La première colonne Sel donne la quantité de sel contenue dans 100 parties de la dissolution.

DENSITÉ DE L'EAU SALÉE

SEL	DENSITÉS		SEL	DENSITÉS	
	à 4°	à 18°,75		à 4°	à 18°,75
0	1,0000		14	1,1070	1,1032
1	1,0076	1,0071	15	1,1148	1,1109
2	1,0151	1,0143	16	1,1227	1,1187
3	1,0227	1,0215	17	1,1306	1,1265
4	1,0303	1,0287	18	1,1385	1,1344
5	1,0379	1,0359	19	1,1465	1,1424
6	1,0455	1,0432	20	1,1545	1,1504
7	1,0531	1,0506	21	1,1626	1,1584
8	1,0607	1,0580	22	1,1707	1,1666
9	1,0683	1,0654	23	1,1789	1,1748
10	1,0760	1,0729	24	1,1872	1,1830
11	1,0837	1,0804	25	1,1955	1,1913
12	1,0914	1,0879	26	1,2038	1.1997
13	1,0992	1,0956			

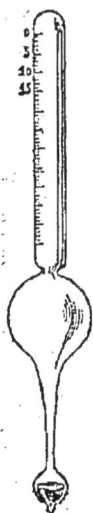

Fig. 9.
Aréomètre
ou pèse-sel.

On peut donc juger de la quantité de sel renfermée dans une dissolution par la densité de celle-ci. Mais la détermination d'une densité est une opération toujours assez délicate, aussi l'a-t-on remplacée par une observation très simple, fondée sur l'emploi d'un instrument nommé *pèse-sel* (fig. 9).

Le pèse-sel ou aréomètre de Baumé se compose d'un flotteur ordinairement en verre, lesté à sa partie inférieure et surmonté d'une tige sur laquelle on met une graduation. L'instrument doit être lesté de façon à flotter dans l'eau et à s'enfoncer alors jusqu'à la partie supérieure de la tige : on a marqué en ce point un trait auquel correspond le 0 de la graduation. Si l'on plonge l'appareil dans l'eau salée, il y flottera également, mais en s'enfonçant d'autant moins que l'eau est plus dense ou plus chargée de sel. On peut donc juger du degré de concentration de l'eau salée par la longueur de la tige qui émerge pendant la flottaison. Afin de pouvoir comparer les résultats obtenus, on détermine sur l'instrument un second point de repère : pour cela, on fait une dissolution de 15 parties de sel dans 85 parties d'eau (densité 1,1148), on y plonge l'aréomètre et on marque 15 au point d'affleurement. L'intervalle 0 — 15 est ensuite partagé en 15 longueurs égales et l'on prolonge les divisions au-dessous du trait 15. On dit qu'une dissolution salée marque 22 degrés Baumé quand le pèse-sel y flotte en s'enfonçant jusqu'à la division 22. Connaissant le degré aréométrique, on peut connaître la densité du liquide et par conséquent la quantité de sel qu'il contient. Le tableau suivant montre que la proportion centésimale de sel est à peu près égale au degré de l'aréomètre :

TABLE POUR L'ARÉOMÈTRE DE BAUMÉ.

DEGRÉ du pèse-sel	DENSITÉ à 15° cent.	SEL pour 100	DEGRÉ du pèse-sel	DENSITÉ à 15° cent.	SEL pour 100
1	1,007	1	14	1,108	14
2	1,014	2	15	1,116	15
3	1,022	3	16	1,125	16
4	1,029	4	17	1,134	18
5	1,036	5	18	1,143	19
6	1,044	6	19	1,152	20
7	1,052	7	20	1,161	21
8	1,060	8	21	1,171	22
9	1,067	9	22	1,180	24
10	1,075	10	23	1,190	25
11	1,083	11	24	1,199	26
12	1,091	12	25	1,209	27
13	1,100	13			

La présence du sel en dissolution dans l'eau élève le point d'ébullition du liquide et abaisse au contraire la température à laquelle il commence à se congeler. Une dissolution saturée de sel bout à 109°,4 et contient alors de 29,4 à 29,5 parties de sel pour 100 parties de dissolution. On utilise quelquefois cette propriété pour obtenir des bains-marie dont la température est supérieure à 100° : ainsi, lors de la préparation de certaines conserves alimentaires, on met les boîtes qui les contiennent dans un bain d'eau salée bouillante. Si, au contraire, on expose au froid l'eau plus ou moins chargée de sel, le point de congélation du liquide s'abaisse. La glace qui se forme alors contient toujours du sel, mais en quantité proportionnellement beaucoup plus faible que la saumure qui reste liquide. On peut de cette façon enrichir des solutions salées, en enlevant la majeure partie de l'eau sous forme de glace. Ce procédé est usité dans le nord de la Russie pour l'extraction du sel contenu dans l'eau de mer.

Le tableau qui suit donne les points d'ébullition et de congélation de quelques dissolutions contenant plus ou moins de sel. Il a été dressé par Karsten :

POINTS D'ÉBULLITION OU DE CONGÉLATION DE L'EAU SALÉE

SEL dans 100 p. de dissolution	POINT de congélation	POINT d'ébullition	SEL dans 100 p. de dissolution	POINT de congélation	POINT d'ébullition
0	0°	+ 100°			
1	— 0 ,76	+ 100 ,21	16	— 11°,69	+ 104°,14
2	— 1 ,52	+ 100 ,42	17	— 12 ,39	+ 104 ,46
3	— 2 ,28	+ 100 ,64	18	— 13 ,07	+ 104 ,79
4	— 3 ,05	+ 100 ,87	19	— 13 ,76	+ 105 ,12
5	— 3 ,78	+ 101 ,10	20	— 14 ,44	+ 105 ,46
6	— 4 ,52	+ 101 ,54	21	— 15 ,11	+ 105 ,81
7	— 5 ,26	+ 101 ,59	22	— 15 ,78	+ 106 ,16
8	— 5 ,99	+ 101 ,85	23	— 16 ,45	+ 106 ,52
9	— 6 ,72	+ 102 ,11	24	— 17 ,11	+ 106 ,89
10	— 7 ,44	+ 102 ,38	25	— 17 ,77	+ 107 ,27
11	— 8 ,16	+ 102 ,66	26	— 18 ,42	+ 107 ,65
12	— 8 ,88	+ 102 ,94	27		+ 108 ,04
13	— 9 ,59	+ 103 ,23	28		+ 108 ,43
14	— 10 ,29	+ 103 ,53	29		+ 108 ,83
15	— 10 ,99	+ 103 ,85	29,4		+ 109 ,04

Le sel possède pour l'eau une certaine affinité : il se conserve, en effet, à l'air par un temps sec ; mais s'il fait humide, les cristaux de sel se mouillent et commencent à entrer en déliquescence. Cet effet est beaucoup plus prononcé avec le sel gris de cuisine : celui-ci contient toujours un peu de chlorure de magnésium dont la déliquescence est plus grande que celle du chlorure de sodium pur. Aussi les ménagères ont soin de conserver la boîte au gros sel dans un endroit chaud et à l'abri de l'humidité : cet appareil leur sert en outre de baromètre ; quand le sel se mouille, elles y voient un pronostic pour la pluie.

Mis en présence de la glace, le sel en détermine la fusion. Que l'on saupoudre de gros sel un morceau de glace bien transparente, chaque grain creuse un petit trou dans la glace qu'il fait fondre, et se dissout dans l'eau ainsi produite. Ce procédé est employé dans certains pays pour faire disparaître rapidement la neige qui tombe dans les rues : on l'a essayé en France, à Paris notamment. Il faut évidemment employer à cet usage du sel impropre à la consommation et par suite exempt de l'impôt, afin que le prix de revient de la matière soit aussi faible que possible. L'emploi du sel dans ces conditions a cependant un inconvénient : la neige et le sel mélangés forment tout d'abord une bouillie liquide dont la température est d'environ 20 *degrés au-dessous de* 0 : aussi est-il fort désagréable d'y marcher.

L'abaissement considérable de température qui se produit alors s'explique aisément. La glace pour se fondre exige de la chaleur : abandonnée à elle-même dans une chambre chaude, elle fond peu à peu en empruntant à l'air la chaleur nécessaire à sa fusion : la met-on dans l'eau tiède, elle fond en prenant la chaleur de l'eau qui se refroidit. On démontre en physique que pour fondre un kilogramme de glace, il faut autant de chaleur que pour échauffer le même poids d'eau liquide depuis 0° jusqu'à 79°. Or, quand on met le sel sur la glace, celle-ci fond aussitôt, sans avoir le temps de prendre de la chaleur aux corps voisins : comme, d'un autre côté, la fusion ne peut s'opérer sans chaleur, la glace en emprunte à elle-même et au sel qui la recouvre : leur température s'abaisse puisqu'ils perdent de la chaleur ; il en résulte un *mélange réfrigérant*. \

Le mélange du sel avec la glace pilée ou la neige est très souvent employé comme moyen de produire du froid ; les proportions les plus convenables sont : un quart de sel et trois quarts de neige ; dans ces conditions, on obtient un froid de 21° au-dessous de 0°. Les physiciens et les chimiste ne sont pas seuls à se servir de ce mélange : les glaciers provoquent la congélation des sirops et des crèmes en plongeant les vases ou *sorbetières* qui les contiennent, dans un seau plein de glace pilée et mélangée de sel.

La solubilité du sel dans l'eau est modifiée et diminuée en général par la présence d'autres substances. Une dissolution saturée de sel, dans laquelle on verse de l'acide chlorhydrique, laisse déposer immédiatement une grande partie du sel qui y était contenu. Il en serait de même, si l'on ajoutait du chlorure de magnésium au liquide salé : cette propriété est appliquée dans l'extraction du sel marin ; son emploi constitue la *méthode des coupages*. (Voir chap. iv, 3°.)

Un fait analogue se produit avec l'alcool. Lorsque celui-ci est pur et complètement exempt d'eau (alcool absolu), il ne dissout pas le sel ; tandis qu'il y a dissolution d'une quantité plus ou moins grande de sel, quand l'alcool est mélangé d'eau.

La flamme de l'alcool dans lequel on a fait dissoudre du sel présente une teinte jaune particulière. Si l'on s'en sert la nuit pour éclairer l'intérieur d'une chambre, les objets perdent leur couleur propre et paraissent tous posséder la teinte jaune de la flamme. La figure des personnes ainsi éclairées n'a plus son aspect rosé et prend une apparence cadavérique particulièrement désagréable. Le changement de couleur est surtout remarquable pour certaines substances très richement colorées : le bichromate de potasse est ordinairement d'un rouge brun très foncé ; il paraît alors presque blanc : le biiodure de mercure, dont la teinte rouge est plus vive peut-être que celle du beau vermillon, devient blanc avec une pointe de jaune pâle. Vue à travers une plaque de verre de couleur verte, la flamme de l'alcool salé est jaune orangé. Ces phénomènes sont faciles à observer, et tout le monde peut répéter l'expérience.

Elle réussit également, si l'on introduit un fil de platine imprégné d'eau salée dans la flamme d'une lampe à esprit-de-vin ou d'un bec alimenté par un mélange de gaz d'éclairage et d'air (bec Bunsen) : ces flammes, dont la teinte ordinaire est d'un bleu pâle, deviennent aussitôt d'un jaune éclatant, tout à fait semblable à celui que produit l'alcool salé. L'effet obtenu tient donc à la présence du sel dans la flamme et non pas à la nature de celle-ci.

Étudions cette flamme de plus près et analysons-la au

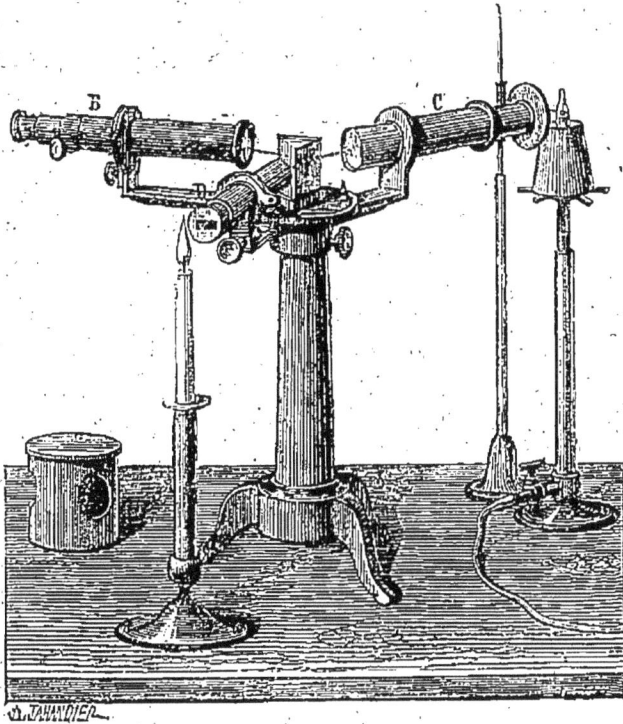

Fig. 10. Spectroscope.

moyen du spectroscope (fig. 10). Le tube C reçoit, à travers une fente étroite, les rayons partis de la flamme du bec Bunsen dans laquelle un support muni d'un fil de platine maintient un peu de sel : ces rayons traversent le prisme placé au centre de l'appareil, se séparent s'ils ont des réfrangibilités différentes, et viennent alors donner dans la lunette B un image colorée et étalée de la fente par laquelle ils sont entrés. Si la lumière émise est homogène, c'est-à-dire si les rayons sont tous de même nature, ils se dévient également dans leur passage à travers le prisme, mais ne fournissent alors qu'une simple ligne lumineuse, dont la position et la coloration changent en même temps.

L'expérience ainsi faite montre que la lumière émise par une flamme, où se trouvent des vapeurs de sel commun, est très sensiblement homogène. L'image de la fente du spectroscope apparaît comme une simple raie lumineuse d'un beau jaune et qui correspond à la raie noire D du spectre solaire (fig. 11). Si l'on emploie un instrument ayant un fort pouvoir dispersif, la raie jaune se dédouble en deux lignes séparées l'une de l'autre, mais très rapprochées. Cette réaction est si extraordinairement sensible, que le sel marin renfermé dans les poussières atmosphériques suffit pour produire le phénomène. En regardant à travers le spectroscope la flamme obscure du bec Bunsen, dans laquelle on n'a pas mis le fil de platine, on voit apparaître la raie jaune, par intervalles. Ces éclats intermittents correspondent au passage des parcelles salées contenues dans l'atmosphère et que le courant d'air amène dans la flamme.

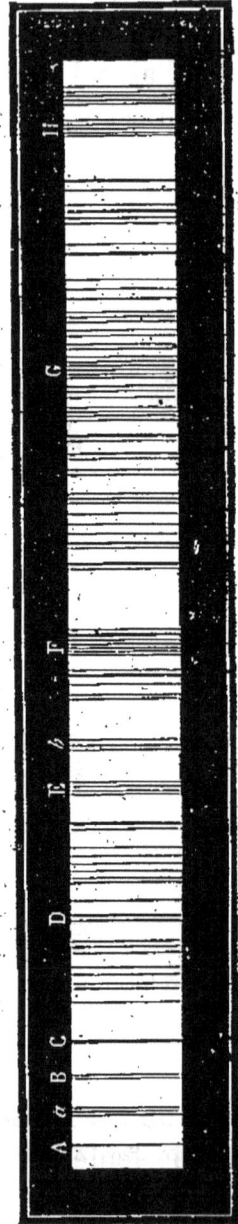

Fig. 11. Les raies noires du spectre solaire

3° LE SEL AU POINT DE VUE CHIMIQUE

Analyse du sel par la pile. — Il est composé de chlore et de sodium. —
Propriétés du chlore. — Propriétés du sodium. — Flamme du sodium.
— Son action sur l'eau. — Synthèse du sel. — Sa composition exacte.

Qu'est-ce que le sel ? Est-ce un corps simple, ou bien
est-il possible d'en séparer des matières diverses ? Faisons
fondre du sel dans un creuset sous l'action de la chaleur,
et plongeons dans la masse deux baguettes de charbon
communiquant avec les pôles d'une forte pile ; une décomposition s'opérera par le passage du courant. A l'électrode
positive, se dégage un gaz d'une odeur très forte, d'une
couleur verdâtre et qui a reçu pour cette raison le nom
de *chlore*. En même temps, se réunissent sur l'électrode
négative des globules fondus, volatils même à cette température et pouvant brûler au contact de l'air avec
une flamme jaune : si on les recueille, après leur solidifi-
cation, on verra qu'ils sont légers, mous, faciles à couper
au couteau : ils présentent alors une section brillante
comme celle de l'argent et d'un éclat métallique très prononcé ; mais ils se ternissent rapidement à l'air. Le corps
auquel nous avons affaire est un métal ; mais c'est un
métal qui se rouille ou s'oxyde à l'air avec la plus grande
facilité : aussi n'y conserve-t-il pas son brillant métallique.
On a donné à ce métal le nom de *sodium*. Comme le
chlore et le sodium n'ont pu jusqu'ici être décomposés
par aucun moyen, on les regarde comme des éléments
ou corps simples, et l'on dit que le sel commun est un
composé de chlore et de sodium : c'est du *chlorure de
sodium*.

Indiquons, en quelques mots, les propriétés les plus
importantes du chlore et du sodium.

Le chlore est gazeux, d'un jaune verdâtre, plus lourd
que l'air : 1 litre de chlore pèse environ 3 grammes,
tandis que 1 litre d'air ne pèse que 1 gramme 3 déci-

grammes. Un froid de 40 degrés au-dessous de 0°, ou bien une pression de 4 atmosphères à la température de 15° suffit pour transformer le gaz chlore en un liquide jaune.

Si l'on verse de l'eau dans un flacon de chlore et qu'on agite, le gaz se dissout et donne une dissolution jaune pâle, employée dans les laboratoires et dans l'industrie sous le nom d'*eau de chlore*.

Même en petite quantité et mélangé à beaucoup d'air, le chlore produit, quand on en respire, une vive oppression et détermine une toux violente. Si l'on continue, il peut survenir des crachements de sang : aussi ne faut-il le manier qu'avec certaines précautions.

Le chlore est un des agents chimiques les plus énergiques. Le phosphore, l'arsenic, l'antimoine qu'on y introduit (fig. 12) s'enflamment en s'unissant à lui. Tous les métaux, même ceux qui

Fig. 12. Combustion de l'antimoine dans le chlore.

sont les moins altérables, l'or et le platine, se combinent au chlore dès qu'on les met au contact de ce gaz.

L'hydrogène mélangé au chlore se combine peu à peu avec lui : cette combinaison est subite et accompagnée d'une violente explosion, lorsqu'on fait tomber la lumière solaire sur le mélange, ou qu'on en approche une allumette enflammée. Il se forme dans ces circonstances un composé de chlore et d'hydrogène, l'*acide chlorhy-drique.*

L'autre élément du sel est le sodium. Ce métal, d'un blanc d'argent, a des propriétés assez différentes de celles que nous sommes habitués à trouver dans les métaux usuels : il est très léger et pèse moins que l'eau à volume égal ; sa densité n'est, en effet, que les 0,97 de celle de ce liquide. Le sodium fond vers 95°,5, température inférieure à celle de l'eau bouillante : le liquide ainsi obtenu bout à la température rouge.

Le sodium est très altérable à l'air ; aussi doit-on le conserver au milieu d'un liquide non oxygéné, tel que l'huile de naphte ou de pétrole. Chauffé au contact de l'air et à une température notablement supérieure à son point de fusion, il finit par s'enflammer : il brûle alors avec une flamme jaune, qui présente tous les caractères indiqués (page 21) pour la flamme de l'alcool salé. C'est donc à la présence du sodium, qu'est due cette lumière caractérisée par la double raie jaune de la figure 11. Un composé quelconque du sodium donne le même aspect à la flamme du bec Bunsen.

Le sodium est peu altérable dans l'oxygène ou dans l'air sec, à la température ordinaire : cependant on reconnaît que le métal fraîchement coupé est très brillant, et qu'il se ternit rapidement : cet effet est dû surtout à l'humidité et à l'acide carbonique contenus dans l'air. Le sodium décompose, en effet, l'eau pour s'emparer de son oxygène et donne alors de l'oxyde de sodium ou *soude.* L'expérience se fait en projetant un fragment de sodium à la surface de l'eau contenue dans un vase : le métal, plus léger que l'eau, reste à la surface du liquide : mais la chaleur dégagée par sa combinaison avec l'oxygène de l'eau détermine sa fusion, de sorte qu'il prend la forme d'un globule fondu. Celui-ci court rapidement à la surface de l'eau, soulevé et poussé par l'hydrogène qui se dégage tout autour de lui.

On peut rendre manifeste le dégagement d'hydrogène, en approchant du globule métallique une allumette enflammée : l'hydrogène s'allume et brûle avec une flamme colorée en jaune par un peu de vapeur de sodium. Quant à la soude, on constate sa présence dans l'eau où elle s'est dissoute. Le liquide peut, en effet, ramener vivement au bleu la teinture de tournesol rougie par un acide : si on y trempe le doigt, la dissolution de soude produit l'effet d'un liquide savonneux, parce qu'elle attaque la peau en formant un savon avec la matière grasse qui entre dans sa composition.

Au lieu d'exposer le sodium à l'action de l'eau ou à celle de l'air, plaçons un morceau de ce métal dans une petite capsule attachée à un fil de fer, et introduisons le tout dans un flacon plein de chlore (fig. 15) : le sodium s'allume, brûle en répandant une épaisse fumée et, quand le métal est brûlé, la couleur jaune du chlore a disparu ; il ne reste dans le flacon qu'une poussière blanche : c'est du sel. Nous pouvons donc faire du sel avec le chlore et le sodium : seulement il faut une proportion exac-

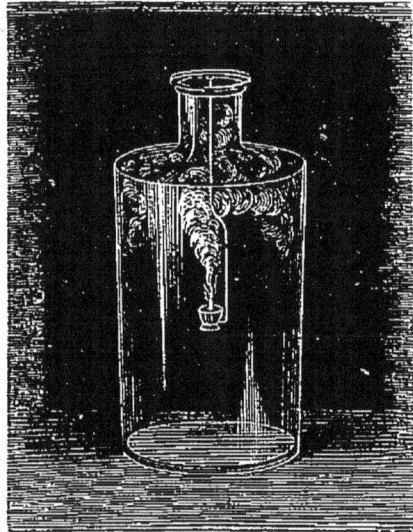

Fig. 15. Combustion du sodium dans le chlore.

tement déterminée de chacun de ces corps : 23 de sodium pour 35,5 de chlore. Après avoir analysé le sel, nous venons de le reconstituer avec ses éléments et d'en faire la synthèse ; nous trouvons ainsi qu'il est formé de

Chlore	35,5	60,7
Sodium	23	59,3
	58,5	100,0

N'est-il pas curieux de voir un métal semblable à l'argent et un gaz vert donner par leur union une poudre solide blanche : celle-ci possède une saveur agréable; elle est tout à fait inoffensive, tandis que le chlore est suffocant, même à dose très faible et que le sodium brûle au contact de l'eau en donnant de la pierre à cautère. C'est en effet le propre des composés chimiques de posséder des propriétés et des caractères essentiellement différents de ceux de leurs composants.

CHAPITRE II

Les usages du sel

1° EMPLOI DU SEL DANS L'ALIMENTATION

e sel est un aliment nécessaire. — Il existe dans les liquides de l'organisme. — Le sel favorise les combustions organiques. — Il maintient
l'albumine à l'état de dissolution. — Il facilite la digestion. — Rôle du
sel dans les phénomènes d'absorption. — Expériences d'endosmose. — Le
sang est salé et alcalin. — Quantité de sel contenu dans le sang. — De
la quantité de sel nécessaire dans l'alimentation. — Travaux de Milne
Edwards sur ce sujet. — Conclusions. — Observations faites en Angleterre. — Influence de l'impôt sur la consommation du sel.

Le sel joue un rôle des plus importants chez l'être vi-
vant : il entre dans la composition du sang de tous les
animaux et de l'homme en particulier. Aussi est-ce le
plus employé de tous les condiments; on pourrait même
dire que c'est un aliment nécessaire. La presque totalité
des hommes en font usage : si quelques peuplades paraissent s'en passer, il ne faut pas oublier que le sel est
fort répandu et que les aliments ordinaires en contiennent toujours naturellement. On raconte que des sei-
gneurs russes, voulant réaliser des économies, privèrent
un jour de sel leurs paysans : ces malheureux devinrent
gravement malades, hydropiques ; au bout de peu de
temps leur santé était si délabrée qu'il fallut leur fournir
de nouveau cet aliment. Un physiologiste a voulu vérifier
le fait sur lui-même : il se soumit à une alimentation
absolument exempte de sel et put constater, qu'à partir
de la fin du troisième jour, des désordres graves se pro-
duisirent chez lui.

Pendant le siège de Metz, en 1870, la privation la plus

sensible fut le manque de sel : tous les aliments, viandes, pain, légumes, paraissaient sans saveur, faute de ce condiment auquel nous sommes habitués.

Tous les liquides, tous les tissus de l'économie, excepté l'émail dentaire, contiennent du sel marin : mais, en outre, on trouve dans les liquides organiques, ici de la soude, là de l'acide chlorhydrique libre ou combiné à différentes bases. Il n'est pas douteux que le sel leur en fournit les matériaux : la soude du chlorure de sodium est nécessaire à la composition du sang, de la salive, de l'urine, et de la bile qui lui doit son alcalinité ; l'acide chlorhydrique communique au suc gastrique d'importantes propriétés.

Quel est le rôle du sel dans les phénomènes de nutrition ? Comme il est assez complexe, nous indiquerons successivement les points principaux. L'usage du sel amène une augmentation dans les combustions : chez l'homme soumis à un régime fortement salé, la proportion d'urée s'accroît d'une façon très notable et la température moyenne s'élève sensiblement. Cet accroissement dans la combustion organique est lié à l'augmentation du nombre des globules du sang : une personne prit chaque jour pendant deux mois 10 grammes de sel de plus qu'à l'ordinaire ; les globules augmentèrent dans la proportion de 26 à 29 ; en même temps, l'eau et l'albumine diminuèrent sensiblement. Cet accroissement du nombre des globules rouges n'est pas dû à une action génératrice des globules, comme l'est celle du fer : il provient de l'action conservatrice exercée par le chlorure de sodium sur les éléments globulaires, sur les *hématies*. Place-t-on, sous le microscope, du sang additionné de sel marin, on voit les globules se détruire moins vite que dans l'eau pure. On comprend dès lors pourquoi le sel développe l'énergie des fonctions vitales.

On admet de plus aujourd'hui qu'une partie de l'albumine du sérum sanguin existe dans le sang à l'état de combinaison avec la soude, et même avec le chlorure de sodium. Cette union maintient l'albumine à l'état de dissolution et l'empêche de passer à travers les membranes des organes sécréteurs en général et du rein en particulier. Que la proportion de soude diminue dans le sang, ainsi que cela se produit à la suite d'une alimentation dépourvue de sel, l'élimination de l'albumine apparaît bientôt. La privation de sel amène l'albuminurie et le dépérissement qui l'accompagne.

Projeté sur la peau dénudée, le sel produit un picotement vif et pénible, un afflux du sang et un écoulement de sérosité : sur la peau saine, le contact prolongé du sel amène à la longue une certaine irritation. Il n'est donc pas étonnant qu'il excite la muqueuse de la bouche, augmente la sécrétion de la salive et celle du suc gastrique : aussi provoque-t-il l'appétit. Mais il n'agit pas seulement sur la quantité de suc gastrique produit; il en modifie la composition et le rend plus fortement acide, ainsi que cela a été reconnu expérimentalement. Les matières alimentaires animales, certaines substances minérales, comme le phosphate de chaux, se dissolvent mieux; la digestion est, en un mot, plus complète. Un repas non assaisonné de sel pèse sur l'estomac : les aliments ingérés se ramollissent lentement et incomplètement : les matières nutritives versées dans l'appareil circulatoire deviennent moins abondantes.

Pris en quantité plus considérable, le sel provoque la soif avec sensation de sécheresse à la gorge et de chaleur générale. On est donc amené à boire davantage, ce qui produit l'augmentation de plusieurs sécrétions, et en particulier de celle du lait. Aussi recommande-t-on ordinairement aux nourrices d'user abondamment du sel. L'augmentation du lait est incontestable dans ces conditions; mais elle doit porter particulièrement sur la quantité d'eau : il y a donc probablement accroissement de la quantité aux dépens de la qualité.

Le sel, en résumé, produit une excitation générale des fonctions digestives et par suite de la vitalité : mais il agit encore puissamment, suivant Liebig, sur l'absorption des matières alimentaires. Adaptons à un vase v (fig. 14) un bouchon muni d'un tube n, fermons l'orifice inférieur avec un morceau de vessie ab ramollie dans l'eau, mettons de l'eau dans le vase et plongeons-le dans un verre contenant aussi de l'eau, de manière que les deux niveaux se trouvent dans le même plan : on ne remarque même après plusieurs jours aucun changement dans la hauteur relative des deux liquides. Mettons alors un peu de sel dans l'eau du vase v; en quelques instants, le niveau du liquide y montera au-dessus du niveau extérieur. Si, au contraire, on avait mis le sel dans l'eau du verre, il y aurait eu sortie du liquide du vase v. La même

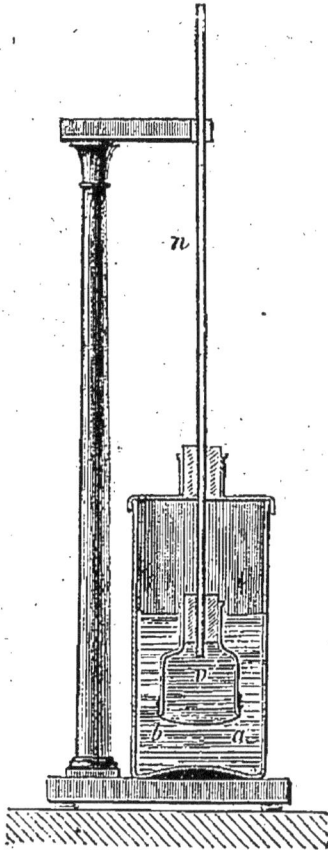

Fig. 14. Endosmose.

expérience peut être répétée en remplaçant l'eau salée par du sang de bœuf défibriné : il y a passage de l'eau vers le sang, à travers la vessie.

La faculté que possède la membrane de faire passer l'eau vers le côté où se trouve le sel, dépend d'un excès de celui-ci : lorsque les liquides sont également salés, il ne se produit plus de passage ; il se fait, au contraire, d'autant plus vite que la différence entre la proportion de sel des deux liquides est plus grande. Si l'on ajoute à la dissolution de sel une matière alcaline, un phosphate ou un carbonate alcalin, la faculté d'absorption est aussitôt augmentée : si le liquide extérieur est légèrement acide et que l'eau salée contenue dans le tube soit alcaline, l'écoulement se fait très vite du liquide acide vers le liquide alcalin.

Ces expériences donnent une idée de l'absorption dans l'économie animale et du rôle que le sel y joue. L'organisme réunit toutes les conditions pour que les vaisseaux remplis de sang deviennent une parfaite pompe aspirante, fonctionnant sans robinet, ni soupape ; car la dissolution des aliments effectuée dans l'estomac est acide, tandis que le sang est à la fois salé et alcalin. Si l'on avale de l'eau pure, elle pénètre immédiatement dans le sang et se trouve bientôt éliminée par l'urine : mais si l'on prenait de l'eau fortement salée, plus chargée que le sang, il se ferait le contraire d'une absorption ; il y aurait purgation.

Nous voyons par là combien est important le rôle du sel : il est contenu dans le sang, non seulement à l'état de chlorure de sodium, mais aussi transformé sous forme de matière alcaline ; il fournit au sang de la soude, tandis que l'acide chlorhydrique passe dans le liquide digestif auquel il communique l'acidité. La proportion de sel dans le sang doit donc atteindre un certain chiffre pour que les phénomènes de la vie s'effectuent d'une façon normale : aussi le sang est-il le plus salé de tous les liquides animaux. Tandis que les matières minérales renfermées dans la salive, le suc gastrique, contiennent seulement 10 à 12 centièmes de sel, ce principe constitue 50 à 60 pour 100 des cendres du sang. Si l'on rapporte le poids du sel, non pas à la quantité des matières minérales, mais au poids total du sang, on trouve que le liquide nourricier renferme 4 grammes ou 4 grammes et demi de sel par kilogramme de sang

Le chlorure de sodium pénètre dans l'organisme par

les aliments et par les boissons : la quantité qui est absorbée chaque jour par le tube digestif varie beaucoup
avec les personnes et avec le genre de nourriture. Cependant la proportion normale que nous venons d'indiquer
pour le sel contenu dans le sang reste très sensiblement
constante. On doit en conclure qu'il s'élimine rapidement,
dès qu'il est employé en quantité supérieure à la dose
nécessaire. La sécrétion urinaire est la voie ordinaire de
l'élimination des matières minérales : aussi la proportion de sel contenu dans l'urine est-elle en rapport direct
avec la nourriture de l'individu et avec la quantité de sel
absorbée. Le sel dans l'organisme se comporte comme
l'eau : il ne se fixe pas et se trouve dans un état d'échange
continuel; celui qui entre en fait sortir une quantité
équivalente. Quelle est donc la dose journalière indispensable? Ici les évaluations sont très diverses : Barral
estime qu'elle varie entre 6 et 12 grammes pour un
adulte, 3 et 5 grammes pour un enfant. Avec le genre
d'alimentation des Français, la majeure partie est prise
dans les potages : les autres aliments, le pain, la viande,
les légumes, en contiennent aussi cependant : car tous
les aliments, même ceux dans lesquels on met du
sucre, doivent le plus souvent renfermer un peu de
sel.

Milne Edwards, dans un travail fort important sur la
consommation du sel, est arrivé à des conclusions remarquables et auxquelles l'esprit éminemment scientifique
de leur auteur donne une grande valeur. On prétend souvent que la dose de la consommation normale de sel ne
peut être obtenue en France, parce que l'existence d'un
impôt élève le prix de cette marchandise, et fait faire des
économies dans son emploi : aussi Milne Edwards a-t-il
étudié comparativement la consommation en Angleterre,
où l'impôt du sel est aboli depuis 1825.

Les observations de Milne Edwards, confirmées par
celles d'autres savants, ont montré que l'on peut ad-

mettre pour la consommation annuelle de chaque individu à Paris, les nombres suivants :

Kilog.	Gramm.	
6	500	pour un homme adulte,
4	500	— une femme,
2	500	— les enfants et jeunes gens des deux sexes.

Si l'on admet, ce qui est conforme aux résultats des recensements, que la population est également partagée entre ces trois catégories, la moyenne générale pour la population entière sera de 4 kilogrammes 500 grammes par tête.

Passons aux observations faites en Angleterre. Pendant les 25 premières années du siècle, la taxe du sel a été considérable, et a varié de 50 à 75 centimes environ le kilogramme : la consommation était alors sensiblement ce que nous l'avons trouvée pour la France, 4 kil. 500 par personne. Depuis la suppression de l'impôt, le prix du sel est descendu extrêmement bas; la consommation, s'élevant à 5 kilogrammes 800 grammes, a augmenté *d'un tiers* à peu près. Cet accroissement ne tient pas à une augmentation réelle de consommation, mais à un gaspillage naturel d'une denrée de peu de valeur : on l'emploie, dans les cuisines, pour écurer les ustensiles de cuivre ou pour aviver le feu de braise dont on se sert pour faire griller la viande. Ajoutons que le mode d'emploi du sel n'est pas le même en France et en Angleterre. Chez nous les aliments sont d'ordinaire suffisamment salés avant d'être servis sur la table; les Anglais les salent fort peu pendant la cuisson, chacun prend le sel sur son assiette et en use suivant son goût : il en reste après le repas une quantité considérable qui est perdue. En réalité, le chiffre de consommation trouvé en Angleterre confirme celui qui a été obtenu pour la France; nous pouvons, par conséquent, admettre comme parfaitement établie la dose de 4 kilogrammes et demi par personne et par an. Il est, en outre, démontré que l'existence d'un impôt, assez minime en réalité (10 centimes par kilogramme), n'a pas d'influence bien sensible, en France, sur la quantité de sel consommé pour l'alimentation.

2° CONSERVATION DES MATIÈRES ALIMENTAIRES.

L'homme civilisé cherche à conserver ses aliments. — Le sel dessèche la viande et la rend imputrescible. — Salaison de la viande. — Les momies égyptiennes. — Qualités du sel à employer. — Préparation de la viande salée. — Action du salpêtre. — Emploi du vide pour la salaison des viandes. — Salaison du porc. — Influence sur la santé de l'usage des viandes salées. — Le scorbut. — Salaisons d'Amérique. — Salaisons de poissons. — La morue. — Poissons divers. — Le caviar. — Salaison des œufs en Chine. — Salaison des légumes. — La choucroute.

De tout temps, les hommes ont cherché à empêcher la décomposition spontanée des matières alimentaires, et se sont efforcés de les conserver pour en faire usage selon leurs besoins. Tandis que le sauvage gorgé de viandes laisse perdre autour de lui le superflu de sa chasse, quitte à mourir de faim quelques jours après, l'homme civilisé domine le hasard en conservant ses provisions. Le sel représente, jusqu'à un certain point, le principe conservateur dans la nature : il empêche, au dire d'un poète anglais, les eaux de la mer de se corrompre et, après avoir servi à confire l'Océan (*to pickle the Ocean*), il permet à l'homme de sillonner sa surface. Sans l'usage des viandes salées, on n'aurait jamais pu entreprendre les voyages de long cours et les expéditions lointaines, dans lesquelles les navires restent quelquefois plusieurs années sans pouvoir se ravitailler.

Le plus puisssant moyen de conservation pour les matières organiques est la dessiccation : le sel la favorise énergiquement et agit dès lors comme antiseptique. Toutes les ménagères savent que la viande fraîche saupoudrée de sel finit, au bout de quelques jours, par nager dans une saumure liquide : il est bien connu que le poids de la viande diminue beaucoup dans ces circonstances. Le sel s'empare de l'eau qui imprègne les fibres animales et, lorsque le liquide salé s'est écoulé, la dessiccation de la masse est par cela même fort avancée. Liebig prétend que la saumure liquide qui se sépare, contient une grande partie des principes nutritifs de la viande, et qu'on peut les retrouver en l'évaporant. Le sel agit ainsi sur les fibres et sur les matières albumineuses auxquelles il enlève leur eau de constitution : en même temps, il s'unit intimement avec elles et les rend alors plus sèches, plus coriaces et jusqu'à un certain point imputrescibles. Les poissons, les œufs, les légumes peuvent également se conserver sous l'action du sel.

Le secret de saler la viande est fort ancien ; il en est fait mention dans Homère et dans Hésiode. Selon Hérodote, il a été employé en Égypte[1] de toute antiquité. De nos jours, ce moyen de conservation est appliqué partout à la campagne pour l'usage journalier, et en grand, dans l'industrie, pour la préparation de produits alimentaires destinés à l'exportation et à la marine. Les viandes que l'on sale sont celles de bœuf et de porc : quant au sel, il n'est pas indifférent d'employer toute espèce de produit. Le meilleur pour les salaisons est blanc, en grains fins, doué d'une certaine déliquescence, c'est-à-dire contenant un peu de chlorure de magnésium. Les sels des marais salants du Portugal jouissent d'une grande réputation pour cet usage.

Les viandes destinées à être salées doivent avoir été saignées avec soin, séparées des gros os et dégagées de tout viscère ou débris. On les coupe en morceaux de peu d'épaisseur que l'on frotte soigneusement avec du sel, de

---

[1] Les momies égyptiennes, que tout le monde connaît, doivent leur conservation à la dessiccation qu'elles ont subie et au sel dont elles ont été imprégnées. Le peuple, qui avait ainsi trouvé le moyen de conserver les morts, devait certainement employer le même procédé, la salaison, pour les chairs qu'il mangeait.

manière à le faire pénétrer entre les masses musculaires. On dispose ensuite les morceaux dans des barils et on en forme des lits que l'on sépare avec des couches de sel : lorsque le baril est plein et que la dernière couche de sel a été placée, on verse avec précaution une quantité de saumure suffisante pour remplir les vides. Au bout de 8 ou 10 jours, on retire les viandes, on les laisse bien s'égoutter et on les remet de nouveau en baril avec du sel plus gros. Les barils sont alors fermés et livrés à la consommation.

Le sel employé seul donne à la viande une teinte pâle, d'un blanc grisâtre : aussi ajoute-t-on toujours au chlorure de sodium un ou deux centièmes de salpêtre. A dose très petite, ce produit a le propriété de conserver à la chair, pendant la salaison et même après la cuisson, cette belle couleur rouge que tout le monde recherche pour le lard ou le jambon.

Le procédé suivant donne de bons résultats pour la salaison de grandes quantités de viande. On place celle-ci dans un réservoir solide, hermétiquement clos et où l'on peut faire le vide au moyen d'une pompe pneumatique. A mesure que la pression diminue, la viande se gonfle, et quand le vide est fait, son volume est augmenté d'un tiers. Au moyen d'un robinet, on fait alors entrer dans le réservoir une saumure saturée de sel additionné de 2 à 5 pour 100 de salpêtre : elle entre dans tous les pores de la viande dilatée par le vide et, en quelques minutes, elle y a suffisamment pénétré. On retire la viande, on la fait égoutter pendant quelques jours ; après quoi, on peut la mettre en baril et l'expédier. La viande ainsi préparée est, paraît-il, plus nourrissante et possède une saveur plus agréable qu'avec les procédés ordinaires.

Les salaisons de porc se préparent à la campagne par des procédés fort simples : les morceaux bien apprêtés sont frottés de sel et placés dans un saloir en bois ou mieux en pierre, au milieu d'un mélange de sel, de sal-

pêtre et de quelques condiments aromatiques végétaux.
Il se forme une saumure dans laquelle on laisse souvent
la viande pendant fort longtemps : d'autres fois, particulièrement pour le lard, les morceaux sont retirés du saloir
et abandonnés à l'air où ils se dessèchent.

Voici la composition approximative de différents morceaux de porc salé.

COMPOSITION	JAMBON SALÉ	JAMBON FUMÉ	LARD	LANGUE
Eau	62,6	59,7	9,1	69,7
Matières grasses. . . .	8,7	8,1	75,8	8,2
Sels	6,4	7,1	6,0	3,0
Matières albumineuses.	8,6	9,2	1,1	2,1
Fibres, nerfs, tendons .	11,2	12,6	7,3	4,3
Matières gélatineuses..	2,5	3,3	0,7	12,7
	100,0	100,0	100,0	100,0

On doit toujours, avant de consommer les viandes salées,
leur enlever le sel en excès. On les met ordinairement
dans un vase plein d'eau : mais il vaut mieux les sus-
pendre au milieu de ce liquide. Il faut alors moins de
temps et moins d'eau pour dessaler la viande. L'usage
prolongé et exclusif des viandes salées n'est pas favorable
à l'entretien de la santé : on lui a souvent attribué le
développement du *scorbut*, affection terrible qui dé-
cime les équipages, particulièrement dans les régions
polaires. Il est très probable qu'elle n'est pas due simplement à l'influence des salaisons, mais bien à un ensemble
de causes diverses, telles que le froid humide, le mauvais
air, l'agglomération des individus, les privations de toutes
natures, la tristesse, enfin la mauvaise nourriture. On
combat le scorbut par une médication qui consiste
d'abord à supprimer autant que possible les causes qui
l'ont produit; on fait en même temps prendre au malade

des aliments végétaux, oseille, cresson, fruits acides, vin.

L'Amérique livre actuellement à la consommation des quantités énormes de viandes salées. Le bœuf salé et le bœuf séché, ou *tasajo*, s'obtiennent dans les saladeros de l'Amérique du Sud où des milliers d'animaux sont sacrifiés chaque jour : on y sale également les peaux qui sont ensuite expédiées pour les besoins de la tannerie. Dans le Nord, à Chicago, à Cincinnati, etc., on fabrique les salaisons de porc : nous n'entrerons pas dans le détail assez répugnant des procédés mécaniques au moyen desquels les malheureuses bêtes sont égorgées d'une manière continue, flambées, vidées, dépecées et salées par quartiers.

Les poissons qu'on sale le plus ordinairement sont la morue, le hareng, la sardine, l'anchois, le maquereau, le saumon, le thon. Cette pratique paraît être fort ancienne et remonter au onzième siècle pour le moins : vers le milieu du quinzième le pêcheur hollandais, Guillaume Buckelz, la perfectionna et introduisit l'habitude de vider les harengs que l'on veut saler.

La pêche de la morue est une opération maritime des plus importantes : les navires se rendent à cet effet en Islande ou à Terre-Neuve. Chaque matelot, établi dans un tonneau amarré le long du bordage, est muni d'une ligne ayant près de 150 mètres de long. Quand le poisson a mordu, le pêcheur retire sa ligne, saisit le poisson, lui arrache la langue et la met de côté pour établir le compte des poissons qu'il a pris[1]. On ouvre alors les morues; les entrailles sont mises de côté pour servir d'appât; le foie est séparé pour en retirer l'huile; les œufs sont également enlevés et servent à faire la *rogue*, ou amorce pour la pêche de la sardine. On *habille* ensuite la morue, c'est-à-dire qu'on la fend et qu'on l'étale après avoir enlevé la tête et l'arête : puis on empile les poissons en les sé-

---

[1] Les langues de morue salées à part fournissent un mets délicat.

parant par une couche de sel; au bout de deux jours, quand ils ont bien pris le sel, on les entasse dans la cale ou dans des futailles. C'est la *morue verte*, celle que l'on consomme ordinairement en France, après lui avoir fait subir un lavage et une dessiccation rapide au port d'arrivée.

La *morue sèche* ou *merluche* se prépare à terre dans des baraques, au printemps et pendant l'été. Après l'avoir salée, on l'étend au soleil pendant 8 ou 10 jours consécutifs; elle se dessèche et prend de la couleur (fig. 15).

Le *stock-fisch* ou poisson-bâton est la morue salée,

Fig. 15. Séchage de la morue.

séchée au feu et roulée en bâton : on la consomme surtout en Norvège.

La salaison des autres poissons se fait d'une façon analogue. On les met une première fois dans le sel, puis, au bout de quelques jours, on les relève pour les emballer définitivement. Le maquereau se sale à bord des navires affectés à la grande pêche; on le prépare ensuite à Fécamp et à Saint-Valéry. Granville et Saint-Malo nous envoient le saumon salé. La sardine se pêche et se prépare à l'embouchure de la Loire. Dieppe est le port renommé pour le hareng : on distingue les harengs *caqués*, qui ont été vidés avant d'être salés, et les harengs *braillés*, qui ont conservé les ouïes et les viscères; on fume ordinairement ces derniers pour en faire les harengs *saurs.* Les harengs sont *pleins* ou *gais* : on leur donne ce dernier nom, quand ils ne contiennent ni œufs, ni laitance.

Le grand esturgeon du Volga fournit une substance alimentaire très employée en Russie, en Allemagne, etc. : c'est le *caviar*. On le prépare avec les œufs d'esturgeon lavés soigneusement et confits dans le sel. Astrakan est le centre de la fabrication du caviar.

En Chine, on sale les œufs de poule et on peut ainsi les conserver pendant plusieurs années. Il suffit, pour cela, de les mettre dans une eau saturée de sel, et de les y laisser jusqu'à ce qu'ils coulent d'eux-mêmes au fond de l'eau; on les retire alors et on les met en caisse. Ces œufs ne peuvent qu'être mangés durs : et ils sont alors salés à point.

Les matières végétales alimentaires peuvent également être préservées de la décomposition par l'action du sel. Beaucoup de personnes conservent de cette façon les haricots verts; elles les mettent simplement dans des pots en grès et les saupoudrent de sel : au bout de quelques jours, il se forme une saumure abondante; on force les légumes à y rester plongés en les chargeant d'une pierre.

La salaison végétale la plus employée est la *choucroute*, (de l'allemand *sauer-kraut*, aigre-chou), conserve de chou fabriquée au moyen du sel; elle est plus salubre et plus facile à digérer que le chou dans son état naturel. On la prépare avec le gros chou blanc, que l'on coupe en tranches minces avec une sorte de rabot, après avoir enlevé la portion centrale : ainsi obtenus les rubans sinueux de chou sont placés par couches dans un tonneau, en alternant avec des couches de sel. Les couches de chou doivent avoir un décimètre d'épaisseur

à peu près : la proportion de sel est d'un kilogramme
pour 40 kilogrammes de choux : on doit commencer et
finir par une couche de sel, et avoir soin de bien tasser
le tout avec une buche de bois, à chaque couche que
l'on fait; ordinairement on ajoute des grains de genièvre
ou de carvi. On recouvre alors la masse d'une toile et
d'un disque de bois un peu moins large que le tonneau : un poids de 70 à 80 kilogrammes l'empêche de
se soulever pendant la fermentation. Une odeur assez
infecte se dégage, par suite de la formation d'acide lac-
tique et même d'acide butyrique : aussi fait-on écouler
la première saumure et on la remplace par de la fraîche.
Une température basse est nécessaire pour la réus-
site complète de l'opération qui est terminée au bout de
5 semaines ou un mois. La choucroute est un excellent
antiscorbutique : les Anglais en font de grands approvi-
sionnements pour la marine; le capitaine Cook, pendant
une navigation de trois années, en fit donner deux fois
par semaine à son équipage, et parvint à le maintenir en
bon état de santé.

5° EMPLOI DU SEL EN AGRICULTURE.

Stérilité des plaines de sel en Afrique, en Amérique, en Asie. — Les partisans du sel comme engrais. — Expériences faites en Angleterre. —
Opinion d'un homme d'État anglais à cet égard. — Le sel n'est pas un
engrais. — Goût des animaux domestiques pour le sel. — Observations
sur les animaux sauvages. — Opinions diverses sur l'utilité du sel dans
la ration des animaux. — Expériences de Boussingault. — Influence sur
la production du lait. — Cas particulier de la Suisse. — Il est bon
d'ajouter du sel à certains aliments. — Action hygiénique du sel sur le
bétail. — Introduction du sel dans les fourrages avariés. — Conclusions.

Il est peu de questions qui aient donné lieu à autant
de controverses que celle de l'emploi du sel en agriculture : elle comprend d'ailleurs deux parties tout à fait
distinctes. Le sel peut-il servir comme engrais ou comme
amendement dans la culture des terres ? Son usage est-il

avantageux pour la nourriture ou l'engraissement du bétail ?

Il existe à la surface de la terre d'assez nombreuses contrées dont le sol est fortement salin : or rien n'égale l'aspect de désolation et de stérilité des plaines de sel qui remplacent çà et là le tapis de verdure de la terre. Dans celles de l'Afrique, toute trace de végétation a disparu : les esclaves qui récoltent le sel dans le Sahara périssent de faim et de soif, dès qu'il se produit un retard dans l'arrivée de la caravane qui doit leur apporter les provisions d'eau et de vivres ; car, autour d'eux, le sol n'offre aucune ressource. Il en est de même dans l'Amérique du Sud, où se trouve un immense désert salé.

La vallée comprise entre Tadmor et l'Idumée est également stérile à cause de la présence du sel. C'est probablement cette circonstance qui a inspiré aux écrivains juifs l'idée d'associer le sel à la vengeance divine et humaine. *Semer du sel* est une métaphore employée dans les Écritures pour figurer la désolation et la stérilité. La même image biblique reparaît de temps en temps dans l'histoire : en 1596, Jacques VI menaça la ville d'Édimbourg de la raser et d'y semer du sel pour la punir de la conduite séditieuse de ses habitants.

Comment se fait-il que le sel ait été prôné comme un des agents les plus favorables à la culture et que ses partisans ne voient d'autre obstacle à son emploi que l'impôt dont il est frappé ? Pour juger la question, il n'y a qu'à voir ce qui se passe en Angleterre. A la suite de réclamations nombreuses et de grands discours au parlement, l'impôt du sel a été supprimé en 1824. Le prix de cette matière a baissé de près de 97 pour 100 : les publicistes n'ont cessé de préconiser sa puissance fertilisante et les marchands de sel distribuent à profusion des écrits destinés à en provoquer l'emploi. Des essais ont été faits : le sel a été appliqué à l'amendement des terres dans les circonstances les plus diversés ; et si cette matière avait répondu aux espérances qu'on avait conçues, elle aurait aujourd'hui une valeur reconnue et consacrée par la pratique. Tous ces essais ont montré que les effets du sel sur la végétation sont extrêmement variables : quelquefois ils peuvent paraître utiles ; d'autres fois ils sont insignifiants ; souvent enfin on les trouve bien décidément nuisibles.

Un homme d'État anglais a résumé la question de la manière suivante : « Le rôle agricole du sel est extrême-« ment faible en Angleterre ; si on en a tant parlé autre-« fois, c'est qu'on voulait monter l'opinion et se défaire « d'un impôt gênant pour les pêcheries et lourd pour la « consommation[1]. On a mis en avant tous les agronomes « éminents ; mais une fois le dégrèvement obtenu, on a « laissé tomber toute cette effervescence d'opinion, toute « cette fièvre de promesses ; on n'a plus parlé du sel « comme engrais, et on a cultivé la terre comme aupa-« ravant, sans rien changer aux procédés employés. »

Les expériences faites en France par beaucoup de savants et d'agronomes n'ont pas donné d'autres résultats que les essais faits en Angleterre. Les conclusions ont été variables : mais, sur les points mêmes où elles étaient favorables, un usage continu du sel n'a plus rien donné d'avantageux et, le plus souvent même, est devenu nuisible.

On peut l'affirmer : rien n'est moins démontré que le rôle du sel dans la végétation et que son influence heureuse comme amendement ou comme engrais employé dans la grande culture. Il reste à examiner son emploi pour la nourriture du bétail.

Le goût des animaux pour le sel n'est pas douteux. Dans le haut Canada, par exemple, on abandonne les bes-

---

[1] L'impôt du sel était, en Angleterre, d'environ 75 centimes par kilogramme ; il n'est chez nous que de 10 centimes.

tiaux au milieu des bois et des pâturages vierges, où ils trouvent une grande abondance d'herbes : mais une fois tous les quinze jours, ils reviennent dans les fermes pour recevoir un peu de sel ; puis quand ils l'ont mangé, ils s'enfoncent de nouveau dans les solitudes.

Il en est de même dans les steppes américains de la zone équatoriale : on y considère comme un fait avéré que le bétail ne peut vivre sans recevoir de sel ; c'est du moins ce qu'affirment les éleveurs des Llanos. Quand un troupeau prospère dans un steppe, c'est qu'il existe un endroit où suinte de l'eau salée. Dans les savanes, dont le sel ne produit pas de substances salines, l'éleveur distribue régulièrement du sel aux animaux : ceux-ci ne manquent pas de se réunir tous les jours à la même heure au lieu de la distribution.

Le sel constitue dans ces contrées le lien entre l'homme et les animaux domestiques[1] ; mieux que la lyre d'Orphée, il rassemble au milieu du désert les brebis les plus farouches, les grands bœufs aux longues cornes, et les chevaux eux-mêmes, qui tous accourent et sortent des savanes à la vue du colon qui leur distribue cette friandise. Aucune autre substance n'exerce à un aussi haut degré une sorte d'attraction et de pouvoir irrésistible sur les animaux les moins apprivoisés. Dans le voisinage des lacs salés de l'Afrique et du nouveau monde, les voyageurs ont observé au milieu des forêts les traces d'animaux sauvages, qui se frayaient un chemin vers les lacs pour lécher la croûte de sel déposée sur leurs bords.

Les animaux domestiques, en général, aiment donc le sel : mais y a-t-il quelque avantage à leur en donner, et à augmenter ainsi artificiellement la dose normale de chlorure de sodium qu'ils trouvent dans les aliments ordinaires ? Le fermier qui élève ou qui engraisse du bétail,

---

[1] Esquiros. — Le sel en Angleterre (*Revue des Deux Mondes*).

celui qui nourrit des vaches laitières trouvera-t-il dans les produits obtenus une compensation à un accroissement de dépenses? Les avis à tous ces égards sont partagés. Suivant les uns, l'addition d'une certaine dose de sel à la ration ordinaire des animaux domestiques augmente l'effet utile des aliments, en favorise l'assimilation et accélère la production de la graisse. D'autres se contentent d'attribuer au sel des propriétés hygiéniques et en vantent l'efficacité dans certains cas particuliers. D'autres enfin se bornent à le regarder comme un excitant qui permet l'emploi de fourrages de qualités inférieures. Nous ne parlons pas de ceux qui, attribuant au sel des vertus merveilleuses, ont écrit ou répété *qu'une livre de sel fait dix livres de graisse :* ces exagérations sont de simples fleurs destinées à émailler les discours dans les assemblées politiques.

Des expériences précises ont été faites en Angleterre et en Écosse à l'époque du dégrèvement : on a reconnu que le sel n'exerçait aucune influence, ni sur la quantité d'aliments consommés, ni sur la rapidité avec laquelle augmentait le poids des animaux. M. Boussingault est arrivé aux mêmes conclusions. Dans une première série d'expériences, les animaux privés de sel ont augmenté de poids dans le rapport de 7, 9 pour 100 des fourrages consommés, et ceux auxquels on donnait du sel dans le rapport de 7, 8 pour 100. Une seconde série d'essais a fait voir que le sel excite les animaux à manger plus vite, mais ne les fait pas manger davantage. Enfin dans une troisième série d'expériences, le même auteur a constaté que des taureaux recevant une ration de sel étaient en meilleur état et avaient plus belle mine que ceux qui en étaient privés : ils ont aussi augmenté de poids un peu plus vite. Tous ces résultats indiquent que pour l'engraissement et l'élève du bétail l'influence du sel est trop faible pour qu'on puisse la reconnaître dans des expériences de courte durée.

Les essais faits sur les vaches laitières n'ont été ni plus concordants ni plus favorables aux partisans du sel. Les animaux qui reçoivent du sel boivent plus; mais ils ne donnent pas plus de lait et ce produit n'est pas de meilleure qualité. Dans les comtés de Chester et de Gloucester où l'on fabrique d'énormes quantités de fromage et où le sel, grâce au voisinage des mines, peut être obtenu à vil prix, on n'en donne aux vaches laitières, ni régulièrement, ni en quantité notable. Il n'en est pas de même dans certaines contrées de la Suisse; mais il y a là une raison spéciale. Sur les montagnes d'où descendent l'Arve et le Rhône, l'eau qui sert de boisson ne contient qu'une dose de chlorure de sodium bien inférieure à celle qui existe, en général, dans les eaux potables. Les plantes de cette région alpine et granitique doivent être également presque dépourvues de soude. On comprend que, dans ces circonstances ou dans d'autres analogues, il y ait avantage à donner au bétail des rations de sel destinées à compenser l'infériorité, sous ce rapport, des aliments dont il se nourrit. Il est également reconnu qu'il est bon d'associer, pour les vaches laitières, le sel à certains aliments particuliers; tels sont les résidus de brasserie ou de distillerie, dépouillés d'une partie de leurs matières minérales par le travail qu'ils ont subi.

Quand les troupeaux de moutons paissent dans des terrains humides, on risque d'en perdre beaucoup par le développement des maladies contagieuses : le sel les préserve des effets de l'humidité, de la pourriture et des affections du foie. C'est donc un excitant précieux dans ces conditions défavorables : aussi est-il bon, dans les localités insalubres, de placer quelques blocs de sel à la portée des moutons ; ils viennent en lécher la surface de temps en temps et se conservent dans un meilleur état de santé, bien que la quantité de sel consommée soit très minime.

Mais c'est surtout pour obtenir la consommation de fourrages avariés que l'on a recours à l'emploi du sel : quelquefois même on le mêle avec le foin quand on fait les meules. Une récolte mouillée par la pluie et qui a subi un commencement de fermentation, peut être consommée sans danger, lorsqu'on l'a saupoudrée de sel. Il paraît même que les animaux recherchent ce fourrage de préférence à celui qui, étant de bonne qualité, n'a pas été salé. Beaucoup d'agronomes pensent, il est vrai, que les animaux profitent peu des aliments de mauvaise nature qu'on parvient à leur faire manger à l'aide du sel : mais il permet de tirer parti, dans de certaines limites, de fourrages avariés, en associant à cette ration des aliments de bonne qualité.

On peut donc résumer comme il suit les conclusions relatives à l'emploi du sel en agriculture. La valeur du sel considéré comme engrais est absolument nulle ; par conséquent, son usage est inutile et ne saurait augmenter, quand bien même le prix de revient du sel serait fort minime. Pour la nourriture des animaux domestiques, le sel est utile dans les lieux froids, humides et marécageux, ou bien lorsque leur santé se délabre par l'usage d'aliments sans sel naturel, aqueux et avariés ; il est inutile lorsqu'ils reçoivent une nourriture suffisante, de bonne qualité et rationnellement distribuée ; il est nuisible, quand les animaux sont soumis à une alimentation riche et échauffante, ou quand on leur donne ce condiment à dose trop élevée.

Employé en quantité modérée, il donne aux animaux un meilleur aspect, une plus belle mine : il contribue enfin chez les animaux mis à l'engrais, à neutraliser les circonstances défavorables qui résultent de cet état contre nature.

4° EMPLOI DU SEL DANS L'INDUSTRIE CHIMIQUE.

Le sel est un minerai métallique. — Extraction de l'acide chlorhydrique. —
Préparation du chlore. — L'eau de Javel et le chlorure de chaux. — Dés-
infection par le chlore. — Blanchiment par le chlore. — Préparation
du chlorure de chaux. — Le sulfate de soude — Sa transformation en
carbonate de soude. — Soude artificielle. — Fours à soude. — Procédé
de Leblanc. — Procédé à l'ammoniaque. — Emploi de la soude. — Lessivage du linge. — Le savon de Marseille. — Les verres à base de soude.
— Extraction de sodium.

Si la plus grande partie du sel est employée en nature,
et surtout dans l'alimentation, une quantité considérable
est encore utilisée dans l'industrie comme minerai métallique. Le fer ne se rencontre dans la nature, ni sous
forme de barre, ni même à l'état de métal libre : on le
trouve presque toujours à l'état de rouille, ou d'oxyde de
fer : c'est ce qu'on appelle le minerai de fer. Il en est de
même du plomb, du cuivre, du zinc; chacun de ces métaux a un minerai naturel particulier, qui n'est autre
chose qu'un composé chimique du métal. Le sel lui aussi
est un minerai, et même sous ce rapport il est supérieur à la plupart de ceux des autres métaux ; car les
deux éléments ou corps simples, le chlore et le sodium
qui le composent, peuvent tous deux en être extraits et
rendre les plus grands services.

Quand on traite le sel par l'acide sulfurique, on obtient
du gaz chlorhydrique et un résidu solide de sulfate de
soude (fig. 16).

L'acide chlorhydrique gazeux recueilli dans l'eau s'y
dissout et fournit un liquide utilisé sous les noms d'acide
muriatique, esprit-de-sel, acide hydrochlorique, enfin
acide chlorhydrique. Il suffit d'y ajouter un minéral naturel, le bioxyde de manganèse, pour obtenir un dégagement de chlore. L'opération se fait industriellement au
moyen des appareils représentés dans les figures 17 et
18. La figure 17 montre une disposition de vase en grès
servant à la préparation du chlore. Les bonbonnes em-

ployées ont une capacité de 100 litres environ. Deux tu-
bulures latérales servent, l'une à l'introduction de l'acide

Fig. 16. Fabrication de l'acide chlorhydrique en dissolution dans l'eau.
A. Four. — B. Bonbonne contenant de l'eau et refroidie. — C. Cylindre
renfermant le mélange d'acide sulfurique et de sel. — e, e'. Ouverture
et entonnoir pour l'introduction de l'acide. — b, t, u. Tubes de communication.

chlorhydrique, l'autre au dégagement du chlore. La tu-
bulure centrale porte un cylindre percé
de trous dans lequel on met le manganèse en morceaux : cette ouverture est
fermée par un couvercle à joints hydrau-
liques. Les bonbonnes se chauffent dans
un bain de sable ou à la vapeur. La figure 18 donne une idée d'un appareil de
plus grandes dimensions. Il se compose
d'un cylindre en grès de 2 mètres de

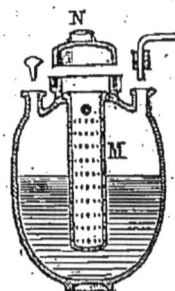

Fig. 17. Bonbonne
à chlore.

haut et de 1 mètre de diamètre. Le bioxyde de manga-

nèse est introduit par une ouverture *a* et déposé sur un
double fond percé de trous. L'acide chlorhydrique est

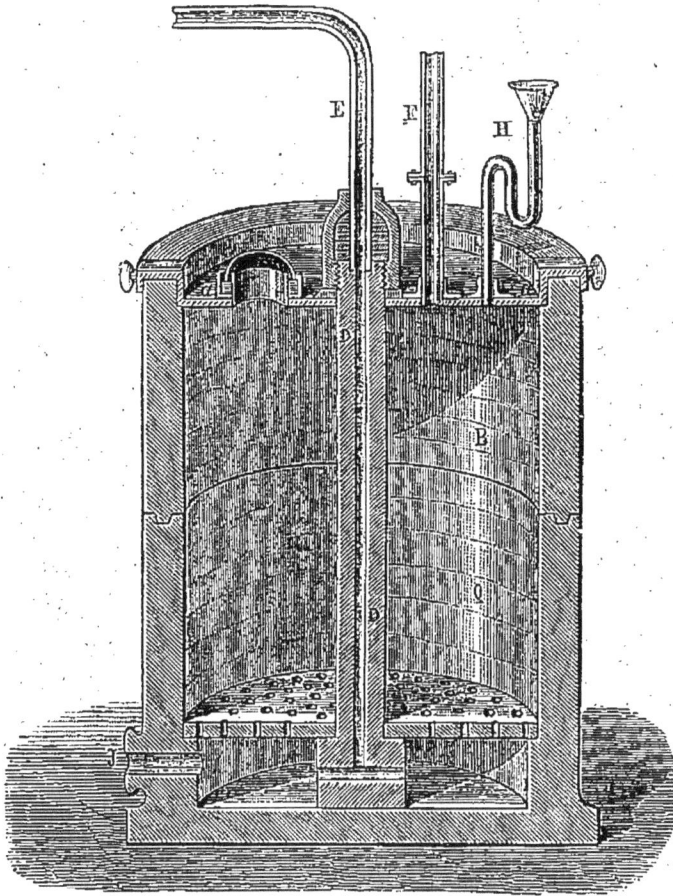

Fig. 18. — Appareil pour la fabrication du chlore.

versé au moyen de l'entonnoir H : le chlore se dégage
par F. Le tuyau E permet d'introduire de la vapeur pour
chauffer le mélange : enfin l'ouverture J est destinée
à l'écoulement des résidus de l'opération.

Le chlore étant gazeux ne peut guère être employé dans
l'industrie à l'état libre : on le fait ordinairement absor-
ber par une dissolution faible de potasse ou de soude, et
on obtient ainsi l'*eau de Javel*. En employant comme
absorbant la chaux éteinte humide, on prépare le *chlorure de chaux* du commerce : c'est à cet état, sous forme

d'une poudre blanche fortement odorante, que le chlore est employé comme désinfectant et comme décolorant.

Le chlore est un désinfectant parce qu'il détruit les émanations ammoniacales ou sulfhydriques et les miasmes organiques infects et délétères. Il agit également sur les matières colorantes d'origine organique et sert comme décolorant. Scheele, qui découvrit le chlore, avait constaté ce fait important : mais ce fut Berthollet qui, en 1785, en entrevit toute la portée, songea le premier à utiliser l'action du chlore sur les matières organiques colorées et l'appliqua au blanchiment des

Fig. 19. Fabrication du chlorure de chaux.

tissus. Jusqu'à lui, on employait une méthode plus lente, de nombreux lessivages et l'exposition au soleil sur le pré : aujourd'hui le blanchiment au chlore est presque exclusivement appliqué, parce qu'il permet d'obtenir en moins de temps un blanc plus parfait. Le chlorure de chaux que l'on emploie à cet usage, est fabriqué au moyen de l'appareil représenté dans la figure 19. Le chlore se prépare dans la bonbonne B, et se lave dans les bonbonnes D,D, qui contiennent de l'eau : il se rend ensuite dans une chambre en briques C où se trouve de la chaux éteinte, disposée en couche mince sur des tablettes.

La quantité de sel employée à l'extraction du chlore est très minime en comparaison de celle qui sert à la fabrication du sodium, de la soude et de leurs composés. Le sel est donc surtout un minerai de sodium. Donnons une idée générale des transformations successives qu'il subit pour fournir les produits divers que l'industrie chimique en peut tirer.

Le traitement du sel par l'acide sulfurique donne de l'acide chlorhydrique et un résidu de sulfate de soude. Le sulfate de soude, calciné avec un mélange de craie et de charbon dans un four à réverbère, se transforme en carbonate de soude. La masse lessivée à l'eau froide donne une dissolution, d'où l'on peut retirer le carbonate de soude par l'évaporation. Ce produit est désigné dans le commerce sous le nom de soude artificielle ou bien par celui de cristaux de soude, lorsqu'il a été purifié par une redissolution dans l'eau et une cristallisation.

Les figures 20 et 21 montrent deux dispositions des

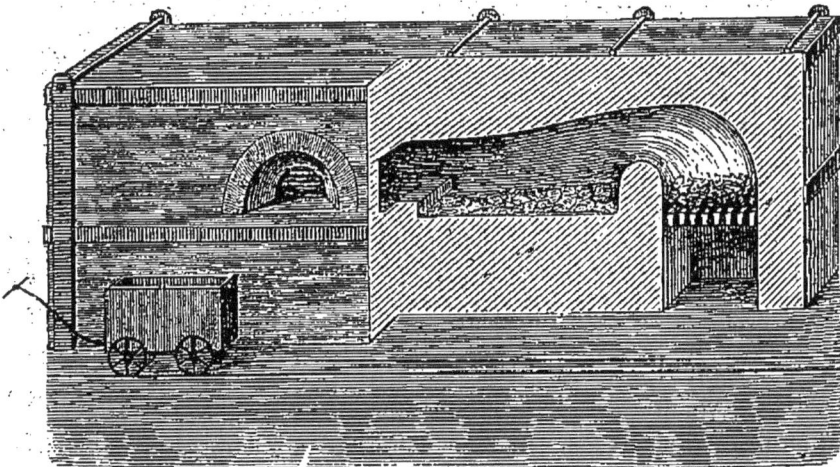

Fig. 20. Four à soude à deux soles.

fours à soude. Le four (fig. 20) est muni de deux *soles* que la flamme du foyer vient successivement lécher : c'est sur ces soles ou plates-formes que l'on met le mélange de sulfate de soude, de craie et de charbon à calciner.

Dans le four de la figure 21 on voit, outre le foyer A, deux compartiments distincts B et C : le premier est destiné à la calcination du mélange qui doit fournir la soude; le second sert à préparer, au moyen de l'acide sulfurique et du sel, le sulfate de soude nécessaire à la réaction finale : l'acide chlorhydrique s'échappe par la cheminée D.

Le carbonate de soude ainsi fabriqué est appelé soude artificielle, pour le distinguer du carbonate de soude na-

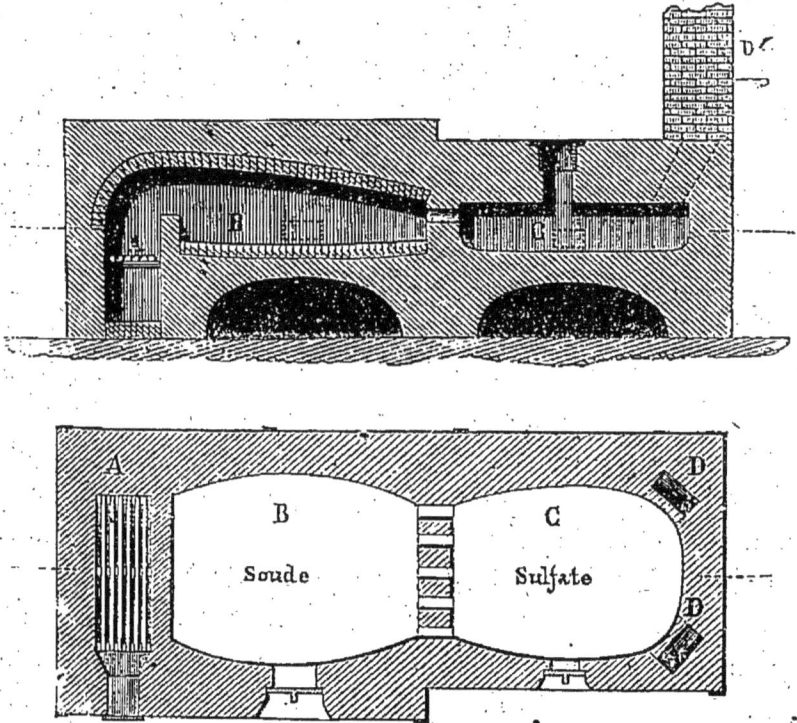

Fig. 21. Four à soude (Coupe et plan).

turel, obtenu par le lessivage des cendres de certaines plantes marines, telles que les salsola et les salicors. La méthode que nous venons d'indiquer a été imaginée par le chimiste français Leblanc et appliquée pour la première fois à Saint-Denis en 1791. Depuis cette époque, beaucoup d'autres procédés ont été proposés pour transformer directement le sel en carbonate de soude : le seul qui ait donné des résultats satisfaisants consiste à traiter le chlorure de sodium par le bicarbonate d'ammoniaque; il se forme du chlorhydrate d'ammoniaque et du bicarbonate de soude peu soluble. On l'exploite en Angleterre, en Hongrie : en France, il n'a été appliqué que dans une seule usine située près de Nancy.

Les emplois du carbonate de soude sont fort nombreux. Dissous en petite quantité dans l'eau, il fournit une liqueur alcaline, excellente pour le lessivage du linge et bien préférable à la lessive de cendres; car elle est parfaitement incolore, et non pas jaune comme cette dernière.

La dissolution de carbonate de soude additionnée de chaux se transforme en carbonate de chaux insoluble qui se dépose, et en soude caustique qui reste en dissolution. Celle-ci, traitée par les matières grasses, huiles végétales ou graisses animales, fournit un composé solide, dur, nommé *savon*; tels sont les savons de Marseille et de toilette : le savon mou ou savon noir est à base de potasse. Le sel nous fournit donc le chlore nécessaire au blanchiment des tissus et le savon indispensable à leur propreté. La quantité de sel employé chez un peuple à ces usages peut donner une mesure de son degré de bien-être et de civilisation : car le défaut de propreté est un signe de misère et de pauvreté inintelligente.

Le carbonate de soude sert encore à la fabrication d'un autre produit de la plus haute importance. Si l'on introduit dans un pot ou creuset d'argile un mélange de sable, de chaux et de carbonate de soude, et qu'on le soumette à une température rouge vif, la masse entière se combine et prend une consistance pâteuse qui permet de la travailler, pendant qu'elle est chaude : c'est le verre. On peut le souffler, le tourner ou le mouler. Il est représenté chimiquement par un silicate double de soude et de chaux; parfaitement transparent et incolore quand il est pur, comme le verre à glaces, il devient verdâtre, s'il contient un peu d'oxyde de fer; c'est alors le verre à bouteilles. Il prend, en outre, les teintes les plus variées, quand on y introduit des oxydes métalliques différents et fournit alors les beaux verres colorés, employés dans les vitraux des cathédrales.

Ajoutons enfin que le carbonate de soude, chauffé fortement en vase clos avec du charbon, laisse dégager sous forme de vapeurs le métal du sel, le sodium, dont les applications en chimie sont extrêmement nombreuses et des plus importantes.

Le sel est donc, en résumé, la matière première qui alimente, d'une part, la fabrication de l'acide chlorhydrique, celle du chlore et par suite l'industrie du blanchiment, et d'un autre côté toutes les fabrications où entrent le sodium et ses composés: sulfate de soude, carbonate de soude, savons et verres.

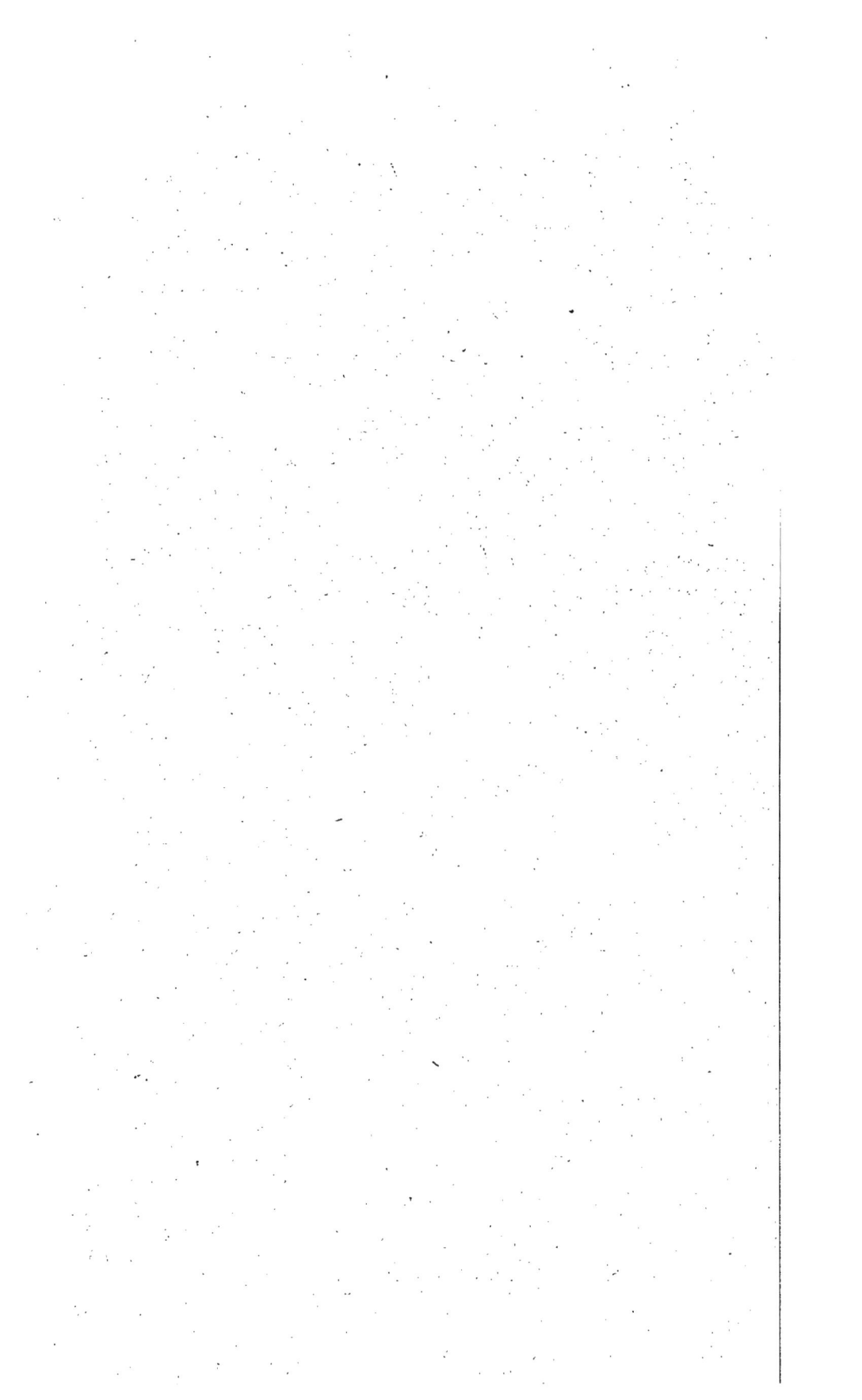

DEUXIÈME PARTIE

LE SEL EN FRANCE

CHAPITRE III

Les anciens procédés d'extraction.

Sel marin. — Sel gemme. — Le prix de revient du sel doit être peu élevé — Georges Agricola. — Manières de se procurer le sel. — Le marais salant. — Ses différentes parties. — Sels ignigènes. — Installation des chaudières et des baraques. — Fabrication du sel. — Les ouvriers. — Le sel est mis en pains. — Nettoyage des chaudières. — Procédés divers — Remarques sur ces anciens procédés.

La France peut se procurer très facilement tout le sel dont elle a besoin. La longueur considérable de côtes qu'elle possède sur la mer du Nord, la Manche, l'océan Atlantique, d'une part, et sur la Méditerranée, d'autre part, lui permet de puiser l'eau salée dans la mer et d'en retirer le sel qui s'y trouve contenu. Mais ce travail ne saurait être rémunérateur en tous pays et, sous ce rapport, le littoral méditerranéen possède des avantages marqués sur celui de l'Océan.

Outre le sel marin que l'on peut ainsi obtenir, il existe en France quelques gisements de sel gemme. Les plus importants sont situés dans l'Est, où les noms de plusieurs villes rappellent le voisinage des salines. Lons-le-Saunier,

Salins, Château-Salins, sont évidemment des localités qui
jouent un rôle important dans l'industrie du sel. Dans
les Basses-Pyrénées, les gisements de Briscous, Salies et
Villefranque, bien que peu considérables, sont exploités
par une population pauvre qui y trouve un élément de
travail.

Partout ces industries sont fort anciennes; et les moyens
par lesquels on peut actuellement se procurer le sel en
France ne sont que le perfectionnement de ceux dont
se servaient nos pères.

Les procédés employés pour extraire le sel doivent être,
en effet, des plus simples. Si l'on songe que le prix de
revient de cette marchandise ne doit guère aller au delà
de 1 fr. 75 cent. à 2 francs les 100 kilogrammes, on sera
convaincu, à priori, qu'il ne faut employer dans sa fabrication ni appareils coûteux ou compliqués, ni combustibles d'une valeur élevée, ni procédés exigeant une
main-d'œuvre un peu considérable.

Aussi les méthodes d'extraction sont-elles à peu de
chose près ce qu'elles étaient au seizième siècle. Georges
Agricola [1], dans son traité *de Re metallicâ*, a décrit soigneusement la fabrication du sel à son époque. Écoutons
ce qu'il en dit et, pour mieux comprendre son récit,
aidons-nous de deux figures choisies parmi celles qui
l'accompagnent.

« Des hommes intelligents s'aperçurent un jour que
les eaux de certains lacs, naturellement chargées de *sucs*

---

[1] Georges Agricola, né à Chemnitz, en Saxe (1494), mort en 1555.
Son vrai nom est Landmann (paysan), en latin Agricola. Il cultiva
d'abord la science hermétique; son traité « *Sur la pierre philoso-
phale* » fut plus tard regardé par lui-même comme un égarement de
jeunesse. Il se livra ensuite à l'étude de la métallurgie et fit de nombreux voyages. Le livre « *de Re metallicâ* » publié en allemand et
en latin (Bâle 1546-1556), est le premier ouvrage que l'on connaisse
sur ce sujet. Il étonne par la netteté des idées et l'exactitude des
descriptions. Ce traité est orné de très nombreuses figures dans le
texte : les deux gravures que nous reproduisons ici donnent une idée
de leur exécution.

concrets, se concentraient par les ardeurs du soleil et fournissaient des matières solides en se desséchant. Ils eurent alors l'idée, afin d'arriver au même résultat, d'en verser dans des bassins plats, d'une certaine profondeur et bien exposés au soleil. Ils reconnurent bientôt que cela ne pouvait se faire ni en tout temps, ni partout, mais seulement en été, et dans les pays chauds, où la pluie est rare en cette saison. Ils se mirent donc à concentrer l'eau par une cuisson opérée dans des vases exposés à l'action du feu, et purent de cette façon obtenir des matières salines à toutes les époques de l'année et dans tous les pays, même les plus froids.

« Certaines eaux sont naturellement salées ; d'autres le deviennent par le travail de l'homme, en y dissolvant des pierres de sel (*sel gemme*). Toutes peuvent être transformées en sel, soit en les exposant dans des salines (*marais salants*) à la chaleur du soleil, soit en les chauffant dans des chaudières, dans des pots ou dans des fosses.

« Les salines peuvent être nombreuses, si le pays le permet : il ne faut cependant pas en établir plus qu'il n'est nécessaire ; car on ne doit faire du sel que ce qu'on peut en vendre. La surface des salines doit être bien unie, et leur profondeur peu considérable, afin que la totalité de l'eau puisse se dessécher sous l'action du soleil. Il est bon qu'elles soient enduites d'une croute saline, afin que la terre ne boive pas l'eau. On y amène l'eau de la mer, et si les pluies ne viennent pas contrarier l'exploitation, on obtient un sel d'une saveur très forte. »

Agricola explique ensuite comment doit être construit le marais salant ; il décrit les rigoles qui amènent l'eau de mer, les compartiments dans lesquels elle passe successivement ; il indique soigneusement leurs formes ou leurs dimensions et continue ainsi :

« Quand tout est bien préparé, on débouche l'ouverture du réservoir qui renferme l'eau de mer pure ou

mélangée d'eau de pluie ou de rivière[1]. Les rigoles se
remplissent : on ouvre alors la vanne qui permet à l'eau
d'entrer dans le premier bassin. Elle s'y concentre et
laisse déposer des matières terreuses. On fait ensuite
passer l'eau dans le bassin suivant ; elle y séjourne
jusqu'à ce que par l'action du soleil elle s'épaississe et
commence à déposer du sel : à ce moment, on ouvre la
vanne qui communique à un troisième bassin ; l'eau y
pénètre et y reste jusqu'à ce qu'elle soit complètement
transformée en sel : quant aux premiers bassins, on les
remplit à nouveau d'eau de mer. Le sel est détaché du
sol avec des râteaux et enlevé à la pelle. »

La figure 22 dans sa simplicité naïve nous fait voir
tout ce travail. A est la mer ; B le réservoir d'eau de mer ;
C une vanne qui permet d'établir ou de supprimer la
communication avec les salines ; D, D, D, sont les rigoles,
E E les compartiments du marais salant. On n'a pas oublié
de représenter le soleil et ses rayons qui jouent un rôle
important dans la fabrication du sel. Il n'est pas besoin
de faire remarquer que les lois de la perspective et les
proportions relatives des divers objets ne sont guère
respectées : les dimensions du marais salant n'ont aucun
rapport avec la taille des personnages et des ouvriers ;
heureusement elles sont données dans le texte.

Agricola fait ensuite connaître les moyens employés
pour extraire le sel par l'action de la chaleur.

« Les chaudières où l'on cuit l'eau salée sont installées
dans des baraques, à proximité des puits d'où on l'extrait.
Ces baraques peuvent avoir 40 pieds de hauteur ; elles
sont construites en terre, en briques, quelquefois même
en pierre : la construction est haute d'environ 16 pieds et

---

[1] Pourquoi ce mélange sur lequel Agricola revient à plusieurs reprises ? Il paraît assez inexplicable : cependant l'auteur *semble*, en
certains endroits, faire entendre que c'est l'eau même qui devient
du sel par l'action du soleil. Cette appréciation absolument fausse
des faits est conforme aux idées alchimiques qui avaient cours à cette
époque.

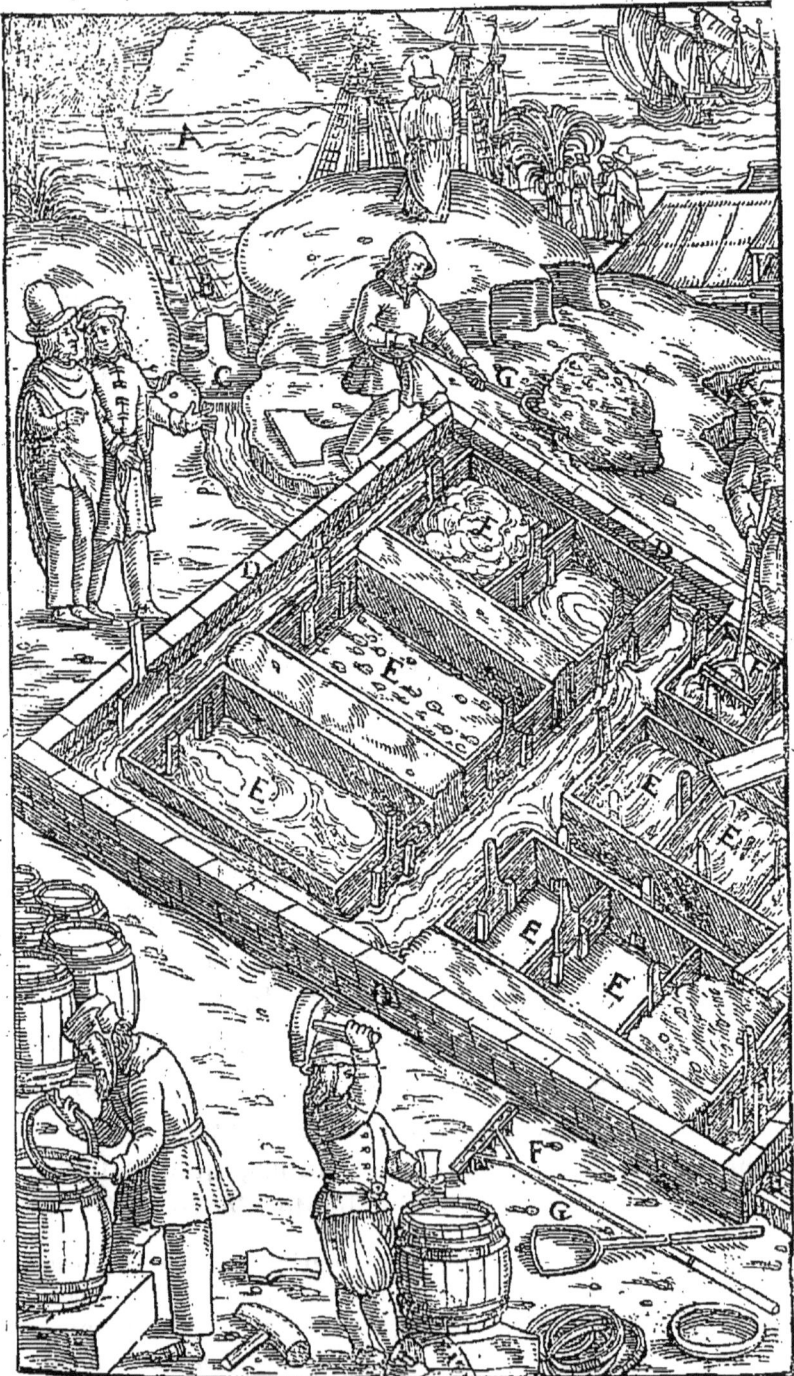

Fig. 22. Extraction du sel contenu dans l'eau de la mer.
(Fac-similé d'une gravure d'Agricola.)

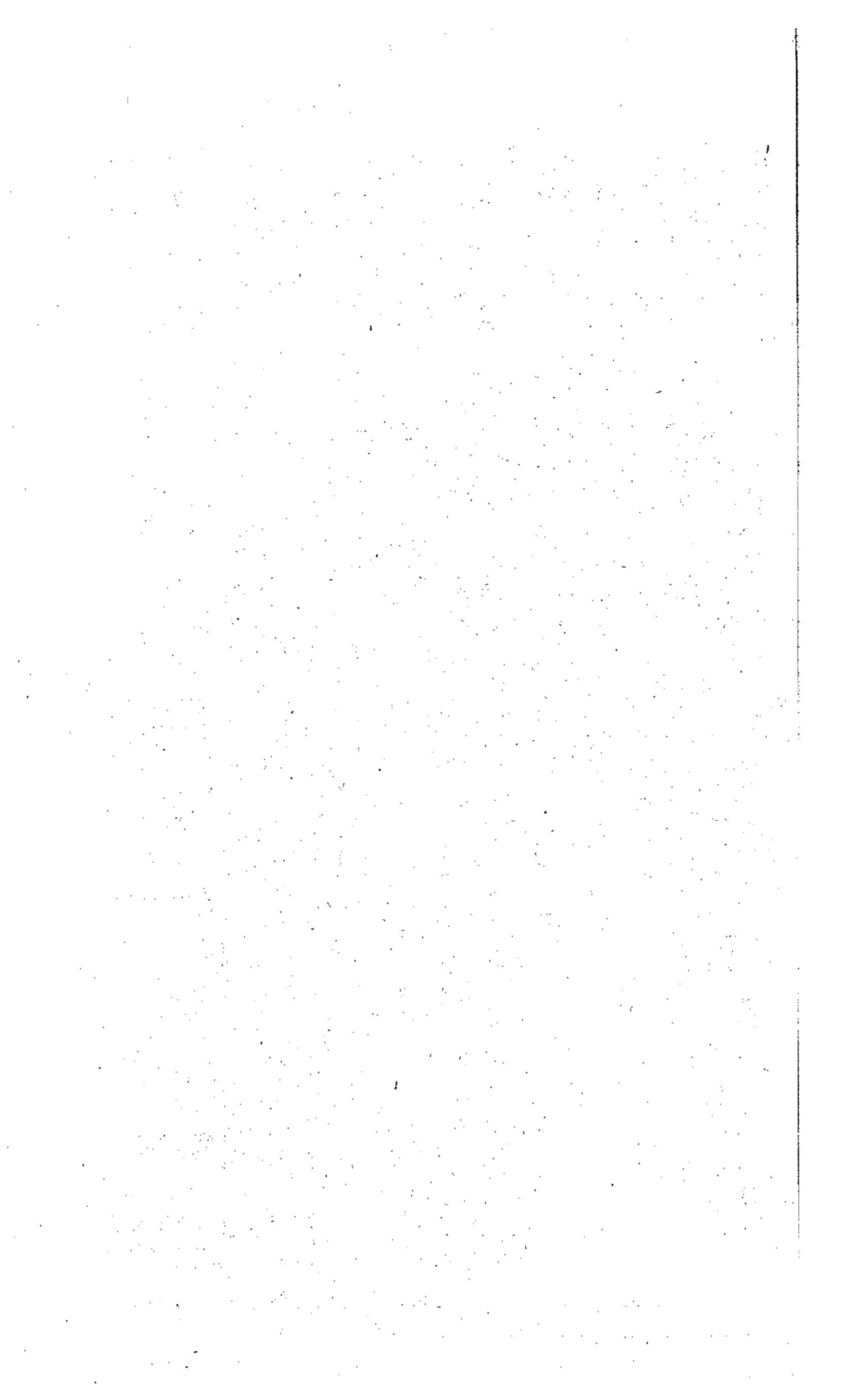

le toit de 24 : il est en chaume, mais enduit d'une épaisse couche d'argile pour diminuer les dangers d'incendie. Cette couverture protège de la pluie l'intérieur de la maison et y maintient la chaleur nécessaire à la dessiccation des pains de sel[1].

« Chaque baraque est divisée en trois parties : la première contient la provision de paille ou de bois ; dans la seconde est installé le foyer sur lequel se trouve la chaudière : à droite, est un réservoir où des manœuvres apportent l'eau salée ; à gauche, un escabeau sur lequel on peut placer une trentaine de pains de sel ; la troisième partie de la baraque forme un grenier pour loger les pains de sel.

« Les parois sont également percées de deux fenêtres et le toit d'une ouverture qui livre passage à la fumée. Une porte toujours ouverte est devant le foyer : elle a 8 pieds de haut et 4 de large afin de permettre au courant d'air d'emporter la fumée. Une seconde porte de mêmes dimensions est percée dans la paroi opposée, en face de la première. On doit la fermer quand le vent souffle trop fortement, parce qu'il pourrait alors gêner la cuisson du sel ; les fenêtres sont pour la même raison munies de carreaux de vitre : elles empêchent le vent et laissent passer la lumière.

« Le foyer est construit en pierres salées ou avec une terre mêlée de sel, qui devient fort dure sous l'action de la chaleur. Il est long de 8 pieds et demi, large de 7 pieds trois quarts et haut de 4 pieds si l'on brûle du bois, ou de 6 lorsqu'on se sert de paille. La chaudière est formée de lames de tôle ; elle est de forme carrée, longue de 8 pieds, large de 7 et profonde d'un demi-pied seulement. Les lames qui la composent ne doivent pas être trop épaisses, pour que l'eau s'échauffe

---

[1] L'installation décrite par Agricola ressemble beaucoup à celle des anciennes salines de Salins.

plus vite et se convertisse plus rapidement en sel : elles sont unies ensemble par des clous ; les joints sont garnis d'un lut formé de cendres mêlées avec de la bile ou du sang de bœuf.

« L'eau salée tirée des puits est apportée dans des mesures contenant 8 seaux (chaque seau vaut 10 setiers romains), et vidée dans la cuve qui est à côté de la chaudière. Si elle est suffisamment salée, ou la transvase dans la chaudière avec des seaux ; mais si elle l'est trop peu, on y ajoute d'abord des pierres de sel qui augmentent sa force. A Halle, dans le pays des Hermondures, 37 seaux d'eau salée donnent deux pains de sel ayant la forme d'un cône.

« Le travail à la chaudière est fait tour à tour par un maître et un compagnon : chacun d'eux a, en outre, un aide qui est souvent sa femme ; un garçon met le bois ou la paille dans le foyer. Ils sont tous à demi nus à cause de la chaleur considérable qu'il fait dans l'atelier, et se couvrent la tête de chapeaux de paille (fig. 23).

« Dès que le maître a versé dans la chaudière le premier seau d'eau, le garçon allume le feu. Si l'on brûle du bois ou des fagots, le sel est bien blanc : il est souvent plus ou moins noir, quand on se sert de paille, parce que les étincelles et la fumée retombent en partie dans l'eau et la noircissent. Le maître après avoir versé dans l'eau 18 seaux d'eau, ajoute au 19e une cyathe et demie (la cyathe est une mesure romaine qui vaut un douzième de setier) de sang de bœuf, de veau ou de bouc et le répand également dans tous les coins de la chaudière : il se forme bientôt des écumes qu'il enlève avec sa pelle. Après l'écumage, qui dure environ une demi-heure, on laisse cuire pendant une heure trois quarts. Le maître et son compagnon brassent alors l'eau de la chaudière avec des barres de bois, puis ils l'abandonnent à la cuisson pendant une heure ; après quoi ils procèdent à l'enlèvement du sel. Pour cela le compagnon dispose au-dessus

Fig. 25. Fabrication du sel au moyen de l'eau des sources salées.

A. B. Vases pour mesurer l'eau salée et le sang de bœuf. — C. Citerne d'eau salée. — D. Aide. — F. La femme du maître. — G, H, I, K, L. Instruments de travail et formes pour fabriquer les pains de sel. — M. Paille pour faire du feu. — P. Pot de bière.

(Fac-similé d'une gravure d'Agricola.)

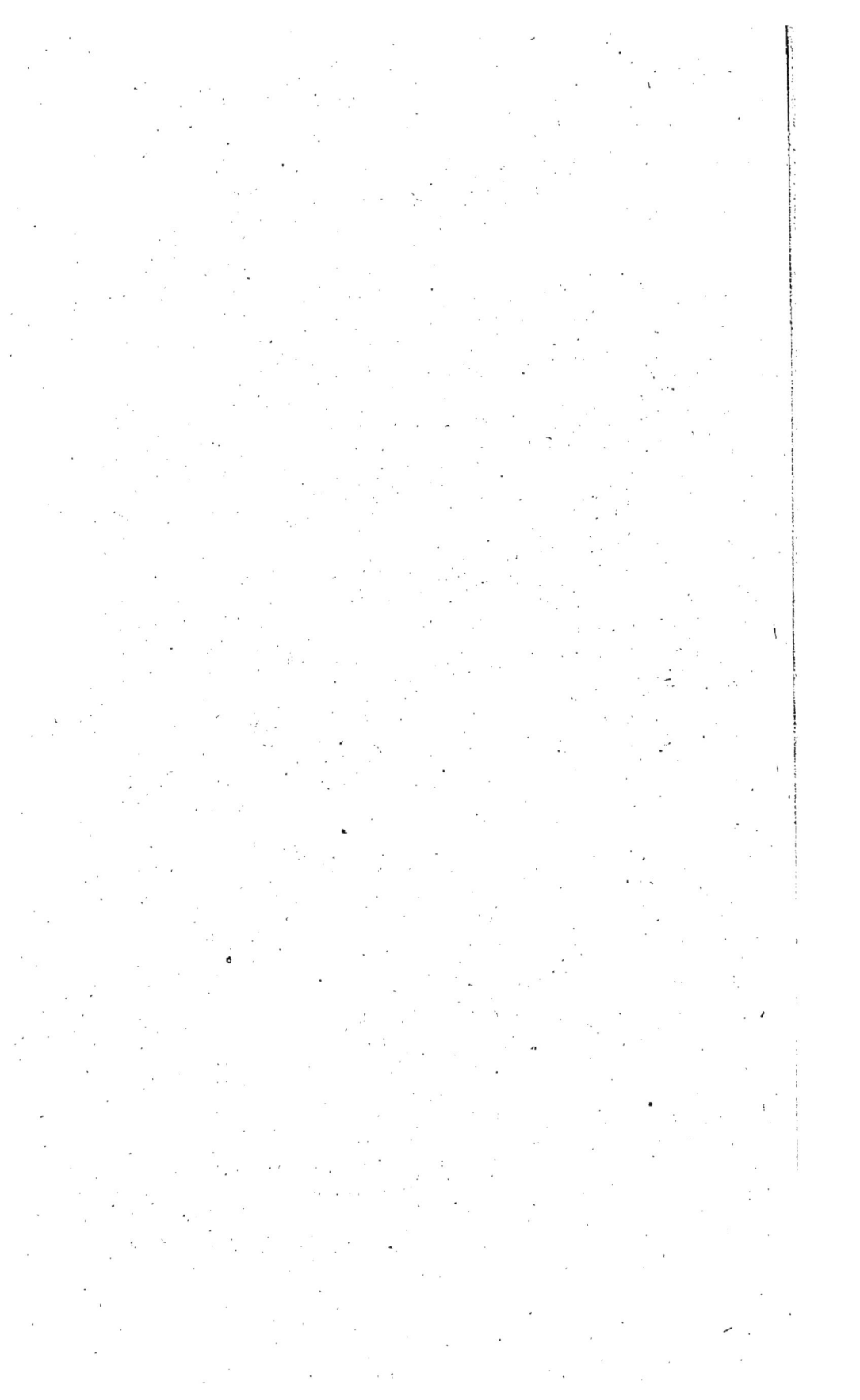

de la chaudière des barres de bois, et y accroche des corbeilles longues de deux pieds et ayant une forme conique : le maître les remplit de sel qu'il enlève de la chaudière avec sa pelle et qu'il entasse fortement; il peut ainsi garnir deux corbeilles, qui sont portées au grenier où le sel se dessèche. Les pains de sel obtenus ont généralement la forme conique : mais on leur donne aussi toute espèce d'autres formes, particulièrement celle de tablettes.

« Le maître et le compagnon travaillent ainsi jour et nuit à l'exception seulement des jours de fête. Une chaudière constamment chauffée ne supporte l'action du feu guère plus de six mois. Chaque semaine et même plus souvent lorsqu'elle est neuve, on lave la chaudière à grande eau et on la bat pour détacher les incrustations qui se sont formées au fond. Si l'on ne prenait ce soin, la production du sel se ferait moins vite et l'on brûlerait les lames de la chaudière. Quand celle-ci est neuve, on obtient pendant une quinzaine de jours du sel de moins bonne qualité et qui a le goût de fer.

« Dans les pays où l'on trouve du sel en pierres, les morceaux impurs sont mis dans l'eau douce : celle-ci, par la cuisson, fournit alors de fort beau sel. Dans d'autres localités, on recuit le sel marin dissous dans l'eau et on le met en pains. Ailleurs on retire le sel des eaux chaudes et salées qui sortent du sol. On se sert pour les cuire de bassins dans lesquels on fait arriver ces mêmes eaux chaudes; on y range ensuite des pots où l'on verse l'eau salée, de manière à les remplir à moitié. La chaleur du bassin permet d'obtenir du sel dans les pots. Enfin on fait quelquefois cuire les eaux salées et particulièrement l'eau de mer dans de grandes marmites de fer; mais comme on brûle alors de la paille, le sel est généralement noir. Certaines personnes traitent de la même façon la vieille saumure des salaisons : mais le sel qu'elles font a toujours le goût et l'odeur de poisson. »

Nous trouverons dans cet exposé l'idée première de tous les travaux exécutés de nos jours pour la fabrication du sel. Deux procédés sont décrits : l'évaporation de l'eau de mer au moyen de la chaleur du soleil fournit le *sel marin*, appelé aussi *sel solaire* ; l'emploi du feu donne des sels que l'on désigne encore aujourd'hui sous le nom de sels *ignigènes*. Rien n'est oublié : ni le raffinage du sel gemme ou du sel marin que l'on dissout dans l'eau pour le faire recristalliser par une nouvelle évaporation : ni l'économie qui consiste à employer un combustible de peu de valeur pour chauffer les chaudières. Du temps d'Agricola, on se servait souvent de paille ; de nos jours, on brûle les houilles menues que l'on obtient à bas prix.

Entrons maintenant dans le détail des procédés d'extraction aujourd'hui employés en France : et pour traiter la question d'une manière complète, nous examinerons successivement ce qui se fait dans le Midi ou dans l'Ouest pour obtenir le sel marin ; enfin nous traiterons de l'extraction des sels ignigènes dans l'Est de la France.

CHAPITRE IV

Les salins du Midi

1° ÉVAPORATION DE L'EAU DE MER.

Eau de mer. — L'eau de la Méditerranée. — Effet de l'évaporation. — Concentration graduelle de l'eau. — Compositions comparées de l'eau de mer à différents degrés de concentration. — Dépôt successif des divers sels. — Condition pour obtenir du sel pur.

L'eau de mer contient en dissolution un certain nombre de substances salines; le chlorure de sodium ou sel ordinaire y occupe le premier rang par son abondance et par l'importance de ses applications. Parmi les autres matières dissoutes, les principales sont le chlorure de magnésium, le sulfate de magnésie, le sulfate de chaux, le chlorure de potassium. Mais cette énumération est loin de donner une idée complète de la composition de l'eau de mer, aussi reviendrons-nous sur ce sujet (voir chap. IX) et nous nous contenterons, pour le moment, de ce qu'il est indispensable de connaître afin de comprendre les procédés employés à l'extraction du sel marin.

L'eau de la Méditerranée, prise à une assez grande distance des côtes, présente une composition sensiblement constante. Elle marque 5°,5 à l'aréomètre de Baumé (voir page 16). Un litre pèse 1026 grammes et contient en dissolution 38 grammes de matière saline, sur lesquels, le chlorure de sodium entre pour 30 grammes environ. Cette quantité de sels divers est de beaucoup inférieure à ce que l'eau pourrait dissoudre; mais si l'on soumet une certaine quantité d'eau de mer à une cause quelconque d'évaporation, la proportion d'eau diminue graduellement, tandis que la quantité de sels dissous reste constante : la salure de l'eau va donc sans cesse en s'élevant. L'évaporation continuant, il n'y a bientôt plus que la quantité d'eau juste suffisante pour retenir en dissolution toutes les matières salines : on dit alors que l'eau est saturée. A partir de ce moment, l'évaporation a pour résultat d'amener un dépôt de sels.

Si l'eau de mer ne contenait que du chlorure de sodium, ce dépôt commencerait quand l'eau marque 25 degrés environ à l'aréomètre ; puis, à mesure qu'elle s'évaporerait, une quantité de sel correspondante se déposerait ; le liquide conserverait toujours la même densité et ne pourrait jamais marquer plus de 25 degrés. Mais l'eau de mer contient d'autres sels très diversement solubles et qui entrent dans sa composition en quantités fort inégales. Il en résulte que l'état de saturation du liquide n'est pas atteint pour tous en même temps. Tandis que le chlorure de sodium se dépose, le sulfate de magnésie et les chlorures de potassium et de magnésium restent en dissolution ; et, comme la proportion de ces sels par rapport à l'eau va toujours en augmentant, la densité du liquide et par suite son degré aréométrique continuent à croître. En prolongeant l'évaporation, le sulfate de magnésie se dépose à son tour et ainsi de suite pour chacun des sels contenus dans l'eau de mer.

Les résultats suivants d'analyses faites sur l'eau de a Méditerranée à différents états de concentration montrent bien ces changements successifs dans la composition de l'eau[1].

I. 100 grammes d'eau de la Méditerranée marquant $3°,5$ à l'aréomètre (densité 1,026) contiennent :

	Grammes
Chlorure de sodium	2,9424
Chlorure de magnésium	0,3219
A *reporter*.	3,2643

[1] Analyses faites par M. Usiglio.

		Grammes
	Report.	3,2643
Sulfate de magnésie.		0,2477
Sulfate de chaux.		0,1357
Bromure de soduim.		0,0556
Chlorure de potassium		0,0505
Carbonate de chaux.		0,0114
Oxyde de fer.		0,0003
Eau		96,2345
	Total.	100,0000

II. La même eau amenée par l'évaporation à marquer 25 degrés à l'aréomètre (densité 1,240), occupe environ le neuvième de son volume primitif et renferme :

		Grammes
Chlorure de sodium.		22,2230
Chlorure de magnésium.		2,4420
Sulfate de magnésie.		1,8714
Sulfate de chaux		0,1712
Bromure de sodium.		0,4320
Chlorure de potassium		0,4050
Eau		72,4554
	Total.	100,0000

III. A 30 degrés de l'aréomètre (densité 1,264), le liquide n'occupe plus que la trente-deuxième partie de son volume initial ; 100 grammes contiennent :

		Grammes
Chlorure de sodium		16,830
Chlorure de magnésium.		8,041
Sulfate de magnésie.		6,251
Bromure de sodium.		1,161
Chlorure de potassium		1,449
Eau		66,288
	Total.	100,000

IV. A 35 degrés de l'aréomètre (densité 1,321), le volume du liquide n'est plus guère que la cinquante-neu-

vième partie du volume de l'eau de mer; sa composition
est la suivante :

	Grammes
Chlorure de sodium.	12,105
Chlorure de magnésium.	14,796
Sulfate de magnésie.	8,676
Bromure de sodium.	1,545
Chlorure de potassium	2,497
Eau	60,381
Total.	100,000

Examinons maintenant les matières qui se déposent au
fur et à mesure de l'évaporation. Jusqu'à ce que l'eau
marque 16 degrés à l'aréomètre, on n'observe qu'un dépôt
insignifiant d'oxyde de fer et de carbonate de chaux
(craie); de 16 degrés à 21 se dépose la plus grande partie
du sulfate de chaux (plâtre). Le dépôt de sulfate de chaux
continue entre 21 degrés et 25 degrés, mais en moindre
quantité. Vers 25 à 26 degrés, le chlorure de sodium (sel
ordinaire) commence à se déposer; entre 25 degrés et
$32°,5$, il le fait à peu près seul; cependant dans le voisinage de 25 degrés, il contient un peu de plâtre; et, à
mesure qu'on approche de 32 degrés, il renferme une
proportion croissante de sulfate de magnésie. Au delà de
$25°,5$, la quantité de sulfate de magnésie devient telle
que le dépôt doit être considéré comme un mélange de
sel commun et de sel magnésien.

En résumé, pour obtenir du sel à peu près pur, il ne
faut pas que l'eau soit amenée par l'évaporation à plus de
32 degrés : le produit obtenu est d'autant plus pur qu'il
s'est déposé dans une eau moins dense. Dans une eau plus
chargée, le dépôt de sel est toujours accompagné de sulfate de magnésie, amer et purgatif. En outre, les cristaux
formés dans un liquide sont mouillés au moment où on
les extrait : en les faisant sécher, l'eau s'évapore; mais
les sels qu'elle contenait restent à la surface des cristaux
en quantité d'autant plus grande qu'elle était elle-

même plus chargée. On doit donc s'attendre à n'obtenir dans ces conditions que du sel impur.

2° DESCRIPTION DU SALIN.

Les salins du Midi. — Leur importance — Les principaux salins. — Leur association. — Description d'un salin. — Chauffoirs. — Partènements. — Tables salantes. — Circulation de l'eau. — Elévation successive de l'eau. — Ses avantages. — Machines élévatoires de l'eau. — Situation particulière de certains salins. — Dimensions des partènements. — Disposition des tables salantes. — Aiguilles. — Sol des tables. — Le feutre Dol. — Sa culture. — Son utilité.

L'évaporation de l'eau de mer, au moyen de laquelle on obtient du sel, se produit par l'action du soleil et par celle des vents secs. Ces deux conditions sont admirablement remplies sur le littoral méditerranéen : la température y est élevée, le soleil brûlant ; enfin il règne fréquemment un vent connu sous le nom de *mistral*, très vif et qui dessèche tout ce qu'il touche. Aussi les départements côtiers, Pyrénées-Orientales, Aude, Hérault, Gard, Bouches-du-Rhône et Var, possèdent-ils tous de nombreuses exploitations de sel, que l'on désigne sous le nom de *salins*. L'étendue totale de la surface consacrée à l'évaporation de l'eau de mer approche de 8000 hectares dont plus de 3000 sont situés dans le Gard et 2500 dans les Bouches-du-Rhône. Un millier d'hectares environ appartiennent à la compagnie dite des Salins du Midi.

La production totale moyenne de chaque département peut être évaluée ainsi qu'il suit :

	Tonnes de sel
Var	40 000
Bouches-du-Rhône	118 000
Gard	55 000
Hérault	45 000
Aude	14 000
Pyrénées-Orientales	2 000

La production est assez égale ; celle des meilleures

années ne dépasse la moyenne que d'un tiers environ; celle des plus mauvaises lui est inférieure des deux cinquièmes seulement.

Les principaux salins exploités sur les côtes de la Méditerranée, sont :

1° Dans le Var : le salin des Pesquiers et les Vieux Salins d'Hyères, dans le voisinage de cette ville et d'une contenance de 243 hectares; le salin des Ambiers (cont. 18 hect.), au S.-O. de Toulon.

2° Dans les Bouches-du-Rhône : le salin de Ponteau (cont. 10 hect.); les salins de Martigues, situés sur l'étang de Caronte, le long du canal de Bouc à Martigues; les salins de Berre (cont. 331 hect.), sur l'étang de ce nom; le salin de Rassouen (cont. 56 hect.) sur l'étang de Lavalduc; ceux de Fos (cont. 71 hect.) et de Citis (cont. 46 hect.), à l'ouest de l'étang de Berre; dans la Camargue, le salin de Giraud (cont. 1000 hect.) près de l'embouchure du Grand-Rhône, et ceux de La Vignole (cont. 66 hect.) et de Badon (cont. 160 hect.).

3° Dans le Gard, les salins de Peccais (cont. 2500 hect.) et ceux des environs d'Aygues-Mortes, situés sur les étangs du Repos, du Repausset, du Roi, de la Ville, le long du canal d'Aigues-Mortes à la Mer.

4° Dans l'Hérault, les salins de Pérol, Gramenet, Villeneuve (cont. 160 hect.), Frontignan (cont. 122 hect.); ceux de Mèze (cont. 40 hect.), Villeroye (cont. 150 hect.) Bagnas (cont. 237 hect.) sur l'étang de Thau.

5° Dans l'Aude, les salins d'Estarac (cont. 59 hect.), le Lac (cont. 26 hect.), Sainte Lucie, les salins de Peyriac et Sigean (conten. 150 hect.).

Enfin, 6° dans les Pyrénées-Orientales le salin de Cordes (cont. 120 hect.) et celui de Durand (cont. 120 hect.)

Le morcellement de la propriété dans les salins du Midi n'a jamais atteint les proportions où il est arrivé dans l'ouest de la France : cependant, il y a une quarantaine d'années les exploitations salicoles étaient fort nombreuses.

L'industrie du sel subissait les fâcheux effets qui résultent d'une production sans mesure et d'une vente à tout prix. Pour les faire disparaître, un certain nombre de propriétaires d'exploitations importantes s'étaient depuis longtemps concertés. En 1865, cette entente à été généralisée, sous l'impulsion de la Compagnie des Salins du Midi : presque tous les producteurs de sel du Midi ont, à cette époque, arrêté les bases d'une société en participation. Le but de l'association est de diminuer les frais généraux et les frais de transport, de compléter l'assortiment de chacun en lui fournissant les qualités de sel qu'il ne fabrique pas, de mieux approvisionner les marchés ; enfin, d'anéantir une concurrence fatale à tous. A cet effet, la vente est concentrée entre les mains de la Compagnie des Salins du Midi qui, chaque année, achète aux exploitants, soit une quantité déterminée à l'avance, soit les excédents des quantités dont il se sont réservé la vente. Les livraisons faites à la société sont d'abord payées par elle moyennant un prix fixé à l'avance ; les bénéfices nets de la vente réalisés par l'association sont ensuite répartis par les associés selon une proportion déterminée par le contrat de société.

Examinons maintenant les procédés d'exploitation.

Le salin ou marais salant est un réservoir d'une très grande surface, dont le sol lui-même forme le fond : l'eau salée y est enfermée sous une faible épaisseur afin de favoriser son évaporation. Comme elle doit se réduire au 8e environ de son volume avant de commencer à donner du sel, il y a intérêt à recueillir les eaux déjà évaporées et amenées à saturation, dans une partie du marais plus soignée que le reste et qui doit recevoir le dépôt de sel. C'est ainsi qu'on a été amené à diviser le marais en plusieurs réservoirs successivement parcourus par les eaux ; les uns servent de *chauffoirs* ou de bassins d'évaporation seulement, les autres sont destinés à la continuation de l'évaporation, mais surtout au dépôt du sel.

Les chauffoirs forment ordinairement deux séries de
bassins. Les premiers, qu'on nomme *partènements extérieurs* (5.5.5. fig. 24), reçoivent directement l'eau d'alimentation qui peut y atteindre 8 degrés de l'aréomètre :
les seconds, ou *partènements intérieurs* (4.4.4), sont remplis avec l'eau qui sort des premiers : elle se concentre
jusqu'à 24 degrés. On l'introduit alors dans les bassins
de dépôt ou *tables salantes* (5.5.5). Chacune des subdi-
visions du marais salant est elle-même partagée en com-

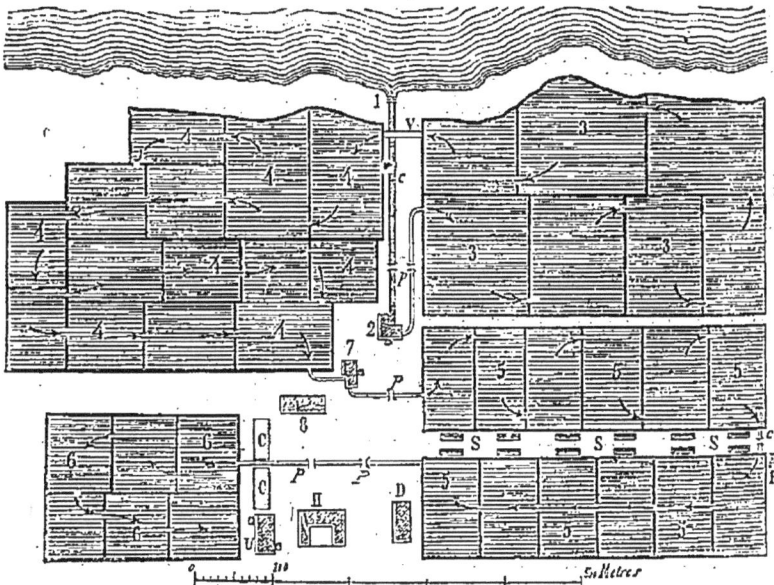

Fig. 24. Plan d'un salin du midi.

partiment disposés en pente légère; ils communiquent
entre eux par des vannes, de sorte que l'eau peut les
parcourir successivement. Les tables salantes sont en outre séparées entre elles par de petites digues en terre
soutenues au moyen des planches.

L'eau doit parcourir successivement toutes les parties
du salin : il faut pour cela que les divers compartiments
présentent les uns par rapport aux autres de petites
différences de niveau. L'eau d'alimentation introduite
dans les plus élevés coule peu à peu dans ceux qui sont

plus bas. La très faible amplitude des marées de la Méditerranée ne permet guère de profiter de cette cause naturelle pour l'élévation des eaux : il est néssessaire de recourir à l'emploi d'une force motrice. Deux méthodes se présentent :

1° Faire parvenir primitivement l'eau de la mer à un niveau assez élevé pour qu'elle puisse parcourir ensuite tout le développement du salin;

2° Employer plusieurs élévations successives.

Dans le premier procédé, les partènements qui reçoivent l'eau de mer doivent occuper la partie la plus haute du salin, et les tables salantes, la plus basse. Cela présente deux inconvénients : il faut monter la totalité de l'eau à la partie la plus élevée du salin, ce qui est fort coûteux; en second lieu, les tables salantes, placées à un niveau ordinairement inférieur à celui de la mer, ne peuvent être vidées qu'au moyen d'une nouvelle élévation de l'eau.

On préfère donc opérer par élévations successives et de la façon suivante. L'eau de mer est introduite d'elle-même, grâce à une légère différence de niveau dans le premier partènement extérieur : à cet effet, on profite quelquefois de la faible ascension produite par la marée. Mais cela n'est pas sans inconvénient : il peut arriver que le vent souffle de la côte et abaisse assez le niveau de la mer pour compromettre l'alimentation. En ménageant ensuite soigneusement les pentes du sol, on arrive à faire parcourir à l'eau la série des partènements extérieurs; pendant ce trajet, son volume se réduit par l'évaporation, et la quantité d'eau qu'il faut élever mécaniquement du dernier partènement extérieur au premier partènement intérieur, est déjà beaucoup moindre. Après cette première élévation, produite au moyen d'une force motrice, l'eau parcourt d'elle-même tous les partènements intérieurs; elle est ensuite élevée une seconde fois pour être amenée dans les tables salantes.

Les avantages de cette méthode sont faciles à comprendre. Supposons que la première élévation se fasse sur des eaux marquant 8 degrés, et la seconde quand elles marquent 25 degrés, ce qui est le cas ordinaire. 1000 litres d'eau de mer donnent 470 litres d'eau à 8 degrés et 122 litres d'eau à 25 degrés, de sorte que la quantité d'eau à élever en deux fois est bien inférieure à celle qu'il faudrait monter du premier coup : sans compter que les fuites qui se produisent toujours dans le salin, occasionnent une réduction notable sur la quantité des eaux concentrées. En outre, les tables salantes, se trouvant à un niveau élevé, peuvent être complètement et rapidement vidées ; ce qui est très avantageux pour la pureté du sel obtenu.

Deux espèces de machines élévatoires sont employées : des pompes foulantes mues par la vapeur et des roues à tympan mises en mouvement par des chevaux, des mules et plus souvent par des machines à vapeur. Les tympans ne peuvent servir que pour les élévations d'eau à une faible hauteur. L'usage de ces moteurs entraîne des frais notables, mais d'autant moins sensibles que la récolte est plus abondante : ceux-ci peuvent, dans des circonstances défavorables, monter jusqu'à 2 francs par tonne de sel : ordinairement ils ne dépassent guère 75 centimes et peuvent même descendre au-dessous de 50.

L'eau introduite dans les partènements extérieurs n'est pas toujours l'eau de la mer : un grand nombre de salins du Midi reçoivent l'eau des étangs qui couvrent le littoral de la Méditerranée. Leur degré de salure diffère de celui de la mer et varie avec les saisons. En hiver, les pluies et les eaux douces affaiblissent la proportion relative de sel contenu dans l'eau : elle augmente, au contraire, beaucoup vers la fin de l'été, à cause de l'évaporation qui se produit dans ces espèces de réservoirs. Certains étangs ont une salure normale très faible, tandis que pour d'autres elle est de beaucoup supérieure à celle de la mer.

Parmi les premiers, on peut citer l'étang de Berre dont les eaux ne marquent pas plus de 1°,5 et parmi les seconds, le plus salé est l'étang de Lavalduc; le degré aréométrique de ses eaux varie de 10 à 16 ou même 18 degrés.

Les compartiments du salin que l'eau parcourt successivement ne présentent pas tous la même disposition. Les partènements peuvent être de forme irrégulière. Il ne faut pas qu'ils soient trop étendus : l'action d'un vent violent pourrait en découvrir une partie et faire refluer l'eau sur une portion de la surface, où son épaisseur deviendrait considérable. Des étendues de 50 à 120 mètres de côté recouvertes de 5 à 10 centimètres d'eau sont très convenables. La série des partènements se termine par un ou plusieurs réservoirs chargés d'alimenter les tables salantes : c'est dans ces réservoirs ou *avant-pièces* que puisent les machines élévatoires.

La superficie totale des tables salantes est environ la sixième partie de celle du salin, lorsque celui-ci est alimenté à l'eau de mer. Elles sont construites avec beaucoup plus de soin que les chauffoirs; leur forme est régulière, rectangulaire ou carrée ; leurs côtés ont en général 50 à 60 mètres de longueur. Les parois latérales sont formées de planches soutenues au moyen de piquets verticaux : de cette façon les terres délayées par la pluie ne peuvent tomber sur les tables et salir le sel.

Autour des tables règnent de petits canaux, nommés *aiguilles*, dont le fond est à un niveau plus bas que celui des tables : ils communiquent avec celles-ci par des vannes ou *martelières*. Les aiguilles peuvent recevoir l'eau des avant-pièces et servir à alimenter les tables : mais, étant à un niveau plus bas, elles permettent également de les vider, soit complètement, soit en partie. On peut ainsi évacuer entièrement et rapidement les *eaux mères*, c'est-à-dire les eaux qui ont laissé déposer le chlorure de sodium et restent chargées de sels étrangers (voir plus haut la composition de l'eau marquant

6

55° Baumé) : la vidange complète de ces eaux mères est indispensable à la pureté du sel. Il est même possible, par un réglage convenable des martelières, de faire passer dans l'aiguille la couche superficielle de l'eau des tables : qu'une pluie vienne à tomber sur les tables en pleine récolte, l'eau douce plus légère reste à la surface ; si le vent n'est pas fort, le mélange avec l'eau saturée ne s'effectue pas ; on a le temps de faire partir presque complètement la couche d'eau douce sans perdre une portion notable des liquides qui sont sur le point de fournir du sel.

Le sol des tables doit être nivelé et préparé avec soin en vue du dépôt de sel qui s'y forme. Dans beaucoup de salins, il est aujourd'hui recouvert d'un tapis végétal formé par une algue particulière, le *microcoleus corium*, désignée plus ordinairement par les sauniers sous le nom de *feutre*. Les anciens propriétaires de marais salants avaient souvent vu le feutre se former spontanément sur certains points des tables ou des chauffoirs : mais c'est M. Dol de Martigues qui a songé le premier à le cultiver et à l'utiliser pour l'amélioration des tables. Son procédé est aujourd'hui employé dans plusieurs grands salins, notamment à Berre : il est également appliqué dans les salines de Sétubal (Portugal). La culture du feutre Dol exige certains soins, quand on veut arriver à un résultat satisfaisant.

La table qu'il s'agit de garnir est couverte d'eau faiblement salée : à Berre on emploie celle de l'étang dont le degré est seulement 1°,5. L'évaporation amène peu à peu l'eau jusqu'à 8 degrés, point qu'il ne faut pas dépasser. Le feutre commence à pousser et ses fibres, en s'entrelaçant, garnissent le fond de la table d'une couche très mince. On vide l'eau arrivée à 8 degrés et on laisse sécher un peu le feutre : puis on remet de l'eau à 1°,5 : une nouvelle couche de feutre se produit et recouvre la première. Après quatre ou cinq opérations de cette nature, on laisse sécher plus complètement, mais en ayant bien soin que la dessiccation ne soit pas trop rapide : car le feutre pourrait se fendiller. On passe alors sur le fond de la table un rouleau en pierre calcaire très dure ; après quoi on bat le sol à la pelle. Ces travaux ont pour but de donner au feutre plus d'homogénéité et d'en former un revêtement parfaitement continu. Toute cette série d'opérations, répétée trois ou quatre fois, donne dès la première année une couche de feutre ayant environ deux millimètres d'épaisseur.

Travaillé au rouleau et à la pelle, le feutre acquiert une ténacité remarquable que l'on peut comparer à celle du cuir. Celui d'une année persiste parfaitement jusqu'à l'année suivante : après plusieurs campagnes, les tables sont couvertes d'un revêtement épais, résistant, très propre et imperméable : le grand avantage du feutre sur les tables salantes est d'isoler le sel et de le séparer de la terre. Les sols mous et vaseux ont surtout besoin d'être feutrés : les argiles dures et compactes peuvent très bien s'en passer. Cependant le feutre y rendrait de grands services, si l'on pouvait l'obtenir absolument imperméable : car ces fonds argileux sont fréquemment criblés de trous dus aux piqûres des vers marins, ou *forets*, et acquièrent ainsi une grande perméabilité.

3° LA RÉCOLTE DU SEL.

Ouvriers du salin. — Le saunier. — Ses fonctions. — Le salin pendant l'hiver. — Bassins de réserve. — Travail du printemps. — Dépôt du sel. — Circulation de l'eau en sel. — Tables à alimentation indépendante. — Eau vierge. — Eau mère. — Méthode des coupages. — Ses avantages et ses inconvénients. — Disposition des tables en séries. — Du degré des eaux mères. — Excès de production saline dans le Midi. — Levage du sel. — Enjavelage. — Mise en camelles. — Portage du sel. — Procédés employés à Berre, à Giraud. — Frais de portage. — Époque de la récolte — Conservation du sel.

Un emploie en général dans les salins trois classes d'ouvriers : 1° les *sauniers*, ouvriers spéciaux travaillant à

l'année : 2° les manœuvres employés aux travaux généraux et aux réparations : ils sont payés à la journée, mais
occupés à peu près toute l'année ; 3° enfin les ouvriers
spécialement embauchés pour la récolte du sel : ils
viennent souvent de fort loin, sont payés à la tâche et
retournent chez eux dès que la récolte est terminée,
c'est-à-dire au bout d'un mois ou six semaines.

Un saunier suffit pour un salin de moins de vingt
hectares : dans les exploitations plus importantes, il y
a un chef saunier et un nombre de sous-sauniers qui augmente avec la superficie : il faut un sous-saunier pour
50 hectares, et 4 ou 5 pour 3 à 400 hectares.

Les sauniers doivent régler constamment la marche
des eaux, d'après l'activité de l'évaporation, et de façon
que, dans un compartiment déterminé, le degré de concentration de l'eau reste toujours sensiblement le même.
Il faut à cet effet surveiller, non seulement la vitesse
avec laquelle l'eau circule dans le salin, mais aussi l'é-
paisseur de la couche d'eau. Le saunier doit observer
l'état de l'atmosphère, la force et la direction du vent;
l'aréomètre de Baumé à la main, il va de tous côtés peser
le degré des eaux. Pendant la nuit, il a soin d'arrêter la
circulation de l'eau en fermant une partie des martelières:
comme il n'y a plus alors d'évaporation, cette précaution est indispensable pour que les choses restent dans
l'état. C'est encore le saunier qui dirige les manœuvres
pour les réparations et les ouvriers pendant la récolte.

Dans presque tous les salins, le travail est suspendu
depuis la fin de septembre jusqu'en février. Pendant tout
ce temps, la totalité de la surface est cependant couverte
d'eau, afin de préserver les différentes parties, et surtout
les tables, des dégradations que la pluie leur ferait subir.
Vers le mois de mars, on fait aux bordures des partènements et aux parois des tables les réparations nécessaires:
puis on s'occupe d'avoir des eaux concentrées. Il n'est
pas possible, en cette saison, d'avoir une évaporation assez

active pour produire la cristallisation du sel; mais on peut obtenir des eaux à un degré déjà suffisamment élevé et les recueillir dans des bassins de réserve.

Ceux-ci ne diffèrent des chauffoirs ordinaires que par une plus grande profondeur; ils sont précieux, au commencement de l'année pour emmagasiner les premières eaux évaporées, et à la fin de la campagne, pour recevoir les liquides contenus dans les différentes parties de l'exploitation et les conserver jusqu'à l'année suivante : dans les salins de Berre, on peut, grâce à leur emploi, travailler avec avantage des eaux faiblement salées et marquant seulement 1°,5 au lieu de 3°,5 que marque l'eau de mer.

Pendant cette première période du travail, on utilise pour la concentration toute la surface disponible et l'on couvre d'eau de mer non seulement les partènements, mais les tables elles-mêmes. Cependant on a soin de ne laisser l'eau sur ces dernières que jusqu'à 8 ou 10 degrés, et de l'évacuer alors sur les partènements intérieurs : on la remplace ensuite par de nouvelle eau de mer. Il faut éviter, en effet, qu'il ne se dépose du sulfate de chaux sur les tables, et cela arriverait nécessairement, si la concentration de l'eau devenait trop forte. Les tables se trouveraient alors recouvertes d'un dépôt de plâtre, qui nuirait beaucoup à la qualité du sel récolté dans la suite. C'est encore pendant cette période que le fond des tables se garnit de feutre soit spontanément, soit sous l'influence d'une culture plus ou moins soignée.

A partir du moment où les tables sont couvertes d'eau en sel, la circulation de l'eau dans toutes les parties du salin arrive à son régime normal : ce résultat est atteint dans les premiers jours de juin, si l'on dispose de bassins de réserve considérables; à la fin de juin seulement, lorsqu'on n'en a pas. Alors, pendant cinquante ou soixante jours, le sel se dépose, s'accumule sur le fond des tables et arrive à former une couche de 5 à 6 centimètres.

La circulation de l'eau en sel se fait de deux façons différentes sur les tables du salin. Celles-ci peuvent être disposées à la suite les unes des autres ou complètement indépendantes. Dans ce dernier cas, chaque table est directement alimentée par l'eau des avant-pièces et la conserve jusqu'à ce qu'elle arrive à l'état d'eau mère. La qualité du sel déposé est partout la même. Mais si les tables forment une série parcourue par l'eau, le sel qui se produit change de nature d'une table à l'autre : il se dépose, en effet, dans un liquide chargé d'une proportion de sels étrangers variable avec le rang que la table occupe dans la série.

· Les tables à alimentation indépendante restent fermées : l'eau ne diminue qu'en vertu de l'évaporation et celle qui disparaît est remplacée par de *l'eau vierge* (eau arrivée au point de concentration convenable pour saliner, et qui n'a pas encore laissé déposer de sel) tirée des avant-pièces : mais comme le chlorure de sodium se dépose toujours seul, tandis que les autres sels restent en dissolution, l'eau finit par arriver à un état où elle n'est plus propre à donner du sel pur : c'est alors *l'eau mère*, qu'il est nécessaire de faire écouler. L'enlèvement des eaux mères n'a lieu qu'à des intervalles assez éloignés : on les rejette ordinairement à la mer ; quelquefois cependant on les conserve pour en tirer parti. Le mode de fonctionnement des tables indépendantes nous amène à parler d'une opération employée souvent par les sauniers, le *coupage* des eaux vierges avec les eaux mères. Celles-ci sont très chargées de chlorure de magnésium, sel dont la présence dans l'eau diminue notablement la solubilité du chlorure de sodium. Si donc on mêle des eaux vierges avec de l'eau mère très riche en chlorure de magnésium, celui-ci amène presque immédiatement le dépôt d'une certaine quantité de sel marin : tel est le but de ce mélange ou coupage. Il se produit de lui-même dans les salins à tables indépendantes, puisque les eaux qui ont déposé du sel ne sont pas immédiatement enlevées, mais seulement *rafraîchies* par des additions successives d'eaux vierges : au moment même de l'alimentation, le coupage s'effectue et donne un dépôt de sel.

Le mélange se fait ici spontanément : les sauniers qui en ont reconnu les avantages l'ont alors fait entrer dans la pratique. Les eaux accumulées sur une table finissent par devenir tellement denses qu'il n'est plus posssible de les rafraîchir au moyen d'addition d'eaux neuves : au lieu de les rejeter à la mer, ils les recueillent et les conservent pour les mêler à des eaux vierges.

Le mode de fabrication adopté par la plupart des grands salins est caractérisé par le fractionnement des produits de la cristallisation, de manière à obtenir deux ou trois espèces de sel ayant des propriétés spéciales. Le sel type nº 1 est le plus pur; il se dépose dans des eaux marquant de 25 à 27 degrés : on produit le type nº 2 entre 27 et 29 degrés et le nº 3 entre 29 et 31 ou 32 degrés. L'emploi des coupages est complètement proscrit; car il ne permet pas d'obtenir le nº 1. En outre, les tables du salin, au lieu d'être indépendantes les unes des autres, sont disposées en séries ou *jeux*, dans lesquels s'établit une circulation continue d'eau en sel. La table placée en tête d'un jeu, nommée *pièce maîtresse*, est beaucoup plus grande que les autres : elle joue le rôle de réservoir destiné à assurer l'alimentation de toute la série. La marche des eaux est continue : l'eau vierge sortant des avant-pièces entre continuellement dans la pièce maîtresse; chaque table reçoit constamment de l'eau venant de la précédente et en envoie à la suivante; enfin l'eau mère sort continuellement de la dernière table du jeu. En ouvrant plus ou moins les vannes, on règle la circulation de l'eau de manière qu'arrivée à la sortie elle soit réellement de l'eau mère et ne puisse plus fournir de sel de bonne qualité.

Le degré auquel on évacue les eaux, le nombre et les

qualités de sels obtenus varient beaucoup d'un salin à
l'autre. L'industrie salicole du Midi se trouve, en effet,
dans des conditions assez extraordinaires, par suite de
l'excès de sa puissance productive sur les débouchés
commerciaux qu'elle possède : la plupart des grands salins sont obligés, non pas de développer, mais de res-
treindre leur production. A Peccais, on rejette les eaux
à la mer, dès qu'elles marquent 27 degrés; à Giraud, on
ne tire aucun parti du sel déposé entre 27 et 32 degrés;
on fait cependant le travail pour avoir des eaux mères
propres à l'extraction des sels de potasse ; à Rassuen, les
eaux à 28 degrés sont jetées à la mer. On comprend dès
lors qu'en présence d'un pareil excès de production possible, il n'y ait aucun intérêt à l'augmenter encore par
des coupages ou autres méthodes qui donnent du sel d'un
moins beau type. Les petits salins de la côte de Bouc le
font seuls, parce qu'ils vendent leur sel aux pêcheurs et
lui donnent par les coupages des propriétés recherchées
pour la salaison du poisson.

Les conditions commerciales où se trouvent les marais
salants du Midi, expliquent encore l'inégalité énorme que
l'on observe dans leur rendement à l'hectare. A Peccais,
par exemple, on ne récolte en moyenne que 16 à 17 tonnes
par hectare; mais on rejette les eaux à 27 degrés. Il serait
facile de tripler et même de quadrupler la production de
ce salin, si l'on trouvait des débouchés pour la vente du
sel, et d'arriver à 60 et même 100 tonnes par hectare,
comme dans certaines petites exploitations.

Dans la plupart des salins du Midi, on ne fait qu'une
seule récolte, un seul *levage* du sel. On laisse s'accumuler sur le fond de la table le produit total de l'évaporation de l'eau qui est amenée successivement. Pour lever
le sel, on vide la table aussi complètement que possible.
On laisse ensuite égoutter pendant deux ou trois jours,
puis on enlève le sel avec des pelles plates en bois, dites
pelles à javeler. Le tranchant de la pelle, muni d'un fer,

peut s'insérer très facilement entre la couche de sel et le fond de la table sans trop endommager celui-ci : le feutre, quand il y en a, résiste très bien à l'opération du levage. Comme ce travail exige beaucoup de soin, les ouvriers qui le font reçoivent leur salaire à la journée.

Le sel enlevé des tables par blocs est mis en tas ou *javelles* : chacune d'elles reçoit là récolte d'une surface de 100 mètres carrés, environ 5 à 6 quintaux. Après l'*enjavelage* ou *battage*, on laisse le sel s'égoutter pendant plusieurs jours encore, puis on l'enlève avec des paniers en nattes que les ouvriers portent sur la tête. On en fait ainsi de grands tas, appelés *camelles*; ils sont placés sur les *graviers*, sorte de larges chaussées disposées le long des tables. Le portage du sel des javelles jusqu'aux graviers est payé à la tâche.

Au salin de Berre, on transporte le sel des tables aux graviers au moyen d'un petit chemin de fer portatif, dont les rails se posent sur le sol des tables et viennent aboutir à la camelle en formation. A Giraud, dans la Camargue, le gravier est établi parallèlement au canal de navigation du Rhône, sur lequel s'enlèvent les produits. Chaque jeu ou série de douze tables est établi perpendiculairement au gravier : comme les tables ont plus de 60 mètres de côté, les ouvriers auraient environ 750 mètres à parcourir pour porter le sel de la douzième table au gravier. On évite ces frais de main-d'œuvre au moyen d'un système de canaux navigables. Un premier canal a été creusé parallèlement au gravier : il reçoit d'autres canaux perpendiculaires à sa direction, qui traversent toute l'épaisseur du salin et se reproduisent de 2 en 2 tables : chacune de celles-ci est donc desservie par un canal, soit à droite, soit à gauche; des bateaux font circuler sur les canaux des caisses de 2 mètres cubes. Les ouvriers portent le sel aux bateaux; ceux-ci l'amènent jusqu'au canal du gravier; là des grues mobiles, mises en mouvement par une machine à vapeur, enlèvent les caisses et les vident sur le gravier, de manière à former d'énormes camelles.

Les frais les plus considérables sont dus au portage du sel qui, sauf les exceptions que nous venons de citer, se fait à dos d'homme : il exige un nombreux personnel que l'on embauche à cet effet au moment de la récolte. Un bon ouvrier peut lever et mettre en javelles de 10 à 12 tonnes par jour; quant au porteur, il peut transporter 4 à 5 tonnes à une distance moyenne de 100 mètres : il faut donc pour un batteur environ 5 porteurs. Le travail de ces derniers est fort pénible. Exposés tout le jour à un soleil ardent, ils prolongent leur besogne fort avant dans la nuit et arrivent à gagner 8 à 10 francs par jour. Mais au bout de quelques semaines, ils sont complètement épuisés et ne pourraient recommencer une autre campagne.

Dans les Pyrénées-Orientales et dans l'Aude, le sel se recueille le plus souvent pendant les mois de juillet et d'août: exceptionnellement la récolte commence en juin et se continue en septembre pour les sels légers, dont on fait deux et même quelquefois trois récoltes dans une année. Dans l'Hérault, il n'y a qu'une récolte; elle commence à la fin de juillet et se continue en août. Dans tous les salins de la Compagnie des Salins du Midi, on lève vers le 25 ou le 30 juillet, de façon que la mise en javelles soit finie pour le 15 août, époque où surviennent de grosses pluies d'orage : le portage continue jusqu'au 1er septembre et la récolte est terminée en un mois. Elle se fait en 15 jours dans les petits salins, tandis qu'à Hyères, où l'on manque de bras, la récolte n'est achevée que fin septembre et dure ainsi deux mois. Dans les petits salins de Bouc, où l'on fabrique un sel léger et déliquescent, on lève deux fois par an et même cinq et six fois, si l'acheteur demande des sels très légers. On donne ce nom à des sels déposés en quelques jours sous forme de couches minces; ce sont des cristaux très petits qui n'ont pas eu le temps de grossir; ils se forment dans une couche d'eau d'une faible épaisseur, 3 centimètres au plus.

Le sel récolté est conservé sur les graviers en énormes tas à base rectangulaire, terminés par une crête horizontale. Ces camelles restent à découvert pendant un temps plus ou moins long. Sous l'action de la pluie, le sel subit un déchet qui peut s'élever à 10 pour 100 pendant la première année et à 6 pour 100 environ pendant les suivantes. Une camelle, qui reste indéfiniment découverte, disparaît, dit-on, en douze ans. Le lavage à la pluie enlève au sel les parties les plus déliquescentes qu'il contient, et lui fait subir une sorte de raffinage ; aussi laisse-t-on toujours les camelles recevoir au moins les premières pluies d'automne. On les couvre ensuite avec des couvertures en joncs ou en roseaux, quelquefois en tuiles demi-cylindriques, comme dans le Var et les Bouches-du-Rhône. Cette opération se fait, en général, dans le courant de novembre, c'est-à-dire deux mois après la récolte : cependant certains sels légers ne se couvrent qu'en février ; dans quelques localités même, les camelles restent absolument découvertes.

CHAPITRE V

Les marais salants de l'Ouest

1° LES PALUDIERS.

Avantage des marées. — Principaux marais salants de l'Ouest. — Les anciennes salines d'Avranches. — Lavage du sable salé. — Paludiers et propriétaires. — Condition des paludiers. — Ses inconvénients. — Les marais de Guérande. — La ville de Guérande. — Le Bourg-de-Batz. — Les Bretons du Bourg-de-Batz. — Caractère des paludiers. — Le costume traditionnel des hommes et des femmes. — Situation actuelle des familles de paludiers. — Le colportage du sel. — La troque. — Suppression du privilège de la troque.

L'extraction du sel sur les côtes de l'Océan est favorisée par le phénomène des marées : l'eau de la mer peut à certains jours être recueillie et emmagasinée à une hauteur très supérieure au niveau moyen. Il est ensuite facile de la faire circuler d'elle-même dans les divers compartiments d'un marais salant : son propre poids suffit pour qu'elle descende de l'un à l'autre. Point de machines élévatoires de l'eau, comme dans les salins du Midi ; tel est le grand avantage des exploitations de l'Ouest. Malheureusement il est compensé, et bien au delà, par d'autres circonstances fâcheuses : la chaleur solaire n'a pas l'intensité qu'elle possède sur le littoral méditerranéen, et par conséquent l'évaporation est beaucoup plus lente : en outre, l'abondance des pluies sur les côtes de Bretagne, de Vendée ou des Charentes rend dans toutes ces localités la récolte du sel extrêmement précaire.

Les principales exploitations de sel sont les suivantes :

1° Dans le département de la Gironde, les marais de Certes et d'Audenge sur le bord septentrional du bassin d'Arcachon; ceux du Verdon, de Soulac de Saint-Vivien et de Jau à l'embouchure de la Gironde.

2°. Dans la Charente-Inférieure, les îles de Ré et d'Oleron ainsi que les côtes voisines contiennent de nombreux marais salants. Citons ceux de Saint-Pierre et d'Oleron, dans l'île de ce nom, ceux d'Arvert, de la Tremblade, de Marennes, de Brouage sur le littoral adjacent ; enfin ceux d'Ars et de Saint-Martin dans l'île de Ré (fig. 25).

3° Dans la Vendée, on rencontre les exploitations des Sables-d'Olonne, de la Gachère et de Saint-Gilles qui forment un premier groupe. Plus haut, les marais de Beauvoir et de Bouin sont contigus avec ceux de Bourgneuf dans le département de la Loire-Inférieure, en face de l'île de Noirmoutier : cette dernière renferme également d'importants marais salants.

4° Outre ces exploitations situées à sa limite méridionale, la Loire-Inférieure contient les plus célèbres de toutes celles des côtes de l'Océan. Elles sont situées au nord de l'embouchure de la Loire et s'étendent jusqu'à celle de la Vilaine. Ce sont les marais salants de Saint-Nazaire, du Pouliguen, du Croisic, du Bourg-de-Batz, de Guérande, de Mesquer, de Saint-Molf et d'Assérac.

5° Le département du Morbihan contient les derniers marais salants de l'Océan. Ils sont situés sur la côte, au sud de Vannes, à Auray, Carnac, Saint-Colombier, Sarzeau, Séné, Ambon.

6° Les départements de la Manche et du Calvados contenaient autrefois quelques exploitations de sel situées sur les côtes de la Manche : elles ont été peu à peu abandonnées. Le sel y était d'ailleurs récolté d'une façon particulière, non par évaporation dans des marais salants, mais par lavage du sable salé. Cette méthode était déjà employée dans l'Avranchin, vers l'an 1600. Le sable mouillé d'eau de mer reste, quand celle-ci s'évapore, imprégné d'une certaine quantité de sel : on le récolte surtout en été et on *en fait* des tas que l'on abrite de la pluie. On

le lave ensuite à l'eau de mer dont la teneur en sel se
trouve ainsi augmentée et portée à un degré assez élevé
pour qu'on puisse, avec avantage, la soumettre à l'action
du feu et l'évaporer par la chaleur artificielle. Les sels
ainsi obtenus portaient le nom de *sels ignifères*[1].

L'exploitation des marais salants de l'Ouest se fait dans
des conditions particulières. Le travail exige une certaine habileté qui s'acquiert par l'habitude : aussi est-il
exécuté par une population spéciale de *paludiers* au
nord de l'embouchure de la Loire, et de *sauniers* au
midi de ce fleuve. Quant au régime du travail, il constitue presque toujours une sorte d'association entre le
propriétaire et le paludier : ce dernier est un métayer ou
colon partiaire qui reçoit pour prix de ses peines une
portion convenue de la récolte ; il a droit en outre à rémunération pour certains travaux déterminés. Quelques
paludiers sont en même temps propriétaires du marais :
le plus souvent cependant, ils le cultivent pour le compte
d'un ou de plusieurs propriétaires ; car les héritages
sont excessivement morcelés dans ces pays, et le lot d'un
propriétaire peut être insuffisant pour fournir du travail
à toute une famille. En revanche le droit à la culture du
marais se transmet de père en fils parmi les paludiers
comme une véritable propriété : il faut des circonstances
bien graves pour briser les attaches qui les retiennent au
sol natal, et les forcer à changer de marais ou de profession.

Cette organisation ancienne n'est plus en rapport avec
les nécessités de l'industrie actuelle, et présente un certain nombre de vices radicaux. Un marais appartient à
plusieurs propriétaires ; s'entendront-ils lorsqu'il faudra
faire des travaux ou des améliorations urgentes ? Comment un propriétaire qui ne possède peut-être pas un

---

[1] Les petites salines de la Manche jouissaient au point de vue de
l'impôt de quelques privilèges : elles les ont conservés jusqu'à l'abandon de leur fabrication, à cause du peu d'importance de celle-ci.

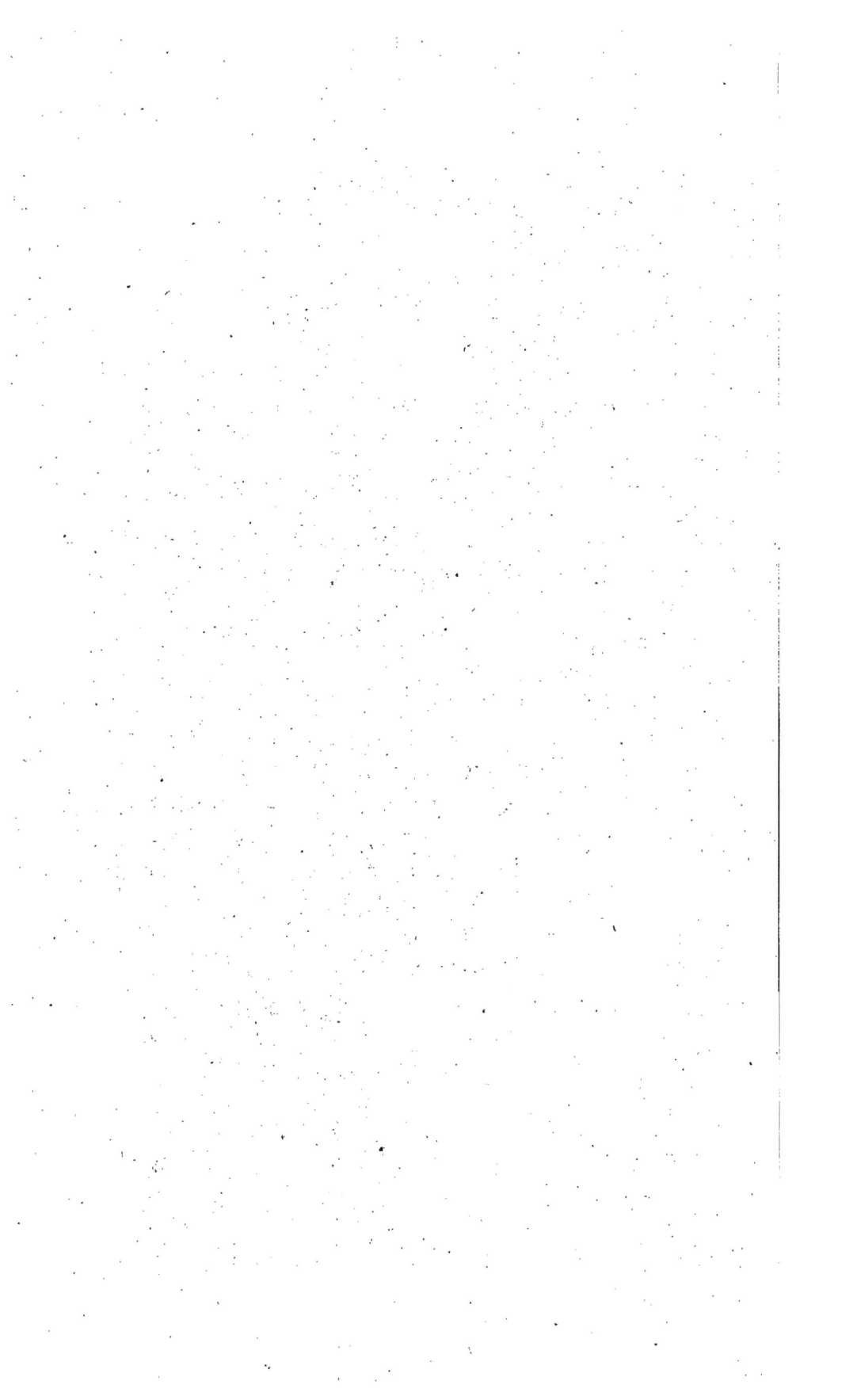

hectare entier, ira-t-il traiter avec les compagnies de chemins de fer pour le transport de ses produits? S'agit-il de ventes, chacun des propriétaires et chacun des paludiers vend sa part, sans entente et sans accord préalable avec ses concurrents : le commerce qui y trouve son avantage entretient entre les détenteurs de sel une lutte de prix désastreuse pour eux.

L'un des groupes de marais salants les plus importants en étendue, le plus intéressant pour le voyageur ou le touriste, est celui qui est situé au pied du plateau de Guérande. Une ancienne chaîne d'îles, où sont bâtis le Croisic, le Bourg-de-Batz et le Pouliguen est, depuis près de quatre siècles, rattachée au continent par des terres basses. Les habitants les ont découpées en marais autrefois prospères, mais qui se changent aujourd'hui peu à peu en marais saumâtres ; la figure 26 en montre la situation.

Centre commercial de tout le pays, la ville de Guérande le domine du haut du coteau sur lequel elle est bâtie. C'est une cité d'un autre âge, entourée de remparts à mâchicoulis flanqués de tours imposantes : elle communique avec le dehors par quatre portes où l'on aperçoit encore la trace des ponts-levis. Un manteau de lierre, de chèvre-feuille et d'autres plantes grimpantes recouvre la plus grande partie de ces murailles : des arbres gigantesques masquent la ville du côté de la plaine, de sorte que la vieille place de guerre des anciens temps féodaux n'apparaît plus que comme un nid de verdure. La principale de ces plantations d'arbres, nommée le *Mail*, forme une terrasse d'où l'on découvre toute la république des marais salants, les dunes envahissantes des sables d'Escoublac, l'oasis bas-bretonne du Bourg-de-Batz, le port du Croisic et, par-dessus ces aspects variés, l'horizon sans bornes de l'Océan[1].

---

[1] Joanne, *La Bretagne*. — Audiganne : *Revue des Deux Mondes*.

Descendons au cœur même de la population paludière,
au Bourg-de-Batz, situé à égale distance entre le Croisic
et le Pouliguen. Il était, comme ces dernières localités,

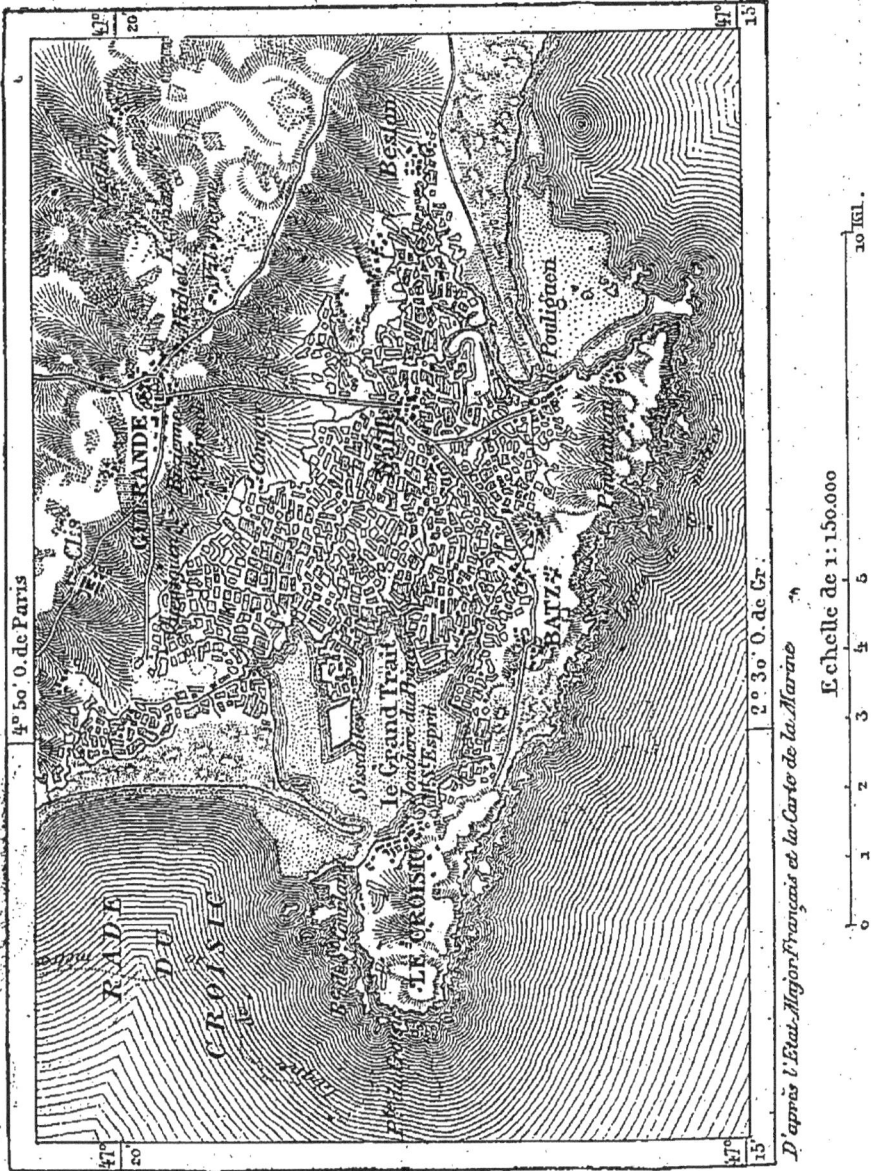

Fig. 26. Les marais salants des environs de Guérande.

primitivement situé dans une île ; le cartulaire de Redon,
écrit au douzième siècle, s'exprime ainsi à propos d'une
donation de salines : *In insula quæ vocatur Batz*. L'accu-

mulation des dépôts sablonneux a comblé en grande partie
le bras de mer qui séparait Batz et Guérande et a réuni
tout le pays. Édifié sur un fond de solides rochers, le
Bourg-de-Batz montre de loin la haute tour de son église
et les murailles ruinées d'une ancienne abbaye. La mer
y est terrible en ses jours de furie, et l'on ne voit sur
ses bords que rochers gigantesques aux formes capri-
cieuses.

Les habitants de Batz prétendent ne pas appartenir à
la même race que les populations bretonnes des villages
environnants; ils se croient de souche saxonne ou scan-
dinave : mais rien, dans l'aspect physique, la langue ou
le costume des paludiers n'indique, au point de vue
ethnographique, une ligne de séparation entre eux et
leurs voisins du plateau de Guérande. Naguère il n'y
avait pas d'exemple qu'un jeune homme ou une jeune
fille de Batz se mariât avec un étranger : aussi tous les
habitants du bourg sont cousins les uns des autres. Sur
environ 3000 habitants, près de la moitié appartient à
7 ou 8 familles : une d'entre elles contient à elle seule
plus de 500 membres. Aussi la confusion des noms est
devenue telle qu'il a fallu pour se distinguer y substituer
l'usage des sobriquets. Le danger que présentent les
unions consanguines n'existerait donc point au Bourg-
de-Batz, car la population se fait remarquer par une
constitution vigoureuse. Les hommes sont grands et bien
découplés ; les femmes ont une fraîcheur de teint remarquable et y joignent une grande force : on peut voir les
paludières, portant sur la tête dans les *gides* ou *geddes*
une charge de sel de 25 à 30 kilogrammes, courir sur
les bords du marais, les pieds nus, en courts jupons
(fig. 27).

Le paludier aime son rude travail : il ne recule pas
devant les grands coups de main, pourvu qu'ils soient
interrompus par des repos plus ou moins longs, et les préfère à des efforts moindres, mais continus. Semblable au

pêcheur, il restera de longues heures assis au pâle soleil
de l'hiver, sans se demander si le temps qu'il dépense
ainsi stérilement ne pourrait pas être employé à un travail avantageux. Il peut se plaindre de l'insuffisance du
salaire, jamais de la besogne elle-même et apporte à sa
tâche héréditaire une fidélité qui devient de plus en plus

Fig. 27. Porteuses de sel.

rare ailleurs. Cependant la vie est dure et parcimo-
nieuse : presque jamais il ne mange de viande ; le matin
et le soir, une soupe maigre ; au milieu du jour, des
pommes de terre auxquelles viennent s'ajouter la sardine
et quelques coquillages vulgaires et invendables ; voilà
son menu ordinaire. La situation déplorable de l'indus-

trie salicole dans l'Ouest et la ruine presque complète
qui la menace actuellement, ont rendu même cette chétive
alimentation de plus en plus précaire. Aussi la misère
est-elle profonde au milieu de ces populations qui commencent à déserter le sol natal : il leur faut du reste un
bien grand attachement au pays, un profond respect des
traditions, et un culte religieux du passé pour avoir résisté
si longtemps. Leurs qualités morales les ont soutenus
puissamment : car tous les paludiers de Batz jouissent
sous ce rapport d'une excellente réputation. « Une boule
lancée dans les rues du village, dit un proverbe du
pays, s'arrêtera toujours devant la porte d'un honnête
homme ! »

Jusque dans ces derniers temps, on pouvait considérer
comme un signe visible de l'empire des mœurs la conservation du costume héréditaire. Aujourd'hui l'ancienne
rigidité s'est affaiblie sous ce rapport : mais ce n'est pas
au goût des populations qu'il faut s'en prendre ; c'est à
la difficulté des temps. Le costume du paludier du
Bourg-de-Batz est coûteux : la gêne croissante dans les
familles a dû nécessairement amener des modifications
plus ou moins considérables. On le revêt généralement
pour le jour des noces, et on le ménage ensuite soigneusement pour qu'il puisse servir toute la vie. Le costume
de cérémonie d'un paludier comprend : un grand cha-
peau à larges bords garni de chenille de couleur et relevé
d'une manière étrange en forme de pointe ou de corne ;
le jeune homme porte cette corne sur l'oreille, mais dès
qu'il est marié, il la tourne par derrière et la dirige en
avant, s'il devient veuf ; une collerette de mousseline
rabattue sur les épaules ; plusieurs gilets de couleur
différente et superposés par étage, de manière à laisser
paraître les bandes de couleurs variées qui en garnissent
les bords inférieurs ; de vastes braies plissées, en toile
fine, serrées au genou par des jarretières flottantes ; des
sandales d'un jaune pâle ; enfin dans les cérémonies funè-

bres un grand manteau de drap noir coupé à l'espagnole.
Pour le travail, il porte une blouse blanche, des culottes
bouffantes et des guêtres de toile au lieu de bas de laine
blanche (fig. 28).

Les femmes dans leur toilette d'apparat sacrifient souvent la grâce à la richesse. Elles ont une coiffe étroite
rattachée sous le menton et formant une pointe derrière
la tête ; un corset rouge, avec de larges manches à revers,

Fig. 28. Paludiers en costume de travail.

et un plastron carré, vert, bleu ou broché en soie, recouvrent la poitrine ; plusieurs jupes de drap à plis serrés
sont superposées les unes sur les autres ; une *livrée* ou
ceinture, large ruban de soie souvent broché d'or ou
d'argent se noue sur les hanches et sert à relever la jupe
de dessus, que recouvre un ample tablier de soie violet,
vert ou orange. Ce costume est complété par d'élégants
bas de laine, rouges ou violets, à fourchettes de couleur
et par des chaussures ressemblant à des mules de reli-

gieuse. Le jour des noces, la toilette de la mariée est enrichie d'une profusion de broderies d'or sur le plastron, la ceinture et la fourchette des bas.

Une des coutumes locales les plus anciennes consistait en de courtes pérégrinations commerciales faites dans un rayon de quinze à vingt lieues, et entreprises pour aller, de porte en porte, vendre le sel que l'on venait de récolter[1]. Les paludiers du Bourg-de-Batz semblaient posséder l'entente de ce négoce comme une sorte de don natal. Ils conduisaient devant eux leurs mules infatigables, qui faiblissaient au départ sous le poids d'une charge trop pesante d'abord, mais allégée à chaque station. Connaissant tous les chemins des campagnes, ils pénétraient jusqu'aux moindres hameaux, loin des sentiers battus. Le nombre des colporteurs de sel a notablement diminué aujourd'hui, et la zone parcourue par eux est devenue plus restreinte : il y a pour cela deux raisons. Depuis l'établissement des chemins de fer, le commerce à dos de mulet a vu s'affaiblir ses chances de succès; avec des habitudes et des moyens un peu primitifs, il n'a pu lutter contre le développement de la grande industrie. Mais le principal motif de la disparition du colportage du sel est la suppression d'un privilège consistant dans la franchise de droits pour le *sel de troque.*

Ce bénéfice a été accordé jusqu'au 1er janvier 1865 aux sauniers et paludiers des bords de l'Océan, depuis la rive droite de la Loire jusqu'à l'extrémité du département du Morbihan. Il remonte à une époque fort ancienne et bien antérieure aux lettres patentes du 12 janvier 1644, qui l'ont spécialement confirmé pour les paludiers de la ville du Croisic et de la paroisse de Batz. Il consistait dans le droit qui leur était accordé d'échanger (*troquer*), avec franchise d'impôt, une certaine quantité de sel proportionnée au nombre des membres de la famille, contre une

[1] Voir plus loin; le sel en Afrique : La caravane du sel.

quantité correspondante de grains qu'ils devaient rapporter dans le pays. La valeur de ce privilège était d'autant plus grande que l'impôt sur le sel était lui-même plus élevé. Il avait pour but de permettre aux habitants de cette portion de la Bretagne de s'approvisionner des céréales qui leur manquaient dans ce temps-là. A certaines époques de l'année, on voyait partir des marais salants de longues caravanes de mules chargées de sel, qui se dirigeaient vers Nantes ou les pays voisins, et revenaient ensuite avec une provision de blé.

La suppression de l'impôt du sel en 1791 entraîna comme conséquence la disparition du privilège de la troque : mais celui-ci ne fut pas rétabli en 1806 en même temps que l'impôt. Le décret de cette époque se borna à accorder aux paludiers, qui voudraient vendre dans l'intérieur les sels de leur récolte, la faveur de n'acquitter, moyennant caution préalable, les droits qu'au retour.

Le gouvernement de la Restauration, en 1814, octroya en outre aux paludiers une remise de droits de 10 pour 100 sur tous les sels expédiés à destination de la troque[1] : puis, en 1827, il rétablit expressément l'ancien privilège en faveur des communes de la côte de Bretagne. Aux termes de cette ordonnance, chaque saunier ou paludier avait le droit d'exporter en franchise, hors du rayon des douanes, autant de fois 100 kilogrammes de sel que sa famille comptait d'individus de tout âge et de tout sexe, à la charge de rapporter dans le pays une quantité de grains proportionnée[2]. Décidée en principe, en 1840, l'abolition de la troque fut ajournée jusqu'au 1er janvier

---

[1] Il existait, en 1817, plus de 9000 troqueurs jouissant de cette remise exceptionnelle de 10 pour 100 et de la faculté de crédit accordée en 1806, faculté qui exposait le trésor à des pertes considérables. Le commerce du sel à la troque portait sur plus de 2 millions de kilogrammes.

[2] Le nombre des personnes profitant de cette immunité était d'environ 10 000 en 1832 : ce qui représentait pour le trésor un sacrifice de 500 000 francs : il se réduirait aujourd'hui à 100 000 francs.

1856, sous la condition d'une réduction annuelle de un dixième dans les franchises accordées à partir de cette date. Réduites ainsi de 10 kilogrammes chaque année, les allocations du sel de troque ont donc complètement cessé le 1er janvier 1865.

On comprend que, depuis cette époque, les populations salicoles de l'Ouest n'ont cessé de solliciter le rétablissement de l'ancien privilège ; et même elles demandaient que la franchise fût portée à 500 kilogrammes par individu. L'impôt ayant été réduit au tiers de ce qu'il était primitivement et abaissé de 30 francs à 10 francs les 100 kilogrammes, le bénéfice que l'on retirait de la troque se trouvait réduit dans la même proportion pour la vente d'une même quantité de sel. Ce serait, disait-on, un encouragement pour une industrie intéressante, un remède à l'abandon des marais, enfin un soulagement à la détresse des paludiers.

2° LE MARAIS SALANT ET L'EXTRACTION DU SEL.

Marais de la Charente. — Chenal. — Jas. — Conches. — Champ salant. — Aires. — Marais de la rive droite de la Loire. — Étier, vasière, cobier, fares, adernes, œillets. — Leurs dimensions. — Travail des paludiers. — Préparation du marais. — Nettoyage des œillets. — Concentration de l'eau et épaisseur de la couche liquide aux différents points du marais. — Récolte du sel. — Échaudement des œillets. — Examen du procédé de fabrication employé dans l'Ouest. — Nécessité d'une cristallisation rapide du sel. — Influence des pluies. — Adresse des paludiers dans le tirage du sel. — Mise en mulons. — Durée de la saunaison. — Conservation du sel. — Sel fin. — Nombre des œillets par hectare de marais. — Production annuelle.

La disposition générale des marais salants est à peu près la même sur toute la côte de l'Océan : mais les dénominations données aux différentes parties changent graduellement à mesure que l'on parcourt la côte du Nord vers le Sud. Ainsi dans les marais de Ré, une partie des noms est commune avec Marennes, une autre avec Guérande.

Les marais de la Charente sont construits sur d'anciens lais de mer : ils sont formés d'excavations séparées les unes des autres par des massifs de terre affectés à la culture et auxquels on donne le nom de *bosses*. Leur forme est variable, les hommes n'ayant fait qu'agrandir et régulariser un peu les bassins creusés par la mer. Tout marais salant est protégé contre l'invasion du flot par une digue, percée en général de plusieurs ouvertures en maçonnerie. Chacune d'elles est munie d'une porte qu'on élève ou qu'on abaisse pour régulariser l'alimentation en eau de mer. Les digues sont bordées de terrains incultes, couverts par les eaux lors des grandes marées, et où l'on établit souvent des réservoirs à huîtres.

Les parties constitutives d'un marais salant, à Marennes, sont les suivantes :

1° Le *chenal*, canal généralement navigable, qui sert à l'introduction de l'eau et d'où partent d'autres canaux plus petits.

2° Un réservoir ou *jas*, placé à un niveau assez élevé. Il n'est accessible à la mer que lors des grandes marées, aux pleines lunes et aux nouvelles lunes. Il joue à la fois le rôle de bassin d'évaporation, et celui de réservoir destiné à alimenter toutes les pièces de la saline dans l'intervalle de deux grandes marées.

3° Les *conches*, placées plus bas que le jas et formées d'une série de compartiments séparés les uns des autres par des bourrelets de terre. Une pente soigneusement ménagée permet à l'eau de parcourir les divers compartiments. On amène celle-ci du jas dans les conches au moyen d'un tronc d'arbre, percé d'une ouverture circulaire de 10 à 12 centimètres et appelé *couët* (*coëf* en Vendée).

4° Le *champ salant*, dont la surface est partagée, par des levées de terre, en compartiments désignés sous les noms de *mort, tables, muant, aires*. L'eau passe successivement de l'un à l'autre, en commençant par le mort, jusqu'à ce qu'elle arrive aux aires où la cristallisation se produit : ce sont les plus petits de tous les compartiments. Ils sont séparés les uns des autres par des planches percées de trous garnis de chevilles. Cette disposition permet de faire varier la quantité d'eau en débouchant un plus ou moins grand nombre de trous et d'obtenir de l'eau à diverses densités suivant qu'on ôte les chevilles du bas ou celles du haut. Une pente insensible assure le cheminement de l'eau dans toutes les parties du champ salant.

5° Le *ruisson*, canal qui sert à vider le marais et à faire évacuer les eaux résiduelles.

L'importance de ces marais salants s'évalue au moyen d'une unité particulière, la *livre*, comprenant 20 aires et leurs dépendances. L'étendue de terrains, parties mouillées et bosses, qui correspond à une livre de marais salant, est excessivement variable parce que, d'un point à un autre, le rapport des bosses aux portions mouillées change beaucoup : elle est comprise entre 55 ares et un hectare.

La dimension des aires est telle que le saunier puisse toujours avec le *rouable* (instrument formé d'une planche de 1 mètre adaptée perpendiculairement à un long manche), atteindre toutes les parties de la surface. A Marennes, les aires sont des carrés de 6 mètres de côté ; à l'île de Ré, elles ont de 5 à 6 mètres de largeur sur 6 à 7 mètres de longueur ; aux Sables-d'Olonne de 6 à 7 mètres de côté ; à Saint-Gilles, de 4 à 5 mètres ; dans la Gironde, 5 mètres sur 6 ; à Beauvoir, 6^m,66 sur 8 mètres (20 pieds, ancienne mesure, sur 24).

Dans les marais salants de la rive droite de la Loire, au Bourg-de-Batz (fig. 29), à Guérande et dans les environs, l'eau arrive par un canal ou *étier*, dans un grand réservoir qui porte le nom de *vasière*. De la vasière, elle passe dans un deuxième grand bassin appelé *cobier*, puis dans une série de compartiments, en général rectangulaires, que l'on désigne sous les noms de *fares* et d'*adernes* ; elle arrive enfin dans les cristallisoirs ou *œillets*. En cheminant ainsi, l'eau se concentre de plus en plus et atteint la saturation dans les œillets, où le sel se dépose.

C'est, comme l'on voit, une disposition analogue à celle usitée au midi de la Loire. On trouve tout d'abord de grands réservoirs, le jas et les conches, ou bien la vasière et le cobier ; vient ensuite la saline proprement dite avec ses morts, ses tables et ses airés au midi de la Loire, ses fares, ses adernes et ses œillets au nord du fleuve.

La figure 30 représente le plan général d'un marais salant dont la figure 29 donne une vue d'ensemble. Les flèches indiquent la circulation de l'eau, et les numéros successifs les portions qu'elle parcourt les unes après les autres. La vasière n'est pas représentée : 1 est un tuyau ou *cuy*, formé d'un tronc d'arbre percé longitudinalement, qui amène l'eau de la vasière dans le cobier. 2 une communication analogue. 3 permet à l'eau du cobier de pénétrer dans la saline proprement dite : elle parcourt d'abord les fares 4, 5 et les adernes 6, 7 pour arriver finalement aux œillets 8, 9.

La vasière est à un niveau assez élevé pour que le cheminement des eaux se fasse par une pente naturelle jusqu'aux œillets inclusivement. Ne recevant l'eau de la mer qu'aux marais des syzygies, elle doit être assez vaste pour alimenter la saline pendant 15 jours au moins ; mais, par prudence, elle est ordinairement capable de contenir un approvisionnement d'un mois. Pendant ce temps, l'eau qu'elle renferme se concentre et peut s'élever de 3 degrés ou 3°,5 (aréomètre Baumé) jusqu'à 5 ou 6 degrés. C'est donc déjà un véritable chauffoir ; aussi l'épaisseur d'eau doit-elle y être faible, 20 à 30 centimètres à peu près, sans dépasser jamais 1 mètre.

Le cobier, bassin de forme irrégulière et de dimensions très variables, est un second chauffoir qui ne reçoit, lui

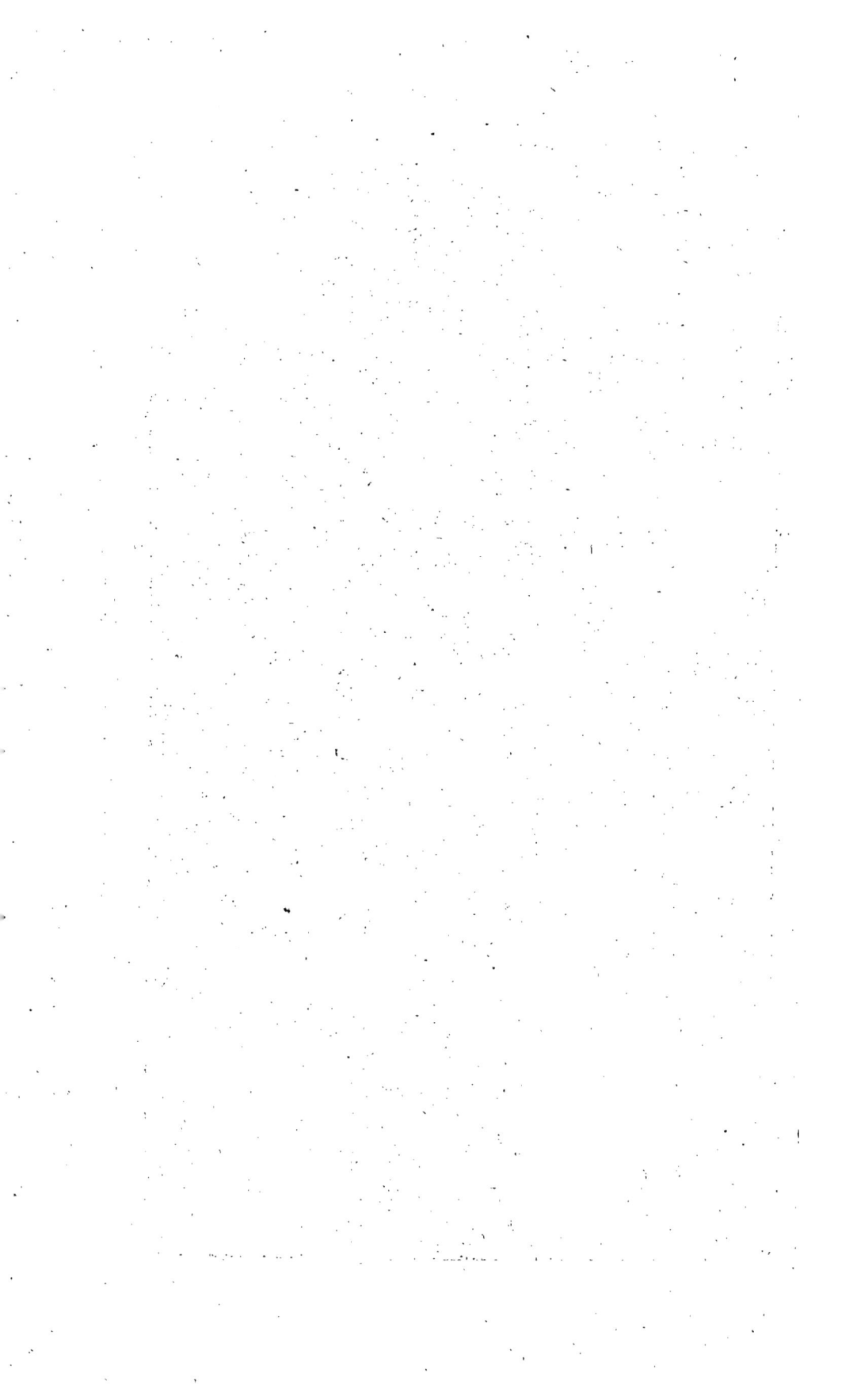

aussi, que l'épaisseur d'eau la plus petite possible. Dans quelques marais, il est divisé en compartiments.

Les autres bassins ont la forme rectangulaire et sont séparés entre eux par de petites digues appelées *ponts*. Elles servent au travail des paludiers et au transport du

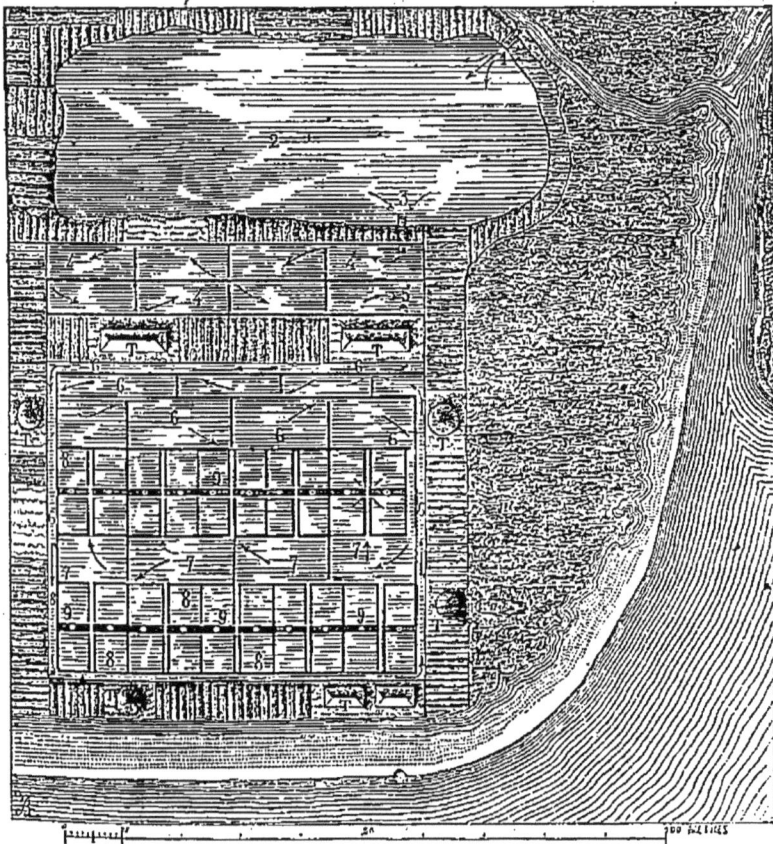

Fig. 50. Plan d'un marais salant de l'Ouest.

sel. Les communications entre les fares et entre les adernes sont percées en diagonale, de manière que l'eau parcourt la plus grande étendue possible. Au milieu du pont, sur les côtés des œillets, se trouvent ménagées de petites plates-formes circulaires, appelées *ladures*, sur lesquelles on rassemble le sel cristallisé dans chaque œillet. Dans la région de Guérande, les œillets ont 32 pieds sur 22, soit 10^m,67 sur 7^m,33 ; dans le Morbihan, ils sont plus petits et n'ont que 6 mètres sur 7^m,33 ou 18 pieds sur 22. L'eau pénètre dans les œillets par de petits trous percés dans des plaques d'ardoise qui sont implantées dans les ponts. En débouchant tantôt un trou, tantôt l'autre, on règle l'épaisseur de l'eau sur l'œillet.

Pendant l'hiver, les marais salants sont abandonnés à eux-mêmes : l'eau de mer mélangée d'eau de pluie recouvre toutes les petites digues qui séparent les compartiments de la saline. Aussi se détériorent-elles beaucoup sous l'action de la gelée. En mars et avril, le paludier nettoie la vasière : c'est un travail pénible, à cause de la rigueur de la saison. Vers le 15 avril, on vide la saline en ouvrant à marée basse le cuy de décharge : on met ainsi à sec tous les compartiments, sauf les œillets. Ceux-ci placés à la plus grande profondeur restent ordinairement couverts d'eau sur une épaisseur de 10 à 15 centimètres, bien supérieure à celle de l'eau salée qui s'y trouve pendant la production du sel.

On nettoie alors les divers compartiments, cobier, fares, adernes, et l'on refait toutes les petites digues endommagées par l'hiver. En même temps, le paludier a rempli la vasière dès que son curage a été terminé : il fait ensuite marcher l'eau progressivement, à mesure que les réparations avancent, et arrive à couvrir toute la saline, à l'exception des œillets, d'une mince couche de liquide. Il s'étudie à mettre partout une épaisseur d'eau aussi faible que possible et cherche seulement à bien couvrir les surfaces, de manière à les utiliser très complètement pour l'évaporation. Si elle marche vite, si *le temps est fort*, il met un peu plus d'eau : mais comme la surface du fond est toujours très imparfaitement nivelée, la couche d'eau sur les points les plus élevés n'a guère plus de 2 ou 3 centimètres.

Pendant ce temps, on procède au nettoyage des œillets : en général, ils ne peuvent être vidés d'une façon complète; c'est de l'évaporation seule qu'on attend leur asséchement. On tient du reste à ce qu'ils ne soient jamais complètement à sec, pour que leur fond, formé d'une vase argileuse, ne se crevasse pas. Quand, par suite de l'évaporation, le paludier voit un peu de sel paraître, il enlève avec un râble la vase trop délayée et jette, par-dessus le pont, le mélange de vase et de sel dans un fare voisin. La vase se dépose : le sel se dissout rapidement et rentre dans la circulation des eaux; seulement cette vase est fortement imprégnée des eaux mères de la campagne précédente; les sels déliquescents qu'elle contient sont ramenés dans les fares et rentrent presque immédiatement dans les œillets.

Dès que ceux-ci ont été nettoyés et que leur fond a été lissé à la pelle, on y introduit l'eau des adernes sans s'inquiéter de son degré de concentration. L'emploi de l'aréomètre est absolument inconnu de la plupart des paludiers. C'est par le toucher et le goût qu'ils apprécient la qualité de l'eau.

Pendant la marche normale des opérations, l'eau sort de la vasière à 4, 5 ou 6 degrés; elle atteint dans le cobier 7 ou 8 degrés, se concentre dans les fares et marque lors de l'arrivée dans les adernes de 16 à 18 degrés. Comme elle passe directement des adernes dans les cristallisoirs, l'introduction dans ceux-ci a donc lieu à 18 degrés environ : on obtient quelquefois 20 degrés aux adernes, mais seulement après une période prolongée de beau temps.

Le point que le paludier surveille avec le plus de soin est l'épaisseur de l'eau dans les diverses parties de la saline. Elle diminue peu à peu dans la série des fares, à mesure qu'on s'approche des adernes : mais dans ces derniers elle est toujours un peu plus considérable, et on y maintient de 4 à 5 centimètres d'eau pour assurer

8.

l'alimentation des œillets. Quant à ceux-ci, on n'y met jamais qu'une couche de liquide excessivement faible. Le fond des œillets n'est pas plan; il est légèrement bombé vers le centre : sur le pourtour l'épaisseur d'eau peut être de 1 ou 2 centimètres, au moment où l'on vient de regarnir l'œillet; mais au centre elle ne dépasse guère quelques millimètres. A Guérande, par un temps très fort, on va jusqu'à 5 ou 6 millimètres au centre de l'œillet; le plus ordinairement, l'épaisseur d'eau à cet endroit est d'environ deux millimètres : dans le Morbihan, le centre de l'œillet n'est souvent recouvert que par un millimètre d'eau.

Le procédé de récolte constitue le point capital de la fabrication du sel dans l'Ouest : c'est par là qu'elle se distingue essentiellement de celle du Midi. Tandis que, dans les salins de la Méditerranée, on ne fait qu'une seule récolte par an, les paludiers de l'Ouest font un grand nombre de petites récoltes très rapprochées les unes des autres. A Marennes, on tire le sel tous les trois jours en juillet, tous les quatre ou cinq jours en août, et une fois chaque semaine, si le temps permet de continuer la saunaison en septembre : à Saint-Gilles, dans la Vendée, la récolte se fait tous les trois jours : aux Sables-d'Olonne et à Noirmoutier, le sel est tiré chaque jour : dans les salines de Guérande, la récolte a généralement lieu tous les deux jours, tandis qu'elle se fait chaque jour à Mesquer et dans presque tout le Morbihan. Du reste, quand on ne tire le sel que tous les deux jours, on introduit cependant une nouvelle provision d'eau dans l'œillet au bout de 24 heures. C'est vers le soir que se fait cette addition d'eau neuve, destinée, disent les paludiers, à faire grossir le grain du sel. Comme l'eau de l'aderne ne marque que 16 à 18 degrés et n'est jamais saturée, le menu sel qui s'était formé se redissout dans l'eau neuve ; mais le lendemain le sel cristallise plus abondamment et en plus gros cristaux, de sorte que dans l'après-midi on peut procéder au tirage : quand il est terminé, on fait arriver dans l'œillet une nouvelle quantité d'eau venant de l'aderne, et on l'ajoute à l'eau mère qui reste.

On continue ainsi chaque jour pendant un temps aussi long que possible. Il arrive cependant un moment où la cristallisation ne s'opère plus que très difficilement ; l'eau devient visqueuse, le sel beaucoup plus menu ; enfin la production finit par s'arrêter complètement : les paludiers disent que l'œillet est *échaudé*. Cet échaudement des œillets est dû à la conservation indéfinie des eaux mères : les sels déliquescents (chlorure de magnésium, etc.) contenus dans l'eau introduite à chaque opération s'accumulent sans cesse et finissent par fournir une eau magnésienne très dense (33 à 35 degrés Baumé) qui ne peut plus donner de sel. Lorsqu'elle remplit l'œillet, la production du sel cesse d'une façon absolue : le seul remède consiste à vider complètement l'œillet, opération que la disposition des lieux permet rarement ou rend au moins très difficile.

Les traits caractéristiques de la fabrication de l'Ouest sont donc : la conservation presque indéfinie des eaux mères, l'excessive minceur de la couche d'eau contenue dans les cristallisoirs et, comme conséquence, l'enlèvement du sel à des intervalles très rapprochés. Examinons rapidement les raisons et les inconvénients de cette manière d'opérer.

L'eau des œillets n'est pas évacuée après la cristallisation ; on se borne à la rafraîchir avec de l'eau neuve. Aussi est-elle au bout de quelque temps fort chargée de sels déliquescents et particulièrement de chlorure de magnésium. Le paludier de l'Ouest opère en réalité par la méthode des coupages : nous avons vu précédemment (page 86) que la cristallisation est alors plus rapide, mais que le sel obtenu est plus déliquescent et de moins bonne qualité. La grande minceur de la couche d'eau

exagère encore ces défauts : sous 'une épaisseur de
quelques millimètres, le liquide se concentre très vite;
par un beau temps, il peut en quelques heures passer
de 18 à 50 ou même 55 degrés de l'aréomètre Baumé. C'est
presque une évaporation à sec : aussi, avant de tirer le
sel, est-on obligé d'introduire un peu d'eau venant de
l'aderne pour laver les cristaux. Il est donc certain que
ceux-ci prennent naissance dans une sorte d'eau mère
fort chargée de sels magnésiens, et qu'on les lave avec un
liquide contenant ces mêmes composés : en outre, le
grain du sel est assez fin, parce qu'il s'est formé rapidement; et par conséquent, la quantité d'eau qui le mouille
et reste à sa surface au moment du tirage, est relativement plus grande. Ajoutons enfin qu'avec une épaisseur
d'eau de quelques millimètres il est nécessaire de
récolter le sel dès qu'il est formé. Les pluies sont fréquentes dans l'Ouest, et la moindre d'entre elles redis-
soudrait une couche de sel recouverte seulement d'une
faible quantité de liquide.

Tout se tient dans ce procédé que la routine des
paludiers conserve scrupuleusement : on n'y pourrait
rien changer sans le modifier complètement. Pourquoi
donc opère-t-on avec une épaisseur d'eau si faible dans
les cristallisoirs, qu'il est impossible d'évacuer les eaux
mères et qu'il faut récolter presque chaque jour ? Uniquement parce qu'on veut marcher le plus vite possible;
on a hâte d'enlever le sel des eaux déjà concentrées
avant que la première pluie vienne les affaiblir. C'est
dans le même but que l'on conserve les eaux mères :
leur mélange avec les eaux neuves accélère le dépôt du
sel contenu dans ces dernières. Dans un climat plus chaud,
où l'éovapration est très active et où l'on peut compter
sur une longue suite de jours sans pluie, il est permis
de recouvrir les tables salantes d'une épaisse couche
d'eau saturée de sel et de laisser celui-ci s'accumuler
sur les tables : c'est ainsi qu'on opère dans le Midi de la

France[1]. Il n'en est pas de même dans l'Ouest : les pluies y sont fréquentes, l'évaporation beaucoup plus lente. Aussi faut-il reconnaître que les paludiers sont arrivés, par une pratique de plusieurs siècles, à employer un procédé en rapport direct avec le climat du pays où ils opèrent. Placés dans des conditions d'infériorité évidente pour la production, ils n'obtiennent qu'un produit inférieur en quantité et en qualité à celui que l'on peut avoir dans des régions plus favorisées.

Leur adresse se montre d'ailleurs dans l'opération qui consiste à tirer le sel déposé dans les œillets. Si l'on voulait le rassembler en raclant le fond de l'œillet avec un râble, on tirerait certainement plus de vase que de sel. Il faut recueillir les cristaux en effleurant à peine la vase qui les supporte, de façon que le sel n'en soit pas souillé. Le paludier commence par introduire une petite quantité d'eau prise dans l'aderne de manière à recouvrir tous les grais sans dépasser une épaisseur de quelques millimètres au centre. Armé d'un râble dont le manche a quelquefois cinq mètres de longueur, il rassemble le sel

[1] Des expériences faites en vue de comparer les quantités d'eau tombée sous forme de pluie, ou bien évaporée par l'action solaire, dans l'Ouest et dans le Midi, ont donné les résultats suivants :

LOCALITÉS	PLUIE ANNUELLE	EAU ÉVAPORÉE ANNUELLEMENT	RAPPORT DE L'EAU ÉVAPORÉE A LA PLUIE TOMBÉE
La Rochelle. . . .	0^m,656	0^m,628	0,95
Marseille	0 ,512	2 ,289	4,47

Ainsi, à la Rochelle, l'évaporation n'est pas assez active pour faire disparaître la totalité de l'eau tombée chaque année; tandis qu'à Marseille la quantité qui peut s'évaporer est 4 fois ½ plus grande que la quantité de pluie reçue par le sol.

vers l'une des ladures en choisissant celle vers laquelle
le vent chasse l'eau. Pour cela, il pousse l'eau avec son
râble, en l'effleurant légèrement : le bourrelet d'eau qui
marche devant le râble, soulève et entraîne le sel, qui se
réunit vers le point désiré sans avoir été touché directement par l'instrument. Il faut une extrême légèreté de
main pour faire ce travail : pour peu qu'on touche le
fond, la vase est soulevée et le sel devient malpropre.
Malgré tout le soin qu'on y met, le sel rassemblé est encore sali par la terre ; aussi faut-il laissser l'eau s'éclaircir,
avant de tirer le sel sur la ladure au moyen de râblesplus
petits. On le laisse alors s'égoutter toute la nuit, puis on
le porte sur les digues, où on l'accumule en tas ou
mulons.

Pour le transport du sel des œillets aux mulons, toute
la famille du paludier est mise en réquisition. Ce transport
se fait dans des sacs contenant de 30 à 50 kilogrammes :
les petits enfants tiennent le sac ouvert pendant que le
frère ou la sœur y charge le sel : les plus forts portent
le sac au mulon. D'autres fois, le paludier prend à son
service des porteuses qui viennent chaque matin enlever
le sel, et le transportent au mulon dans des paniers placés sur leur tête (fig. 27).

On ne commence ordinairement à tirer du sel que vers
la fin de juin, et la saunaison se termine vers le 1er septembre ; dans quelques années exceptionnelles, on peut
la prolonger jusqu'au 15. Pendant cette campagne il est
rare d'avoir quinze jours de beau temps non interrompu :
d'ailleurs quinze jours de très beau temps sans pluie suffisent déjà pour donner une excellente récolte. Le plus
souvent, les variations atmosphériques apportent dans le
travail de continuelles perturbations. Tantôt le paludier
récolte au bout de 24 heures, parce que le temps menace
de se mettre à la pluie ; tantôt il doit se lever la nuit et
porter rapidement le sel au mulon, parce qu'une averse
imminente pourrait le détruire.

Quand on regarde la récolte comme terminée, on couvre les mulons d'une couche de terre argileuse ayant 8 à 10 centimètres d'épaisseur. Ordinairement le sel a reçu plusieurs pluies avant d'être couvert : il subit en outre, malgré sa couverture, un déchet considérable, surtout pendant l'hiver qui suit sa fabrication. Il perd environ 10 pour 100 pendant les 6 premiers mois et 5 pour 100 pendant l'année qui suit. Ce déchet, à peu près de 15 pour 100, améliore la qualité du sel, qui perd ainsi la plus grande partie des sels déliquescents qu'il contenait. Dans les marais salants de la Charente-Inférieure les couvertures sont en général faites en chaume : à l'île de Ré, on diminue leur perméabilité en y mélangeant de la terre glaise.

Outre le sel ordinaire, les paludiers fabriquent aussi un sel blanc fin destiné à la table. Ce sont tout simplement les cristaux menus qui se forment à la surface de l'eau et y restent suspendus : lorsqu'il fait du vent, cette croûte est brisée au moment de sa formation et ne peut être recueillie. Le sel blanc se développe au contraire abondamment lorsque le beau temps et la récolte se prolongent, et que les eaux devenues très denses sont chargées de sels déliquescents. On le récolte en écrémant, pour ainsi dire, la surface de l'œillet au moyen d'une pelle en bois très mince. Comme ce sel est très déliquescent, il n'est l'objet d'aucun commerce ; aussi se borne-t-on à en recueillir quelques kilogrammes.

Nous donnerons, pour terminer, quelques renseignements statistiques sur les exploitations dans l'Ouest.

La plupart des salines n'ont que 40 à 50 œillets ; un très grand nombre n'en ont pas plus de 8 ou 10. Un paludier avec sa femme et un enfant de 12 à 14 ans peut cultiver 50 œillets : il lui faut, en outre, deux porteuses. Quant à la production annuelle, elle est des plus variables : l'amplitude des variations dans les récoltes augmente à mesure qu'on considère des climats plus septentrionaux.

Dans le Morbihan, il n'y a pour ainsi dire plus de minimum et la récolte peut devenir absolument nulle.

L'importance de la récolte moyenne est à peu près la suivante :

		Tonnes par hectare de marais.
Morbihan		7 à 8
Loire-Inférieure . .	Rive droite	25
	Rive gauche	22 à 24
	Les Sables, St-Gilles . . .	15
Vendée.	Beauvoir.	30
	Noirmoutier	18
	Marennes.	7 à 11
Charente-Inférieure.	Oleron	10
	Ré	12

La production moyenne totale est environ :

Morbihan	7000 tonnes
Loire-Inférieure	55000 »
Vendée et Charente-Inférieure . .	140000 »

Quant aux écarts entre la production des bonnes années, celle des mauvaises et la production moyenne représentée par 100, les nombres suivants en donnent une idée :

DÉPARTEMENTS	RÉCOLTE MOYENNE	RÉCOLTE MAXIMUM	RÉCOLTE MINIMUM
Morbihan.	100	186	2
Loire-Inférieure . . .	100	156	15
Vendée et Charente-Inférieure.	100	200	50

CHAPITRE VI

Les salines de l'Est

1° GISEMENTS DU SEL GEMME EN FRANCE.

Salines de Franche-Comté. — Salines de Lorraine. — Le syndicat des salines. — Ses avantages pour les producteurs. — Exemple à imiter par les
paludiers de l'Ouest. — Situation géologique des bancs de sel de l'Est. —
Sondage fait à Montmorot.

Le sel gemme ne se rencontre en France que sur deux
points fort éloignés l'un de l'autre : 1° dans l'Est, où il
constitue des gisements d'une très grande importance
par leur richesse et leur étendue; 2° dans le département des Basses-Pyrénées, où ne sont que de petites
exploitations.

Nous nous occuperons d'abord des grands dépôts de
l'Est, divisés en deux parties distinctes : ceux de Franche-
Comté et ceux de Lorraine.

Les salines de Franche-Comté sont situées :

1° Dans le Jura : à Montmorot, près de Lons-le-Saunier,
à Salins et à Grozon.

2° Dans le Doubs : à Arc, dont la saline est alimentée
par des eaux saturées et amenées de Salins au moyen
d'une conduite en fonte de 21 kilomètres; à Châtillon
et à Miserey.

3° Dans la Haute-Saône, à Fallon et à Gouhenans. Ce
dernier gisement présente au point de vue de l'exploitation une importance particulière: il est voisin d'un
banc de houille, qui appartient à la saline et lui fournit le combustible nécessaire.

Les salines de Lorraine sont encore plus nombreuses.
Nous trouvons : 1° dans le département de Meurthe-et-
Moselle, les salines de Laneuveville, d'Art-sur-Meurthe,
de Varangéville-Saint-Nicolas, de Rosières-Varangéville,
de Rosières, de Dombasle, de Sommerviller, de Crévic,
d'Einville-Saint-Laurent, d'Einville-Sablonnières.

2° Dans la partie de la Lorraine devenue allemande
depuis 1871, les salines de Saltzbronn, de Sarralbe, de
Moyenvic, de Saléaux, du Haras ; enfin la plus importante
de toutes, la saline de Dieuze, à laquelle est annexée une
usine pour la fabrication de l'acide sulfurique et des
produits chimiques[1].

Les salines de Franche-Comté, à l'exception de celles
de Châtillon et de Miserey, appartiennnent à la Compagnie des anciennes salines domaniales de l'Est, propriétaire également des grandes salines de Dieuze et de
Moyenvic, dans la Lorraine allemande : ces divers établissements sont administrés par un directeur général
qui réside à Paris. Mais, en outre, afin d'éviter une
concurrence désastreuse pour elles, toutes les salines de
l'Est de la France ont formé un syndicat de vente. L'inépuisable fécondité des couches de sel comporte en effet
une production presque illimitée : si chaque entreprise
développait ses moyens outre mesure, la production deviendrait excessive, l'offre trop abondante et par suite
la valeur du produit s'avilirait d'une façon menaçante
pour tous les établissements producteurs. Au moyen du
syndicat, la part pour laquelle chaque établissement
doit entrer dans la vente générale est déterminée d'après

---

[1] Un fait curieux s'observe autour des salines de Dieuze : le terrain environnant est fortement imprégné de sel ; aussi y trouve-t-on
à l'état spontané, certaines plantes que d'ordinaire l'on rencontre
seulement sur les bords de l'Océan. Parmi ces végétaux marins, on
peut citer la *passe-pierre* ou salicorne herbacée. On la récolte à
Dieuze, et on la vend sur les marchés des environs, en particulier à
Nancy. On l'emploie, comme condiment, après l'avoir fait confire
dans le vinaigre.

ses moyens de production : l'industriel trouve dans cet arrangement une garantie de vente avec bénéfice raisonnable. Mais, en outre, les bureaux de vente étant peu nombreux (un à Paris et un à Nancy), le nombre des intermédiaires et les frais de vente se trouvent notablement diminués : le bénéfice du producteur augmente, sans que le consommateur paye plus cher. Ce dernier se trouve d'ailleurs assuré contre les dangers d'un monopole, car il a été entendu que le prix de vente à la consommation ne dépasserait pas 20 centimes le kilogramme. Cependant on peut prévoir le cas où les syndicats devenus maîtres du marché voudraient élever leurs prix ; mais alors l'État, gardien de l'intérêt général, pourrait, au moyen des modifications dans le tarif des douanes, amener la concurrence des sels étrangers.

Le syndicat des salines de l'Est, créé en 1865, avait été rompu en 1873 : le sel vendu au détail tomba, chez les marchands de Nancy, au prix de 15 centimes le kilogramme ; les intéressés s'aperçurent bientôt qu'ils faisaient fausse route et rétablirent une convention dont ils avaient reconnu les avantages. Des arrangements analogues existent, ainsi que nous l'avons vu, entre les principaux salins du Midi. Les paludiers de l'Ouest devraient imiter ces procédés commerciaux, afin de pouvoir soutenir la lutte dans des conditions moins défavorables.

Les bancs de sel de l'Est de la France sont situés dans le terrain de trias ; ils appartiennent à l'étage géologique que l'on désigne ordinairement sous le nom de *marnes irisées* ou de *Keuper*. Les bancs salifères des bords de la Sarre, situés dans l'ancien département de la Moselle, se rattachent à ceux de la Souabe : il existe donc dans cette partie de l'Europe une masse de sel d'une étendue énorme, et dont l'exploitation remonte à des temps fort reculés. On peut juger de la nature du terrain salifère et de l'importance des bancs de sel qui s'y trouvent, par les résultats suivants d'un sondage fait à Montmorot, en 1850.

NATURE DES COUCHES TRAVERSÉES	NIVEAU SUPÉRIEUR DE LA COUCHE	ÉPAISSEUR DE LA COUCHE
Terre végétale, sables, graviers, galets. etc. (Alluvion)		29ᵐ,00
Marnes bleues, vertes jaunes	29ᵐ,00	2 ,40
Marnes avec calcaire dolomitique. . . .	31 ,40	15 ,50
Marnes bleuâtres et grisâtres.	46 ,70	22 ,60
Calcaire bitumineux avec pyrites	69 ,50	7 ,50
Gypse blanc fibreux ou amorphe. . . .	76 ,60	2 ,00
Gypse avec oxyde de fer hydraté. . . .	78 ,60	6 ,05
Dolomie compacte avec oxyde de fer. .	84 ,65	6 ,15
Dolomie verdâtre.	90 ,80	11 ,10
Marnes avec sulfate de fer.	101 ,90	1 ,20
Marnes triasées schisteuses.	103 ,10	10 ,30
Schistes noirs bitumineux.	113 ,40	13 ,05
Gypse compact avec anhydrite	126 ,45	6 ,75
Gypse cristallisé.	133 ,20	0 ,95
1ᵉʳ Banc de sel gemme mélangé de marnes. salifères gypseuses.	134 ,15	0 ,75
Gypse salifère marneux	134 ,90	3 ,70
2ᵉ Banc de sel et marnes salifères	138 ,60	1 ,45
Marnes salifères gypseuses.	140 ,05	0 ,50
3ᵉ Banc : sel lamellaire blanc, translucide ou fibreux rougeâtre	140 ,55	19 ,10
4ᵉ Marnes grises gypseuses salifères	159 ,45	4 ,05
Banc : sel gris et blanc avec polyalithe.	163 ,50	3 ,65
Marnes grises et sel fibreux rose	167 ,15	0 ,95
5ᵉ Banc : sel rose et gris translucide. . .	168 ,10	9 ,80
Marnes salifères grisâtres	177 ,90	1 ,55
6ᵉ Banc : sel blanc fibreux	179 ,25	3 ,35
7ᵉ Banc : sel gris cendré.	183 ,80	9 ,00
Marnes gypseuses rougeâtres.	194 ,80	0 ,50
8ᵉ Banc : sel blanc, rose, grisâtre.	195 ,10	1 ,70
Marnes salifères avec gypse et anhydrite.	196 ,80	0 ,40
9ᵉ Banc : sel rose avec polyalithe.	197 ,20	3 ,00
Marnes grises schistoïdes.	200 ,20	3 ,20
10ᵉ Banc : sel transparent pur.	203 ,40	7 ,75
Marnes gypseuses et rognons de sel . .	211 ,15	3 ,65
11ᵉ Banc : sel blanc, rose, gris	214 ,80	9 ,30
Gypse tendre, marne argileuse salifère	224 ,10	24 ,00
12ᵉ Banc : sel en grains transparents . . .	248 ,10	1 ,30
Marnes gypseuses salifères.	249 ,40	5 ,65
13ᵉ Banc : sel blanc et grisâtre.	255 ,05	1 ,55
Gypse marneux salifère.	254 ,60	1 ,90
14ᵉ Banc : sel grisâtre fibreux.	256 ,50	13 ,50
Marne grise avec sel fibreux.	270 ,00	5 ,20
15ᵉ Banc : sel gris ou noirâtre	275 ,20	0 ,63
Dolomie calcarifère	275 ,85	0 ,50
Marnes gypseuses sans sel	276 ,35	1 ,90
Gypse et marne grise sans sel	278 ,25	2 ,35
Anhydrite avec grains quartzeux	280 ,60	1 ,85
Grès gypso-marneux	282 ,45	73 ,55
Grès feldspathique . . . . : . .	356 ,00	

Ainsi, à Montmorot, les couches salifères commencent à une profondeur de 135 mètres environ et disparaissent à 270 mètres. Dans cet intervalle, on a rencontré 15 bancs de sel d'épaisseurs variant entre 65 centimètres et 19 mètres. Pris dans leur ensemble, ils forment une épaisseur totale de 86 mètres. D'autres sondages, faits sur des points très différents, ont montré que ces résultats ne sont pas particuliers à Montmorot. On peut donc assigner une valeur moyenne de 80 mètres à la puissance de la couche de sel située dans l'Est de la France.

2° FABRICATION DU SEL.

Exploitation du sel gemme à Saint-Nicolas. — Abatage à l'eau, à la poudre. — Exploitation par des trous de sonde. — Pompe d'extraction. — Bâtiments de graduation. — Bâtiments à cordes de Moustiers. — Inutilité actuelle de la graduation. — Poêles à sel. — Pureté de l'eau salée. — Schlotage. — Chaulage. — Évaporatoires. — Leur utilité. — Marche de l'évaporation. — Espèces diverses de sel. — Sel d'ébullition. — Spatulage. — Tirage du sel. — Quantité obtenue. — Prix de revient. — Perfectionnements.

La saline de Saint-Nicolas-Varangéville est la seule, dans tout le rayon de l'Est, où l'on extrait du sel gemme en roche. La masse de sel est traversée par de nombreuses galeries, pour l'exécution desquelles on a longtemps employé l'action dissolvante de l'eau : on obtient de cette façon de l'eau plus ou moins chargée de sel et des morceaux de sel en roche. L'eau extraite des galeries n'est jamais complètement saturée : mais, avant de la soumettre à l'action du feu pour l'évaporer, on la recueille dans des réservoirs, et on l'amène à l'état de saturation, en y dissolvant les morceaux de sel gemme tirés de la mine. Ces fragments sont placés dans des nacelles en bois, dont le fond est percé de trous et qui flottent à la surface de l'eau. On arrive de cette façon à la saturation parfaite ; car le liquide moins chargé de sel et moins dense reste à la surface, tandis que celui qui s'est concentré au contact du sel gemme, tombe au fond de la masse liquide. L'eau arrive au bout de quelque temps à marquer 25 degrés à l'aréomètre de Baumé; elle est alors absolument saturée.

Le procédé d'abatage du sel au moyen de jets d'eau a dû être abandonné à Varangéville : en 1873, à la suite d'infiltrations résultant de son emploi, un éboulement considérable se produisit dans les mines. L'ébranlement occasionné par cet accident fut tel qu'on le ressentit jusqu'à Nancy : la ville, située à 10 kilomètres des salines, fut secouée comme par un léger tremblement de terre. Depuis cette époque, les galeries des mines de Varangéville sont exploitées par les procédés ordinaires et notamment au moyen de la poudre. On obtient ainsi du sel gemme en morceaux : une partie est employée en nature à la fabrication des produits dérivés de la soude (carbonate, sulfate de soude); une autre portion dissoute dans l'eau, puis raffinée par cristallisation, fournit du beau sel blanc, semblable à celui que l'on obtient ailleurs au moyen de sources salées.

Dans toutes les autres salines de l'Est, l'exploitation se fait exclusivement par des sondages qui vont atteindre les bancs salifères. Dans l'axe du trou de sonde est installée une longue suite de tuyaux vissés les uns au bout des autres : son extrémité inférieure, qui est au niveau des couches de sel, est fermée; mais elle est percée, sur une longueur de 2 à 3 mètres à partir du bas, de petits trous par lesquels l'eau peut s'introduire. La partie supérieure de ce tuyau sert de corps de pompe : dans ce but, elle porte, à une certaine profondeur, une soupape qui s'ouvre de bas en haut; c'est le *clapet dormant* de la pompe (fig. 34). Un piston, également muni d'une soupape s'ouvrant dans le même sens, peut se mouvoir dans le tuyau : il est fixé à l'extrémité d'une longue tige mise en mouvement par un moteur quelconque, machine à vapeur ou bien roue hydraulique. On fait arriver de l'eau douce entre la surface extérieure des tuyaux et les parois du trou de sonde. Cette eau s'écoule jusque dans l'amas de sel gemme et agit par dissolution. L'eau salée, plus dense, descend au point le plus bas, c'est-à-dire à l'extrémité du tuyau : elle y pénètre et le remplit. Mais elle ne peut remonter jusqu'au niveau du sol, parce que la pression exercée par une colonne d'eau salée est plus grande que celle d'une colonne d'eau douce de même hauteur. Supposons, par exemple, que la densité de l'eau salée soit 1,2 et que la profondeur du trou de sonde soit de 200 mètres : la colonne d'eau douce de 200 mètres de hauteur et de densité 1,0, contenue dans l'espace annulaire qui entoure le tuyau, fait équilibre dans celui-ci à une colonne d'eau salée dont la hauteur n'en sera que les $\frac{10}{12}$; l'eau salée montera seulement à 166 mètres du fond et devra être amenée à la surface du sol par l'action de la pompe.

À mesure qu'on enlève de l'eau salée, on a soin de la remplacer par de nouvelle

Fig. 51. Trou de sonde muni d'une pompe.

eau douce introduite à la partie supérieure du forage

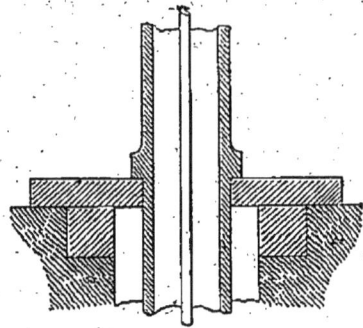

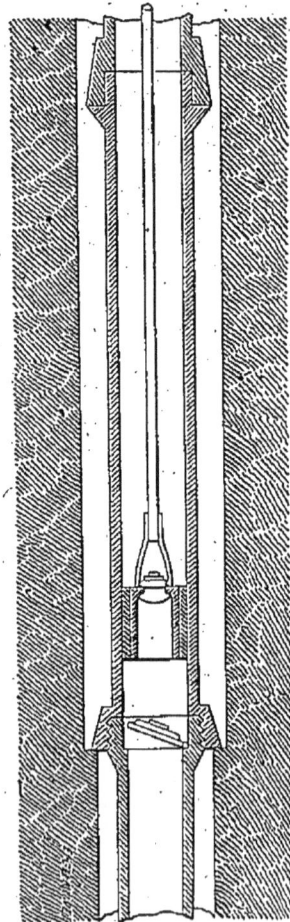

aussi l'excavation produite par dissolution à la base du trou de sonde va sans cesse en grandissant et devient bientôt assez vaste pour fournir sans interruption des eaux presque saturées. Après une extraction active et prolongée, le degré de salure de l'eau peut fléchir, parce qu'elle ne reste pas assez longtemps au contact des bancs de sel : mais il suffit ordinairement de laisser reposer un peu le trou de sonde, pour que le degré remonte à un point très voisin de la saturation.

On comprend qu'il est fort important d'avoir des eaux saturées : elles doivent être, en effet, évaporées par l'action du feu ; et la dépense de combustible, pour obtenir une même quantité de sel, est d'autant moindre que l'eau en est plus chargée. Aussi avait-on imaginé, pour concentrer les eaux trop faibles, un procédé particulier d'évaporation à l'air libre, fondé sur l'emploi des *bâtiments de graduation*.

Ce sont de grands hangars très longs et assez élevés, ouverts à tous les vents (fig. 32), et dans lesquels on dispose des appareils destinés à diviser, autant que possible, l'eau à évaporer. Tantôt on emploie des fagots d'épine accumulés en une masse ayant la forme d'un parallélipipède rectangle, tantôt on se sert de cordes, quelquefois de tables. L'eau qu'on veut concentrer est versée sur les fagots, où elle se divise en couches infiniment minces, coule d'une branche à l'autre et se trouve en contact, pendant tout son trajet, avec l'air qui circule au travers des fagots. Lorsqu'on se sert de cordes, on les tend verticalement sous le hangar et on fait couler lentement l'eau tout le long des cordes. Elle se divise ainsi beaucoup et offre à l'air de nombreux points de contact. Dans les bâtiments à tables, on dispose des rangées de cuvettes en bois à bords peu élevés. Ces cuvettes sont légèrement inclinées tantôt dans un sens, tantôt dans l'autre, et l'eau tombe d'une cuvette dans celle qui est au-dessous. L'air passe entre les cuvettes, lèche la couche mince d'eau salée qui s'y trouve, rend l'évaporation plus rapide et se sature de vapeur.

Tous ces procédés sont fondés sur ce principe de physique que l'évaporation d'un liquide est plus active

Fig. 52. Bâtiments de graduation.

lorsqu'elle se fait par une plus grande surface, et dans un air plus fréquemment renouvelé.

Les bâtiments de graduation ont été d'abord employés en Lombardie. On les introduisit ensuite en Saxe, et vers 1559, ils furent adoptés dans les salines de Bavière. On les remplissait d'abord de paille ; c'est vers 1720, que l'on paraît avoir remplacé la paille par les fagots. Les bâtiments sont formés d'une charpente en bois soutenue par des piliers en maçonnerie : ils sont couverts d'un toit en planches qui abrite les fagots et prévient le mélange des eaux pluviales avec les eaux salées. Leur position doit être étudiée avec soin, eu égard à la direction habituelle du vent dans le pays où ils sont placés : il faut évidemment les orienter, de manière que le vent les frappe le plus souvent possible perpendiculairement à leur longueur. Une rigole en bois percée de petits trous est placée à la partie supérieure du bâtiment : des pompes, mues ordinairement par une roue hydraulique, élèvent l'eau et l'amènent dans la rigole : celle-ci la déverse en mince filet sur le tas de fagots. Un bassin inférieur reçoit l'eau après sa chute. On partage souvent la longueur totale en plusieurs parties : la première reçoit les eaux sortant du sol ; la seconde, celles qui ont déjà passé sur la première, et ainsi de suite.

A Moustiers, en Savoie, le bâtiment de graduation à cordes est employé, non pas à la concentration de l'eau salée, mais à la cristallisation du sel. Ce bâtiment a 90 mètres de longueur dont 70 sont garnis de cordes. Au sommet sont placés des canaux de 13 centimètres de large, espacés entre eux de 13 centimètres : des cordes sans fin passent dans des trous percés dans les canaux, et sont fixées à des solives disposées à la partie inférieure du bâtiment ; il en entre plus de 100 000 mètres dans la construction totale. En été, on fait descendre le long des cordes l'eau saturée bouillante qui a été concentrée par l'action du feu : on répète l'opération plusieurs fois de suite, de sorte que le sel se dépose, partie dans les bassins inférieurs, partie le long des cordes. Celles-ci, dont le diamètre est d'environ 7 à 8 millimètres, acquièrent bientôt une grosseur de 6 centimètres. Pour les dépouiller, on brise le sel à l'aide d'une machine particulière; on le fait ainsi tomber sur le sol et on le recueille.

Voici la composition des sels obtenus à Moutiers par ces procédés; elle est différente selon que le sel s'est déposé sur les cordes ou dans les bassins :

	CORDES	BASSINS
Chlorure de sodium	97,2	98,7
Chlorure de magnésium.	0,2	0,2
Sulfate de soude.	2,0	0,7
Sulfate de magnésie	0,6	0,4
	100,0	100,0

Les bâtiments de graduation ont été pendant long-temps employés dans les salines de l'Est, notamment à Montmorot. Aujourd'hui on ne s'en sert plus ; on s'arrange de façon à n'extraire du sol, au moyen des pompes, que de l'eau marquant 24 ou 25 degrés Beaumé, c'est-à-dire à peu près complètement saturée. Cette eau est emmagasinée dans de grands réservoirs ordinairement en bois, nommés *bessoirs*, et conduite par des tuyaux jusqu'aux *poêles* qui servent à l'évaporer au moyen du combustible.

Les poêles sont en tôle et de forme rectangulaire : elles ont en général 15 à 20 mètres de long sur 6 à 8 mètres de large et 50 à 60 centimètres de profondeur. Chacune d'elles est pourvue de deux *chauffes* distinctes. La flamme est dirigée sous la poêle par un système de cloisons qui la forcent à revenir sur ses pas et à parcourir plusieurs fois la longueur de la poêle avant de s'échapper par la cheminée.

Les eaux salées extraites des trous de sonde contiennent avec le chlorure de sodium divers sels étrangers : sul-

fate de chaux, sulfate de magnésie, chlorure de magnésium. Mais ils sont en proportion incomparablement
moindres que dans l'eau de mer saturée de sel. Dans
quelques salines, à Gouhenans, par exemple, l'eau est
d'une pureté remarquable : elle ne contient pas une
proportion appréciable de sulfates et ne renferme qu'une
petite quantité de chlorure de magnésium.

Dans l'évaporation en chaudière, les sulfates et particulièrement le sulfate de chaux (plâtre) exercent une
action extrêmement fâcheuse. Dès qu'ils sont en proportion notable, ils donnent lieu à une abondante production de *schlot :* on donne ce nom à des incrustations
qui se forment au fond des poêles, et sont tellement
adhérentes, qu'on ne peut les enlever qu'à coups de
marteau. Il devient donc nécessaire d'arrêter l'évaporation pour écailler les poêles à des intervalles réguliers,
et d'autant plus rapprochés que les eaux sont plus
sulfatées.

Au lieu de laisser les chaudières s'incruster par le
dépôt du schlot, on peut pratiquer, à chaque cuite nouvelle, l'opération du *schlotage.* Elle consiste à enlever
avec un râble les premiers dépôts qui se forment quelques heures après la mise en marche de l'évaporation,
et à les extraire de la chaudière, avant qu'ils n'aient
eu le temps de former une croûte épaisse et adhé-
rente.

Le *schlot* est une combinaison de sulfate de chaux et
de sulfate de soude : aussi évite-t-on en grande partie
sa production en transformant d'une manière à peu près
complète le sulfate de soude en sulfate de chaux : comme
ce dernier est fort peu soluble, il se dépose d'un seul
coup. On arrive à ce résultat en ajoutant à l'eau une certaine quantité de chaux; elle contient alors :

> Du sulfate de soude,
> Du chlorure de magnésium,
> De la chaux,

qui, en réagissant les uns sur les autres, donnent :

Du sulfate de chaux,
Du chlorure de sodium,
De la magnésie.

Le sulfate de chaux et la magnésie se déposent et le chlorure de sodium formé reste dans le liquide.

Le chaulage se pratique, tantôt dans les réservoirs, tantôt dans les poêles à évaporation. A Montmorot, on laisse l'eau s'éclaircir dans le réservoir après l'addition de chaux, et on ne l'introduit dans la poêle qu'après précipitation complète des composés insolubles. Dans d'autres usines, le lait de chaux est versé dans la poêle quelques instants après son remplissage : au bout de deux ou trois heures, on enlève le dépôt au moyen d'un schlotage exécuté avec le plus grand soin.

Les poêles sont recouvertes d'une hotte en planches : cette sorte de toiture est supportée par un cadre en forts madriers, suspendu lui-même par des tirants et des étriers en fer à la charpente du bâtiment. Des cheminées en planches s'élèvent du milieu de la hotte et emmènent au dehors les vapeurs qui se dégagent de la poêle. Un espace libre sépare la hotte de la surface du liquide. Celui-ci n'est cependant pas visible; tout le pourtour de la poêle est garni de volets, ou panneaux mobiles en bois qui complètent la fermeture. L'ouvrier, pour les besoins du travail, ouvre un ou plusieurs de ces panneaux.

Les chapeaux en planches dont les poêles sont recouvertes portent le nom d'évaporatoires : on les utilise pour l'égouttage et la dessiccation du sel; mais leur principal avantage est de procurer une assez grande économie de combustible et surtout une cristallisation plus régulière.

L'aspect du sel obtenu varie avec la marche et la température de l'évaporation. Plus elle se fait à une température élevée, plus elle est rapide et plus le grain de sel est fin. On distingue ordinairement quatre variétés de sel, que l'on connaît, dans le commerce, sous les noms de sel *finfin*, sel *fin*, sel *moyen*, sel *gros* : on les désigne également par les expressions de sel *à la minute,* sel *de vingt-quatre heures*, sel *de quarante-huit heures* ou *de soixante-douze heures*, enfin sel *de quatre-vingt-seize heures,* qui donnent une idée de la durée nécessaire à l'évaporation. Quand celle-ci est lente et se fait à une température relativement basse, les cristaux de sel primitivement formés ont le temps de grossir, de se nourrir; le sel obtenu est à gros grains.

Le sel finfin s'obtient de deux façons : par l'ébullition et par le spatulage. Le liquide porté à la température d'ébullition est sans cesse agité par les nombreuses bulles de vapeur qui s'en dégagent : les cristaux qui se développent à sa surface sont aussitôt précipités au fond de la poêle. Un ouvrier les ramène constamment vers le bord au moyen d'un râble et les enlève du liquide bouillant avec une pelle percée de trous comme une écumoire. De là vient le nom de sel à la minute ou de *sel d'ébullition* donné au sel finfin.

Il est un principe parfaitement connu de tous ceux qui veulent faire cristalliser les corps : pour obtenir de gros cristaux, il faut abandonner à lui-même, loin de toute agitation, le liquide saturé au milieu duquel la cristallisation a commencé. Si, au contraire, on l'agite par un moyen quelconque, on n'obtient que de petits cristaux, une sorte de poudre cristalline. Un sirop épais, placé dans un endroit bien calme, donne de gros cristaux de sucre candi : mis dans un vase et remué de temps en temps dès que la cristallisation a commencé, il ne fournit que de petits cristaux; c'est le sucre en pains. Il en est de même pour le sel : dans la fabrication du sel à la minute, c'est l'ébullition qui produit l'agitation; mais on peut arriver au même résultat par le *spatulage*, pratiqué dans la saline de Montmorot. Cette opération se fait au moyen d'une planchette rectangulaire en bois fixée à l'extrémité d'un long manche. L'ouvrier frappe l'eau tangentiellement avec ce râble et projette une nappe qui retombe en pluie sur la surface du liquide : les menus

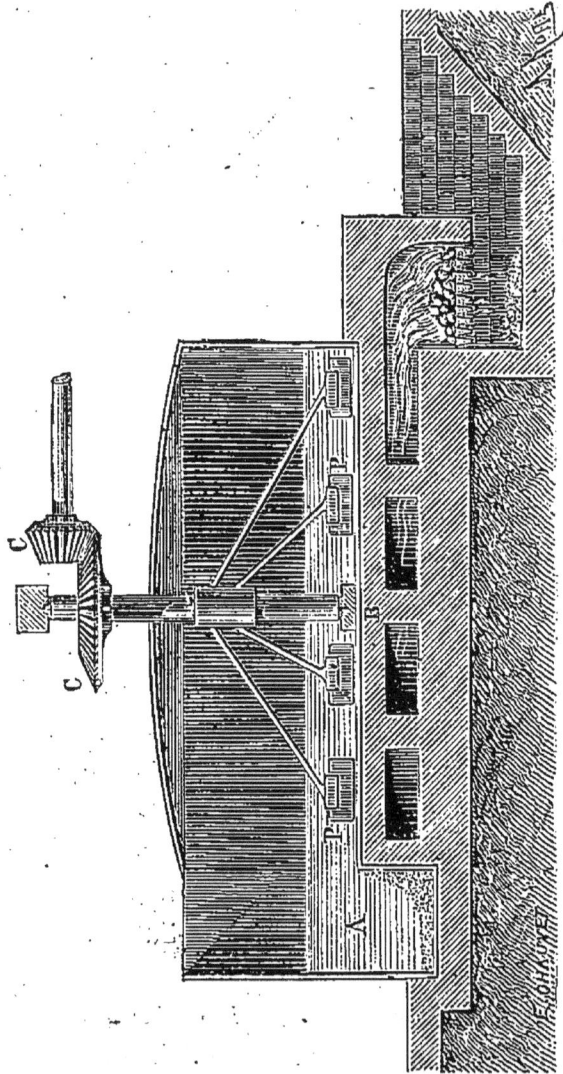

Fig. 55. Poêle anglaise pour la fabrication du sel fin.

cristaux qui viennent de s'y former sont immédiatement précipités au fond.

Depuis quelques années, on emploie à Montmorot pour faire le sel finfin un appareil, dit *poêle anglaise* (fig. 55), dans lequel une agitation analogue à celle que produit le

spatulage est obtenue par des moyens mécaniques. La
poêle, de forme circulaire, est munie sur le côté d'une
sorte de poche A, destinée à recevoir le sel au fur et à
mesure de la cristallisation. Un arbre vertical peut tourner dans une crapaudine B fixée au centre du fond de la
poêle : le mouvement lui est communiqué par un moteur
quelconque au moyen d'un système d'engrenages CC. Un
certain nombre de palettes PP fixées à l'arbre sont plon-
gées dans le liquide et peuvent, en tournant, lui communiquer une agitation continuelle. Elles ramassent, en
même temps, le sel qui se forme et lui impriment un
mouvement gyratoire, en vertu duquel il s'écarte de plus
en plus du centre de la poêle et finit par se déposer dans
la poche latérale.

On économise de cette façon les frais de main-d'œuvre
occasionnés par le spatulage, sans qu'il soit besoin
d'échauffer le liquide jusqu'à l'ébullition. Cette méthode
ne peut présenter d'avantages, que si la force motrice
nécessaire pour mouvoir l'agitateur est une force naturelle
dont la production n'entraîne pas de dépense sensible.

Les variétés de sels fin, moyen et gros s'obtiennent
toutes trois de la même manière : il n'y a de différence
que dans la durée du séjour dans les poêles et dans la
température du liquide. Ces conditions varient d'ailleurs
d'une saline à l'autre : dans la Meurthe, le gros sel s'obtient à une température d'environ 60 degrés centi-
grades; dans le Jura et la Haute-Saône, voici les chiffres
adoptés :

		Durée des cuites	Température
Montmorot.	sel fin	24 heures	80 degrés
	« moyen . . .	72 «	60 «
	« gros	5 à 6 jours	50 «
Gouhenans.	sel fin	24 heures	95 «
	« moyen n° 1	48 «	85 «
	« moyen n° 2	72 «	80 «
	« gros	96 «	75 «
Salins, Arc, Grozon...	sel fin	24 «	85 «

On fabrique quelquefois, mais d'une manière exceptionnelle, le *sel à écailles* dont les cristaux sont agglomérés en trémies : la cuite exige alors au moins 8 jours.

Pendant toute la durée d'une cuite, on évite avec soin toute agitation à la surface de la poêle : les volets des évaporatoires restent complètement fermés. On ne les ouvre qu'après le temps réglementaire, pour procéder au tirage du sel. On ramène celui-ci sur les bords au moyen d'un long râble, qui permet d'atteindre jusqu'au milieu de la poêle, et on le retire à l'aide de la pelle percée de trous. Après son extraction, le sel est placé sur les faces inclinées des évaporatoires : il s'égoutte d'abord et laisse écouler la plus grande partie de l'eau mère qui l'imprégnait et qui retombe dans la poêle ; en même temps, il se dessèche un peu sous l'action de la chaleur perdue des poêles. Mais cette dessiccation est encore fort incomplète, quand on est obligé de l'enlever des évaporatoires pour faire place à une nouvelle récolte. Aussi doit-on toujours conserver le sel en magasin pendant plusieurs mois, avant de le livrer à la consommation.

L'eau mère qui reste dans la poêle après la récolte de sel n'est pas enlevée à chaque cuite : on ne vide généralement les poêles que quand il faut les écailler, c'est-à-dire au bout d'un mois ou 6 semaines. A ce moment les eaux mères marquent environ 30 degrés Baumé : abandonnées à elles-mêmes, à la température de 10 degrés, elles peuvent fournir une belle cristallisation de sulfate de soude. Mais ce traitement est sans importance : à Salins, les eaux mères sont livrées à l'établissement des bains.

La quantité de sel obtenu par l'évaporation dans les poêles est d'autant plus grande, dans un temps donné, que le grain du sel est moins gros. A Montmorot, on estime que, déduction faite des journées d'écaillage et de réparations, une poêle peut marcher de 250 à 300 jours par

an et fournir en 24 heures pour chaque mètre carré de
surface :

Sel gros.	13	kilogrammes
« moyen	32	«
« fin.	55	«
« finfin	70	«

Le prix de revient de la tonne de sel est assez variable
suivant les conditions de l'exploitation. A Gouhenans, la
compagnie est propriétaire de gisements de houille situés
dans le voisinage; aussi la tonne de sel revient seulement
à 16 ou 17 francs. Dans d'autres salines moins favorisées,
ce prix s'élève à 20, 25 et même 30 francs.

Est-il possible d'abaisser encore les frais de fabrication
en réduisant la main-d'œuvre par l'emploi de moyens
mécaniques et en utilisant d'une façon plus complète la
chaleur fournie par le combustible employé? Tel est le
problème qu'ont cherché à résoudre M. Gutton, directeur
de la manufacture de tabacs de Nancy, et plus récemment
MM. Piccard, Weibel et Briquet : mais les appareils qu'ils
ont imaginés ne sont pas encore entrés dans la pratique
industrielle.

ANNEXE DU CHAPITRE VI

Les salines du Sud-Ouest

Importance de cette exploitation. — Prix de revient du sel. — Ses usages. — Salies. — Briscous. — Villefranque. — Fabrication du sel. — Sel léger.

Il existe dans le département des Basses-Pyrénées quelques exploitations de sel gemme et de sources salées; elles sont situées dans l'arrondissement d'Orthez et dans celui de Bayonne : on a rencontré aussi le sel à Dax, dans les Landes.

Par l'importance de leur production les salines du Sud-Ouest n'ont qu'un intérêt tout à fait secondaire. Les 11 000 tonnes de sel qui en sortent annuellement, ne peuvent entrer en concurrence avec les quantités produites par l'Ouest ou par le Midi. Le prix de revient du sel est en outre très élevé; la tonne de houille se paye dans les Basses-Pyrénées deux fois plus cher que dans l'Est : aussi emploie-t-on comme combustibles la houille et le bois. On comprend que dans ces conditions, le sel de cette région se vende à un plus haut prix que celui de l'Ouest ou du Midi. Néanmoins c'est une sorte de produit de luxe, très pur, et qui a trouvé moyen de conserver sa place. Il se vend dans les Basses-Pyrénées, dans les Landes et à Bordeaux : on l'emploie pour la table et pour la salaison des jambons de Bayonne et des thons de Saint-Jean-de-Luz. Les producteurs du pays se disputent sur la qualité relative des sels des diverses usines : mais ils sont unanimement d'accord pour attribuer la réputation des salaisons de leur pays, à l'excellence des sels qui ont servi à les préparer.

La prospérité de la région salicole du Sud-Ouest est moindre qu'au temps où les fontaines salées étaient la propriété indivise de tous les gens mariés du pays : mais les procédés de fabrication se sont perfectionnés, et la production du sel a rendu de grands services dans un pays dont beaucoup de familles ont été, depuis quelques années, ruinées par la maladie des vignes.

Les trois principaux centres d'exploitation sont : Salies, Briscous et Villéfranque. A Salies est une source salée naturelle dont l'eau marque 22 degrés en moyenne à l'aréomètre de Baumé : elle est donc presque saturée et donne à l'évaporation un sel très pur. L'eau de Salies alimente en outre un établissement de bains qui jouit actuellement d'une assez grande faveur.

A Briscous, le banc de sel gemme s'exploite par des trous de sonde, comme nous l'avons expliqué pour les salines de l'Est.

A Villefranque, on extrait le sel en roche, et on opère la dissolution à la surface du sol. Le sel retiré de la mine est en gros morceaux ou en menus fragments : comme la cassure se fait dans les parties terreuses, le menu est moins pur que le gros. La dissolution de ce dernier se fait dans des bassins en maçonnerie cimentés, de 2 mètres environ de profondeur, et munis à une certaine hauteur d'un grillage sur lequel on met les gros morceaux de sel gemme. Quant aux menus fragments, on les place dans une caisse en bois percée de trous, et on lance sur eux des jets d'eau avec une pomme d'arrosoir. Le liquide traverse la matière à dissoudre, en entraîne une certaine quantité et se rend dans les cuves destinées à la dissolution du gros sel.

Les poêles employées dans les Basses-Pyrénées sont chauffées à la houille ou au bois : mais elles ont, dans tous les cas, de bien plus petites dimensions que celles de l'Est, 4 à 6 mètres au plus au lieu de 18 à 20.

La dessiccation du sel s'opère souvent dans des séchoirs

chauffés par la chaleur perdue des poêles. On peut ainsi, dans les moments de presse, livrer au commerce le sel qui vient de sortir des poêles. En hiver, époque des salaisons, on ne trouve presque jamais de sel en magasin, ni à Villefranque, ni à Salies. En été la vente est moins active et les magasins se remplissent.

Dans les usines des Basses-Pyrénées, on fabrique sur commande un sel léger destiné aux pays où l'habitude est de vendre le sel à la mesure. Il s'obtient par une sorte de coupage, en ajoutant de l'eau neuve aux eaux mères contenues dans la poêle, et en mélangeant, au commencement de l'opération, des blancs d'œufs ou de l'alun avec l'eau salée. La densité apparente du sel obtenu est réduite de près d'un quart par cette addition.

CHAPITRE VII

Les différentes qualités de sel

1° SELS LAVÉS ET RAFFINES.

Lavage et raffinage. — Influence du mode de perception de l'impôt. — Nécessité du broyage. — Méthode de lavage. — Renouvellement de l'eau de lavage. — Raffinage. — Dessiccation du sel raffiné. — Prix de revient du sel raffiné. — Sel ignigène obtenu avec l'eau de mer.

Les sels bruts de mer et particulièrement ceux de l'Ouest sont fréquemment soumis à des opérations destinées à en améliorer l'aspect et la qualité. Le *lavage* consiste simplement à laver le sel dans l'eau froide saturée préalablement de sel : son action est purement mécanique. L'eau saturée ne peut dissoudre le sel, mais elle entraîne les substances terreuses qui le souillent et le colorent.

Pour le *raffinage*, on dissout le sel brut dans l'eau douce; puis on le fait recristalliser en chaudière sous l'action du feu. On transforme ainsi le sel solaire en sel ignigène.

Les opérations industrielles de cette nature sont intimement liées, dans leur exécution, à la manière dont est perçu l'impôt sur le sel destiné à la consommation alimentaire. Elles entraînent, en effet, toujours un déchet plus ou moins considérable, et deviennent par conséquent absolument impraticables, si l'impôt est perçu, non pas sur le sel lavé ou raffiné, mais sur la matière première, sur le sel brut sortant du marais. Il semblerait naturel que le sel destiné au raffinage, n'étant pas livré à la consommation, ne payât l'impôt qu'après avoir été raffiné. Ce principe n'étant pas admis dans la législation, les usines de lavage et de raffinage ne peuvent exister que dans les rayons francs, tels que la presqu'île du Croisic, les îles de Ré et de Noirmoutiers. Actuellement il existe deux usines au Croisic, deux au Pouliguen, une dans l'île de Ré. Il y en avait autrefois un certain nombre dans le Nord, à Douai, Cambrai, Dunkerque et à Saint-Quentin. Ces usines n'ont pu continuer leur travail : l'industrie du raffinage du sel dans le Nord a été forcée d'émigrer en Belgique.

Le lavage du sel brut est toujours accompagné d'un broyage : ce dernier est nécessaire, non seulement pour donner au sel un grain plus uniforme, mais encore pour obtenir une blancheur suffisante. Les grains de sel brut contiennent, en effet, de la vase incorporée dans leur intérieur : dans les marais où on ne tire le sel que tous les deux jours, on rafraîchit l'eau de l'œillet chaque soir avec de l'eau neuve, et on agite l'eau avec le sel déjà formé. Les grains sont ainsi remués dans une eau plus ou moins mélangée de boue : ils se recouvrent d'une vase qui ne les empêche pas de grossir le lendemain; finalement ils sont formés d'un noyau central, et de couches extérieures séparées du premier par un peu de terre. Un simple lavage ne suffirait pas pour les blanchir : il faut par un broyage, dégager le noyau et permettre ainsi à l'eau d'atteindre toutes les surfaces colorées.

Le sel brut est chargé dans une sorte de chéneau demi-cylindrique en bois, où il rencontre un courant d'eau saturée qui l'emporte sous les cylindres broyeurs. Il tombe ensuite dans une seconde auge inclinée en bois, dans laquelle tourne une vis d'Archimède qui force le sel et l'eau à remonter la pente du laveur. Une chaîne à godets percés de trous fait passer le sel du premier dans un second laveur : un mécanisme semblable l'amène dans un troisième qui sert d'appareil de rinçage. Il ne reste plus qu'à faire égoutter parfaitement le sel et à le sécher à l'étuve. Celle-ci consiste en une chambre rectangulaire en planches, dans laquelle passe un gros tuyau en tôle; on fait arriver dans ce dernier la vapeur d'échappement de la machine qui fait mouvoir les chaînes à godets et les vis des laveurs. Les sels bruts soumis au lavage sont ordinairement des sels de l'année : ils subissent pendant l'opération un déchet d'environ 10 pour 100.

L'eau que l'on emploie au lavage sert indéfiniment : on ne la renouvelle qu'en raison de la quantité qui disparaît par suite des déperditions inévitables. Aussi la reçoit-on au sortir des laveurs dans de grands bassins de clarification, où elle laisse déposer la vase enlevée au sel. Après s'être imparfaitement clarifiées par dépôt, les eaux sont filtrées sur une couche de sel pur et rentrent ensuite dans l'opération du lavage.

Il est certain qu'une eau saturée neuve agit de deux façons sur le sel soumis au lavage; elle lui enlève mécaniquement la terre qui le souille; mais, en outre, elle dissout les sels magnésiens dont elle ne contient elle-même qu'une faible proportion. Après un service prolongé, l'eau se sature de sel de magnésie, comme elle l'est déjà de chlorure de sodium et ne peut plus agir que sur les substances terreuses. Il y a donc avantage, quand cela est possible, à renouveler fréquemment l'eau de lavage : il est évident qu'il faut alors évaporer celle qui ne sert plus, afin d'en retirer le sel qu'elle contient. Aussi est-il bon que les ateliers de lavage soient associés à ceux de raffinage, parce qu'on pourra dans ces derniers faire évaporer les eaux saturées.

Les frais de lavage ne sont pas très considérables : néanmoins ils augmentent notamment le prix de la tonne de sel. Cette augmentation, en y comprenant le bénéfice du laveur, est d'environ 3 à 4 francs au Croisic et de 5 à 6 francs à l'île de Ré.

Le raffinage du sel se pratique en Bretagne, au Croisic et au Pouliguen, dans les rayons francs situés autour des marais : les raffineries qui y sont établies reçoivent le sel brut et n'acquittent l'impôt qu'après le raffinage. Il

consiste en une dissolution du sel suivie d'une seconde
cristallisation.

La dissolution se fait au moyen d'eau de mer prise au
quai, le long de l'usine. On laisse d'abord le liquide
saturé se clarifier par dépôt dans de grands réservoirs ;
puis on l'évapore dans des poêles rectangulaires en tôle
chauffées à la houille. La méthode, on le voit, ressemble
beaucoup à celle qui est employée dans l'Est : elle permet d'obtenir à volonté du sel finfin ou d'ébullition, et
des sels fins, moyens et gros. Il suffit de faire varier la
température et la durée des cuites. Les poêles ne sont
pas couvertes, mais simplement installées dans des chambres fermées, ou même à l'air libre sous des hangars.
L'eau n'y est introduite que toutes les 24 heures : l'épaisseur d'eau après l'alimentation est de 40 à 50 centimètres ; elle se réduit en une journée à 10 centimètres à
peu près. L'extraction du sel est continue pour le sel
raffiné finfin : mais elle n'a lieu que toutes les 24 heures
ou toutes les 48 heures pour les autres types de sels. Au
sortir de la poêle, le sel raffiné est mis à égoutter et se
dessèche ainsi lentement : de cette façon les sels étrangers déliquescents contenus dans les eaux mères s'éli-
minent peu à peu d'eux-mêmes. Quand il faut satisfaire
à des commandes urgentes, on sèche le sel à l'étuve : ce
procédé rapide a plusieurs inconvénients. Le sel séché par
l'action de la chaleur prend souvent une teinte rouge analogue à celle de l'eau des œillets saunants : en outre,
l'eau qui mouille les cristaux s'évapore seule par l'étu-
vage ; les produits magnésiens qu'elle tenait en dissolution, restent à l'état solide et se retrouvent dans le sel
raffiné, auquel ils communiquent une certaine déliquescence.

L'eau mère qui reste dans les poêles n'est retirée
que lorsqu'elle marque 28 à 30 degrés à l'aréomètre,
et que le sel extrait commence à prendre une teinte
rougeâtre. On la revivifie par le chaulage : l'addition de

chaux précipite complètement la magnésie et amène la désulfatisation du liquide par la formation d'un abondant précipité de sulfate de chaux. Après ce traitement l'eau mère rentre dans le raffinage.

Dans quelques usines, on retire des eaux mères un peu de sulfate de soude en les faisant cristalliser par refroidissement, puis on les évapore à 40 degrés Baumé. Elles se prennent alors en une masse compacte de chlorure de magnésium.

En général, on ne soumet au raffinage que des sels déjà purifiés par une longue exposition à l'air : s'ils ont deux ans de mulon, le déchet ne dépasse pas 10 pour 100, tandis qu'il pourrait s'élever au double avec des sels de l'année ; sans compter que le travail dans ce dernier cas marche mal, et qu'il faut évacuer fréquemment les eaux mères. Les chiffres suivants donnent une idée des frais de raffinage au Croisic :

	Francs
Une tonne de sel brut rendue à l'usine. . .	15,00
Déchet au raffinage (10 pour 100)	1,50
Combustible : charbon anglais à 30 fr. la tonne, 500 kil. par tonne de sel.	15,00
Main-d'œuvre.	6,00
Frais généraux et intérêts.	5,00
Prix total d'une tonne de sel raffiné	42,50

2° PROPRIÉTÉS DIVERSES DES SELS FRANÇAIS.

Les différents types de sel marin du Midi. — Le sel marin de l'Ouest. — Sel ignigène. — Influence des habitudes locales sur l'aspect du sel destiné à l'alimentation.

Les sels de chacune des trois régions salicoles de la France ont des caractères particuliers. Dans le Midi, on trouve quatre types différents. Le type n° 1, déposé entre 25 et 27 degrés Baumé, est en gros cristaux légèrement translucides, à faces pleines et à pointes saillantes : il

est très pur et pèse 98 ou 100 kilogrammes à l'hectolitre. La proportion de chlorure de sodium contenue est
de 97 pour 100. Le type n° 3, déposé entre 29 et 32 degrés est formé de trémies dont l'assemblage donne des
cubes à faces creuses : il pèse seulement 90 kilogrammes à l'hectolitre, et contient 94 pour 100 de chlorure
de sodium. Des traces sensibles de chlorure de magnésium le rendent très légèrement hygrométrique. Le type
n° 2 est intermédiaire entre les précédents : quant au
n° 4, c'est le sel léger obtenu par coupages dans les salins de Bouc : il est notablement magnésien et ressemble sous ce rapport au sel de l'Ouest; mais il est
bien blanc.

Le sel marin de l'Ouest est en cristaux menus détachés
les uns des autres : récoltés au fur et à mesure de leur
production, ils n'ont pas le temps de grossir. Ils se forment,
en outre, dans des eaux conservées indéfiniment, et sont
par conséquent riches en chlorure de magnésium qui les
rend déliquescents. Une coloration grise ou rougeâtre
est un de leurs caractères distinctifs : elle est due à la
vase qui constitue le fond des œillets et son intensité
dépend surtout de l'adresse du paludier. Le poids de ces
sels est fort variable : en général ils sont légers ; quelques-
uns ne pèsent pas plus de 65 kilogrammes à l'hectolitre.
Ils conservent, pendant une année à peu près, une odeur
sensible de violette et ont, suivant certaines personnes,
une saveur plus agréable que tous les autres sels. Leur
déliquescence les fait rechercher pour saler le maquereau, le hareng ou la sardine : mais leur couleur grise
est un obstacle à leur emploi dans la grande pêche ou
dans la salaison du beurre : à Morlaix même, on fait
venir pour ce dernier usage du sel de Bayonne. Les
fabricants de produits chimiques leur préfèrent des
sels plus purs, c'est-à-dire plus riches en chlorure de
sodium.

Le sel ignigène de l'Est est d'un beau blanc, et à très

peu près pur. Son aspect et sa densité varient avec la durée des cuites, ainsi qu'il a été dit précédemment.

On ne saurait rien dire d'absolu sur les caractères extérieurs du sel destiné à la consommation alimentaire. Le volume du grain, la couleur et la saveur dépendent des habitudes du consommateur et de ses opinions qui ne sont bien souvent que des préjugés. Aujourd'hui encore, à Paris, il n'est guère de cuisinière se respectant un peu, qui consente à saler le bouillon avec du sel blanc : il lui faut du sel gris. La force de ce préjugé est même telle que les salines de l'Est, pour faire accepter à Paris leurs beaux sels blancs, ont été obligées de se livrer à une sorte de contrefaçon des sels de l'Ouest. Avant d'être expédiés ou bien à Paris même, les sels blancs sont mélangés avec une petite quantité d'argile grise qui les colore, et leur donne l'aspect sans lequel ils n'auraient pas droit de cité. En général, cependant, on doit dire que presque partout la blancheur du produit devient maintenant une cause de préférence : aussi l'Est et le Midi gagnent constamment sur le marché français, tandis que l'industrie salicole de l'Ouest est dans un état de dépérissement sans cesse croissant.

Les producteurs de sel doivent donc s'attacher à distinguer les goûts divers du consommateur et à fabriquer en conséquence. Dans le Lyonnais ou dans le pays de Gex, par exemple, on veut des sels gros comme des cailloux. On ne les consomme pas évidemment en cet état : dans chaque maison, on trouve le grand mortier à sel qui sert à le piler. Offrez aux gens du sel fin qu'ils n'ont pas besoin de triturer, ils n'en voudront pas. Aussi fabrique-t-on dans l'Est, pour ces localités, un sel spécial qui reste huit jours dans les poêles et peut faire concurrence aux gros sels des salins du Midi : ces derniers, en revanche, envoient sur les marchés de l'Est des sels moulus, et qui ressemblent alors aux produits raffinés de la Comté et de la Lorraine. Il n'est peut-être pas de produit usuel, pour

lequel les habitudes locales aient autant d'influence et
présentent autant de variations que pour le sel : mais
quand il s'agit du raffinage ou de la fabrication des produits chimiques, c'est uniquement la pureté du produit
qui doit entrer en ligne de compte.

CHAPITRE VIII

L'impôt du sel

1° LES GABELLES

L'histoire de l'impôt du sel en France comprend deux périodes distinctes. Sous la royauté, la vente de sel était un monopole réservé à l'État qui l'achetait et le revendait à des prix qu'il fixait lui-même : ce régime constituait la *gabelle*[1]. Elle fut abolie en 1789 : la vente du sel devint absolument libre et l'État ne perçut plus aucun droit sur cette marchandise. Mais, en 1806, le gouvernement, tout en laissant libre la vente du sel, frappa ce produit d'un impôt de consommation considérable, si l'on a égard à la faible valeur intrinsèque du sel récolté dans les marais salants ou dans les mines de sel gemme. Nous avons donc à faire connaître ce qu'il y a de plus intéressant, soit dans l'histoire des gabelles, soit dans celle de l'impôt de consommation perçu encore aujourd'hui par le gouvernement français.

[1] *Gabelle* vient d'un mot saxon qui veut dire *tribut*. Cette expression s'appliqua d'abord à différentes taxes, mais devint ensuite spéciale à la taxe du sel.

On s'accorde généralement à faire remonter l'organisation de la gabelle, en France, à Philippe IV le Bel (1284). Cependant l'existence de cet impôt est mentionnée dans une ordonnance de saint Louis portant la date de 1246, et dans laquelle ce prince accorde certaines exemptions à la ville d'Aigues-Mortes. L'impopularité de la gabelle était déjà grande en 1318, puisque Philippe V le Long, dans une ordonnance du 25 février, forme des vœux pour que les circonstances lui permettent de l'abolir.

« Sur ce qu'ils doubtaient que la gabelle du sel et les impositions fussent incorporées en notre domaine, et qu'elles durassent à perpétuité, nous leur feismes dire et déclarer que nostre intention n'estoit pas que les dites gabelles et impositions durassent à tousjours, et qu'elles fussent mises en notre domaine. Ainçois *pour la déplaisance qu'elles font à no're peuple*, voudrions nous que par bon conseil et advis, bonne voye et convenable fust trouvée par laquelle les dites gabelles et impositions fussent abatües à tousjours. »

En 1340, Philippe VI de Valois, afin de pouvoir soutenir les frais de la guerre, attribua au trésor royal le monopole du sel. Par cette ordonnance [1], la gabelle était constituée avec une administration absolument indépendante. Six commissaires souverains, dont deux résidant à Paris, étaient créés : ils devaient établir, dans les lieux où ils le jugeraient utile, des dépôts appelés greniers à sel, dont la garde était confiée à des gabeliers nommés par eux et justiciables d'eux seuls. Ils avaient en même temps le pouvoir judiciaire, car ils prononçaient sans appel sur tous les délits et dans tous les procès auxquels le commerce du sel donnait lieu. De sorte que l'expression de grenier à sel désignait, non seulement un magasin, mais aussi une juridiction où il y avait des officiers

[1] A cette occasion, Édouard d'Angleterre appela Philippe le *Roi Salique*, rappelant ainsi, par une plaisanterie, les avantages que ce dernier avait retirés de la loi célèbre, en vertu de laquelle il régnait.

pour rendre la justice au sujet du sel des gabelles. Philippe de Valois tient en outre dans son ordonnance à bien constater le caractère provisoire de l'impôt.

Aussi, quand Jean II, en 1355, d'après l'avis des états généraux, établit une gabelle du sel pour payer les frais occasionnés par la guerre, il ajoute : « Et pour la grant amour et affection que Nous avons à nos subgiez, et pour donner bon exemple à tous autres, Nous avons voulu et voulons que Nous meismes, nostre très chière Compaigne la Royne, nostre très cher fils le Duc de Normandie,.... contribueront pareillement aux dites gabelles et impositions. » Malgré ce dévouement de la famille royale, le mécontentement éclata partout avec une hardiesse inouïe : un soulèvement eut lieu à Arras ; les Normands refusèrent de payer l'impôt. Les états, reculant devant cette résistance, supprimèrent la gabelle et la remplacèrent par une autre taxe. Mais pendant la captivité du roi, en 1360, le régent, d'accord avec le grand conseil, rétablit les greniers royaux pour la vente du sel et imposa une aide d'un cinquième sur le prix de cette denrée. Voici d'ailleurs le texte de cette disposition :

« On vendra du sel auxdits greniers en grosses mesures comme septiers, mines et minots[1] et ne l'y vendra-t-on pas à petites mesures, à quoi les regrattiers et revendeurs ont accoutumé gaigner leur vie, et ne pourra-t-on vendre sel en icelles villes, s'il n'est prins au grenier, sur peine du sel estre forfaict, et de l'amende à volonté.

---

[1] Le *minot* valait 4 boisseaux ou environ 52 de nos litres ; il devait peser un quintal ou 100 livres : le *setier* ou *septier* représentait 3 minots, c'est-à-dire 12 boisseaux ou 156 litres à peu près. C'est là le setier de sel, car le même nom était donné à des mesures de capacités différentes, selon la nature du produit qu'elles servaient à mesurer ; il y avait, par exemple : le setier de sel, le setier de blé, le setier d'avoine, etc. Le *muid* était, non pas une mesure réelle, mais une mesure de compte : elle valait 12 setiers et variait par conséquent de capacité avec le setier considéré. Dans le cas du sel, le muid était d'environ 1870 litres.

Et en tous lieux et villes où n'y aura grenier à sel, il est ordonné que sur le sel qui y sera vendu, de quelque lieu qu'il vienne, le roi prendra la quinte partie de l'achat toutes et quantes fois qu'il sera vendu ; c'est à sçavoir si le vendeur le veut vendre vingt sols, il sera vendu vingt-cinq sols, et y aura le roi cinq sols d'aide. » Ajoutons que l'on déclarait d'une manière formelle, que c'était là une aide extraordinaire, dont on devait décharger incessamment les peuples.

Jusque-là l'impôt du sel avait conservé son caractère de subside extraordinaire. Charles V, par diverses ordonnances de 1366, 1372 et 1379, prescrivit que ce revenu serait joint au domaine et que la taxe serait perçue à perpétuité. Il est dit que, dans tout grenier, il doit y avoir un grenetier et un greffier ou contrôleur. Chaque grenier aura trois serrures fermant à différentes clefs : le grenetier en aura une, le contrôleur une seconde, enfin la troisième restera aux mains du marchand à qui appartient le sel. On fixera le prix du sel pour le marchand, et en outre il y aura 24 livres pour le roi, sur chaque muid de sel qui sera vendu : cette vente se fera en deniers comptants sans crédit. Cependant l'ordonnance de 1372 accorde un crédit de trois mois, mais à quelles conditions !

« Pour obvier aux fraudes et malices, qui se faisaient et se font de jour en jour, contre les ordonnances de notre gabelle, il est ordonné que tous les habitants de notre royaume des parties de Languedoy seraient contraintes de prendre le sel en nos greniers, de trois mois en trois mois, *chacun selon ce qu'il lui en faudrait raisonnablement pour son vivre en ces trois mois :* et afin qu'ils n'eussent cause de eux complaindre de ladite ordonnance, l'argent dudit sel ne sera payé qu'en la fin des trois mois. »

La gabelle est dès lors instituée avec ses officiers, ses inégalités choquantes entre les différentes provinces du royaume, avec son obligation d'acheter une quantité *rai-*

sonnable de sel pour la consommation, c'est-à-dire une quantité déterminée arbitrairement pour chaque habitant par les officiers des greniers à sel royaux. Plus tard la taxe deviendra plus précise encore : on devra acheter tant de sel pour le pot, tant pour la salière, tant pour les salaisons. Défense sera faite, sous les peines les plus sévères, de mettre dans la soupe le sel qui doit être mangé avec le beurre et les radis, ou d'employer à saler un pore les excédents de la quantité *raisonnable* imposée par le fisc pour d'autres usages. De nos jours, l'État s'est bien réservé certains monopoles; mais au moins il ne nous oblige pas à fumer par mois un certain nombre de cigares ou un nombre déterminé de pipes, à acheter chaque jour un poids obligatoire de tabac à priser, et à mâcher en outre un minimum de rôles. Nous avons le choix entre ces divertissements et nous pouvons même, si cela nous plaît mieux, n'user d'aucun. La gabelle procédait d'une façon différente. A partir de l'époque où nous sommes arrivés, il y aura deux espèces de sel : le sel imposé et celui qui ne l'est pas, le sel vendu aux acheteurs qui se présentent et celui qui doit être pris par les acheteurs taxés pour leur provision. L'institution de la gabelle n'a plus qu'à se perfectionner avec toutes ses conséquences et toutes ses rigueurs.

Louis XI essaya d'introduire la gabelle dans le duché de Bourgogne, au profit du trésor royal : mais le duc se plaignit si haut que le roi ne reparla plus de cette affaire.

François Ier avait besoin de sommes considérables, soit pour les guerres qu'il soutenait contre Charles-Quint, soit pour de folles dépenses. On s'adressa à la gabelle pour remplir les coffres du royaume, aussi bien lorsqu'il s'agissait de payer les soldats, que de célébrer à Chatellerault les noces de Jeanne d'Albret. Un faste si extravagant y fut déployé que le peuple, qui en faisait les frais, les appela *noces salées*. Les provinces dans lesquelles se trouvaient les marais salants avaient été jusque-là épargnées : en 1542, une taxe de 24 livres par muid vint frapper tout le sel sortant des marais. La Rochelle et les pays voisins se soulevèrent : François Ier désarma les rebelles et confisqua tous les marais depuis Libourne jusqu'à Oléron.

Sous Henri II, les plaintes devinrent plus vives encore en Guyenne ; l'indignation des masses était d'ailleurs augmentée par les fraudes dont on accusait les agents du fisc. Les paysans se refusèrent à aller aux greniers à sel ; ailleurs les officiers de la gabelle furent massacrés et les gendarmes envoyés pour rétablir l'ordre chassés du pays. Enfin les insurgés se levèrent en armes au nombre de 50 000 au moins, s'emparèrent de Saintes et pillèrent Cognac et Ruffec, brûlant les maisons des magistrats et massacrant tous les employés du fisc qu'ils purent saisir. La révolte gagna même Bordeaux, où Tristan de Monneins, lieutenant du gouverneur de Guyenne, fut assommé par la multitude, puis dépecé et salé. Le parlement parvint à rétablir l'ordre : malgré cela le connétable de Montmorency marcha sur Bordeaux, y entra par la brèche, désarma les habitants, rasa l'hôtel de ville et fit brûler, pendre ou rompre vifs un nombre énorme de malheureux (1548).

Quelque temps après (1553), ces provinces profitèrent des embarras du trésor pour racheter l'impôt sur le sel moyennant une somme de 1 194 000 livres ; elles prirent dès lors le nom de *provinces rédimées*. C'étaient le Poitou, la Saintonge, l'Aunis, l'Angoumois, la Guyenne, la Gascogne, le Périgord, les Marches et le Limousin ; l'Auvergne était déjà rédimée depuis 1549. Les ministres de Henri II apportèrent un autre changement à l'impôt du sel. L'administration générale de la gabelle fut confiée à des traitants : chaque grenier fut adjugé pour 10 ans à des fermiers particuliers. Le peuple paya davantage, et le trésor reçut moins qu'il ne l'aurait fait avec l'ancien mode de perception. Une brochure dédiée au roi et aux états généraux de 1588 établit, d'après des données officielles, qu'un fermier levait annuellement 1 636 000 écus dont 800 000 seulement entraient dans les caisses de l'état. Ceci explique comment se formaient les monstrueuses fortunes des partisans italiens, les Adiaceti, les Ruccellai, les Scipion Sardini, que le peuple appelait *Scorpion Serre-Desniers.*

Sully voulut remédier à ces abus : il ordonna que l'adjudication de la gabelle, comme celle des cinq grosses fermes, se ferait publiquement et il défendit l'intervention des sous-fermiers. Le produit de l'impôt doubla presque sous son administration : aussi ce ministre put-il diminuer d'un quart le droit sur le sel, bien que le bail de la ferme fût renouvelé au même prix. Pour atteindre ce résultat, il avait suffi de rechercher les nobles et les ecclésiastiques qui prétendaient, à l'abri de leurs ponts-levis, pouvoir se dispenser de la loi commune :

Sous Louis XIII, le tarif de la gabelle fut successivement augmenté : les émeutes et les soulèvements recommencèrent. En même temps la fraude se fit sur la plus grande échelle et par les moyens les plus variés. Le roi lui-même a pris le soin de nous renseigner à cet égard dans son ordonnance de janvier 1639, où nous relevons le catalogue suivant des procédés de contrebande :

« 5. Et d'autant que le plus grand mal qui arrive en nos gabelles procède de ce qu'aucuns ecclésiastiques et de la Noblesse, Officiers et autres, sous prétexte de leurs prétendus privilèges et usages de franc-salé, achètent et enlèvent des marais, ports et havres, telle quantité de sel que bon leur semble, en font de grands amas et le revendent aux contribuables à nos gabelles ; lesquels s'en fournissent plus volontiers que de celui de nos greniers, pour le grand profit qu'ils y trouvent....

« 15. Et comme il est notoire que les faux-sauniers

ont retraite et font amas de sel en plusieurs abbayes, châteaux, maisons et places fortes, où ils espèrent que le respect des lieux et les maîtres d'iceux les mettront à couvert; voulons et ordonnons que recherche et visite sera faite ès lieux suspects, par les officiers de nos greniers.... Enjoignons aux maîtres des maisons *de quelque qualité et condition qu'ils soient*, à leurs fermiers,... d'en faire l'ouverture dès qu'ils en seront requis, à peine d'être punis comme participant aux crimes desdits faux-sauniers : et, où ils seraient refusants ou dilayants, permettons auxdits officiers de se servir de toutes sortes d'armes, même d'échelles et pétards pour faire lesdites ouvertures, en telle sorte que la force nous en demeure et à justice.... Si les propriétaires desdites maisons ou châteaux sont convaincus d'avoir permis la retraite auxdits faux-sauniers, d'avoir recelé et retiré leur sel, Ordonnons que leur procès leur soit fait et parfait, qu'ils soient punis des mêmes peines que lesdits faux-sauniers et leurs maisons, châteaux où ledit sel aura été trouvé, *rasés pour servir d'exemple à la postérité.*

« 16. Et, sur ce qu'il est venu à notre connoissance que plusieurs gentilshommes font le faux-saunage même à port d'armes et assemblées illicites, s'en rendant chefs de bandes.... Voulons en outre qu'ils soient déchus de titres et privilèges de noblesse, déclarés eux et leur postérité roturiers.

« 18. Comme aussi nous ayant été donné avis, qu'aucuns de nos officiers, même de ceux de nosdits greniers à sel, se sont tellement oubliés, qu'au lieu de tenir la main à l'exécution de nos édits et ordonnances, ils favorisent lesdits faux-sauniers, s'intéressent avec eux et prennent part à leur trafic....

« 19. Et étant aussi dûment avertis qu'aucuns des gouverneurs, capitaines, lieutenants des villes frontières se mêlent du trafic, protègent, et donnent retraite auxdits faux-sauniers....

« 20. Faisons aussi expresses inhibitions et défenses à tous mestres de camp, capitaines, lieutenants, enseignes et sergents étant en garnison dans nos villes frontières, de laisser sortir les soldats des dites garnisons avec armes et bâtons à feu, pour faire le faux-saunage, *assister* et *escorter* lesdits faux-sauniers, *ainsi qu'ils font ordinairement....*

« 22. Et comme il est certain et notoire qu'il se commet un très grand faux-saunage par les voituriers et conducteurs de sels destinés pour le fournissement de nos greniers, qui se font par les rivières de Seine, Somme, Loire et autres, vendant le sel qui est mis et déposé dans leurs bateaux; et pour couvrir leurs fraudes et larcins, feignent de faux naufrages et autres inconvénients, et vont quelquefois à tels excès et perfidie qu'ils font périr aucuns de léurs bateaux (après avoir vendu la plupart du sel), pour empêcher la preuve dudit larcin....

« 24. Et d'autant qu'il est reconnu qu'un abus s'est introduit par les marchands qui trafiquent de morue en barils et qu'au lieu que ci-devant il y avait trente-deux et trente-trois morues par barils, ils n'en mettent à présent que quinze, ou dix-huit au plus, remplissant le surplus de sel; si bien que le grand cent de morues qui est de six-vingt-douze ne se vend pas plus qu'un de ces barils, bien qu'il y en ait sept à huit fois autant....

« 26. Et ayant encore reconnu que les marchands qui trafiquent de beurres salés et les amènent des pays étrangers, ou de nos pays de Bretagne, Cottentin, mettent, les uns plus de la moitié, les autres plus des trois quarts de sel au fond des pots....

« 27. S'estant aussi introduit depuis quelque temps un très grand abus, qui est que quelques personnes vont quérir de l'eau de mer et la vendent au peuple, les abusant du prétexte qu'elle peut servir à saler leur potage, ce qui apporte une diminution à nos droits de gabelle

et cause des maladies contagieuses, flux de sang dont
quantité en sont morts et meurent journellement.... »

Il résulte de ces considérants que tout le monde se li-
vrait à la fraude, les nobles, les prêtres, les soldats, les
officiers de la gabelle aussi bien que les paysans et les
marchands; aussi le roi autorise-t-il les officiers des greniers à sel, les prévôts des maréchaux, les vice-baillis,
les vice-sénéchaux, les adjudicataires des gabelles, leurs
commis, les sergents, archers et gardes préposés aux
gabelles, « à faire toutes recherches et visites toutes fois
et quantes fois qu'ils le jugeront nécessaire ». On comprend combien ces visites domiciliaires, auxquelles tant
de gens étaient autorisés, devaient être vexatoires : mais
il y avait en outre des visites personnelles; ainsi il fut
recommandé plus tard[1] aux agents de surveiller spécialement les femmes qui suivent les processions ; certaines
de ces cérémonies ayant pour objet le transport sous
les jupons des sacs de sel d'une localité dans une
autre.

Après Sully et Richelieu, Colbert devait nécessairement s'occuper de la question des gabelles. En 1668,
il établit un règlement général que M. de Monthyon appelle un chef-d'œuvre d'industrie financière, et orga-
nisa de la manière la moins défectueuse un impôt vicieux
par sa nature. Déjà, en 1667, la gabelle forcée avait été
abolie dans 22 greniers; elle le fut encore dans 56 autres
greniers en 1668, de sorte qu'à cette époque il ne res-
tait plus que 48 greniers à gabelle forcée. En 1675, Colbert augmente le prix du sel de 30 sous par minot :
mais 5 ans après, il le ramène au taux primitif quand

[1] Arrêt de la Chambre des comptes de Lorraine, du 24 janvier 1767,
qui autorise les employés des fermes à visiter toutes personnes
attroupées, dans le cas de pèlerinage et de processions : déclare
les curés responsables s'ils s'opposent aux visites, et permet aux
employés d'arrêter et emprisonner tous ceux qui font résistance ou
rébellion aussi bien que ceux qui seraient chargés de sel.

les besoins d'argent sont devenus moins pressants. Le
grand ministre n'hésite donc pas à recourir à la gabelle,
lorsqu'il en a besoin. Vauban lui-même, dans la Dîme
Royale, commence bien par appeler le sel *une manne dont
Dieu a gratifié le genre humain et sur laquelle il semblerait qu'on n'aurait pas dû mettre d'impôt :* mais il conclut
ensuite en lui demandant un produit de 23 400 000 livres,
pouvant être porté au double dans de graves circonstances. Il est vrai qu'il a soin : 1° de faire disparaître
toutes les inégalités existant entre les diverses provinces;
2° d'abaisser le prix du sel et de le réduire à 18 francs par
minot au lieu de 40 et même 45 pour certaines localités;
3° de diminuer la taxe et de la réduire à un minot pour
14 personnes [1].

Vauban, dans la Dîme Royale, ne bâtissait que des pro-
jets : Colbert, en 1680, fit rendre au roi la célèbre ordonnance, qui est la codification de tous les règlements
antérieurs sur la gabelle. Elle comprend 20 titres : les
4 premiers traitent de l'approvisionnement des greniers;
les titres 5 et 6, des greniers à vente volontaire; les titres
7 et 8, des greniers à sel imposé; les titres 9, 11, 12,
de la revente par les regrattiers, des déchets et péages
divers; le titre 15, des salaisons; les titres 10, 13, 14, 16,
du régime du sel dans les provinces privilégiées; les
titres 18, 19, 20, des officiers des greniers et de leurs
droits; enfin le titre 17 est le code pénal du faux saunage, auquel nous emprunterons tout à l'heure quel-

---

[1] A cette époque (1675) eut lieu l'un des plus atroces soulèvements
qu'ait suscités la gabelle. Quatorze paroisses du pays d'Armorique
formèrent une association dont les statuts étaient désignés sous le
nom de *Code paysan ;* l'article suivant suffit pour faire apprécier le
but de l'association : « Il est défendu, à peine d'être passé par la
fourche, de donner retraite à la gabelle ou à ses enfants, de leur
fournir à manger; mais il est enjoint de tirer sur elle comme sur un
chien enragé. » Les prescriptions de ce code furent observées ; il
ne fallut pas moins de 6000 hommes des meilleures troupes pour
rétablir l'ordre.

ques citations. Au point de vue fiscal, la France est divisée en cinq circonscriptions :

1º Les pays de grande gabelle, dans lesquels le prix du sel est fixé par le roi et l'importance de la consommation imposée par tête.

2º Les pays de petite gabelle dans lesquels la consommation est volontaire.

3º Les pays rédimés.

4º Les pays de salines.

5º Enfin les pays de quart-bouillon, comprenant certaines parties de la Normandie, où l'on retirait le sel des sables salés et où l'on payait comme taxe le quart du produit obtenu.

Non seulement le prix du sel varie d'une région à l'autre, mais il change dans une même circonscription. Ainsi : dans la généralité de Paris, les greniers de Dreux, Mantes, la Rocheguyon, Poissy et Pontoise font payer le sel 40 livres le minot ; ceux de Paris, Lagny, Meaux, Senlis, Creil, Compiègne, Beauvais, Montfort, Étampes, Melun, Montereau, Nemours, Sens, Joigny, Saint-Florentin, Provins et Nogent, 41 livres le minot ; celui de Tonnerre, 42 livres le minot.

Ce prix diminuait beaucoup dans les pays de salines. Aussi l'énorme différence du prix du sel de province à province, et surtout des pays de franc-salé aux pays de grande gabelle, rendait le faux saunage extrêmement productif. Rien ne parvenait à décourager les faux sauniers qui se livraient à la contrebande, soit par ruse, soit de vive force : et cependant le faux saunage était rangé au nombre des crimes et puni des peines les plus sévères. On trouve au titre 17 de l'ordonnance de 1680 :

ART. III. Soient condamnés : 1º les faux sauniers attroupés avec armes, aux galères pour 9 ans et en 500 livres d'amende, et en cas de récidive, pendus et étranglés; 2º les faux sauniers sans armes, avec chevaux, charrettes ou bateaux, à 500 livres d'amende ; en cas de récidive, aux galères pour 9 ans et 400 livres d'amende ; 5° les faux sauniers à porte-col sans armes, à 200 livres d'amende ; en cas de récidive, aux galères pour 6 ans et 500 livres d'amende.

ART. V. Les femmes et les filles coupables de faux saunage, pour la première fois 100 livres d'amende, pour la seconde, au fouet et 500 livres d'amende ; en cas de récidive, outre les peines ci-dessus, bannies à perpétuité de notre royaume.

ART. VII. La peine des galères prononcée contre ceux qui s'y trouveront incapables d'y servir sera convertie : celle des galères pour 6 ans en celle du fouet et de la flétrissure ; celle des galères pour 9 ans, aussi en fouet et flétrissure et de plus au bannissement perpétuel, leur enjoignons de garder leur ban à peine de la vie.

ART. VIII. Si les condamnés ne payent l'amende dans le mois du jour de la prononciation de la sentence, elle sera convertie : celle de 200 livres, en la peine du fouet ; celle de 500 livres, en la peine des galères pour 5 ans à l'égard des hommes ; et à l'égard des femmes et filles en un bannissement pour 5 ans du ressort du grenier à sel, de celui de leur domicile et de notre bonne ville de Paris.

ART. IX. Ceux qui seront insuffisants de payer l'amende et incapables en même temps de servir dans nos galères seront fustigés, flétris et bannis à perpétuité.

ART. X. Les commis, capitaines, gardes et archers de nos gabelles, et autres préposés par l'adjudicataire qui seront convaincus d'avoir fait le faux saunage ou d'y avoir participé en quelque manière que ce soit, soient punis de mort.

ART. XIII. Déclarons les nobles qui seront assez lâches pour commettre le même crime, déchus eux et leur postérité des avantages de la noblesse : Voulons que leurs maisons qui auront servi de retraite aux faux sauniers soient rasées.

ART. XVI. Déclarons ceux qui achètent le sel des faux sauniers pour le revendre, sujets aux mêmes peines que les faux sauniers ; voulons que ceux qui l'achètent pour leur usage soient condamnés pour la première fois en 200 livres d'amende, pour la seconde fois, 500 livres, pour la troisième fois, 1000 livres et aussi à proportion en cas de récidive.

Ce régime produisait, terme moyen, chaque année, 5700 saisies domiciliaires, 2300 arrestations d'hommes, 1800 arrestations de femmes, 6600 arrestations d'enfants, la saisie de 1100 chevaux et de 50 voitures. Plus de 300 hommes étaient envoyés aux galères : les prisons contenaient de 17 à 1800 captifs, le tiers des forçats du royaume. Le produit de la vente du sel variait de 50 à 60 millions : mais le nombre des gardes des gabelles dépassait 15 000 et occasionnait une dépense de plus de 7 000 000 de francs.

Néanmoins le faux saunage continuait à faire force désordres. Des cavaliers[1], des dragons, des soldats par bandes de deux ou trois cents hommes le firent à force ouverte (1686), pillèrent le sel des greniers de Picardie et de Bourbonnais et se mirent à le vendre publiquement. Il y fallut envoyer des troupes et détacher 200 hommes du régiment des gardes qu'on y fit marcher sous des sergents sages et entendus. Il y eut aussi de grands désordres en Anjou et en Orléanais. On résolut de décimer ces faux sauniers et on envoya à leurs régiments les colonels qui avaient des gens de ce métier dans leurs troupes.

Cet état de chose persista jusqu'à la fin de la royauté : les faux sauniers devenaient par moment redoutables ; car tous ceux qui avaient quelque intérêt à susciter des

---

[1] Saint=Simon. — Chap. CLXXXVII.

désordres étaient sûrs de trouver parmi eux de quoi recruter leurs bandes : il y avait là une armée toute prête pour le désordre.

Pendant la régence du duc d'Orléans, les faux sauniers fomentèrent de nombreuses séditions [1]. Ces gens qui, dans ce dangereux métier, ne songeaient qu'à leur profit, grossirent de plus en plus. Il y avait longtemps que tous ceux qui méditaient des troubles les avaient pratiqués : mais ces espèces de troupes augmentèrent et se disciplinèrent à tel point, qu'on ne put enfin se fermer assez les yeux pour ne pas reconnaître la vérité.

Voilà où on en était arrivé avec le régime des gabelles. La répression était atroce dans sa rigueur et hors de proportion avec le délit considéré en lui-même. Le peuple était poursuivi, harcelé et réduit à la misère pour le forcer au payement du sel qui lui était imposé. Une armée d'officiers, de gardes et d'employés administrait la gabelle sans contrôle et souvent sans aucune conscience, employant de fausses mesures dans la vente d'une marchandise taxée à un si haut prix, et la falsifiant même souvent avec du sable, sans que les malheureux contribuables pussent faire entendre leurs plaintes : car le personnel préposé à la vente était en même temps un tribunal. Chaque grenier à sel comprenait un président, un lieutenant, un grenetier, un contrôleur, un avocat et un procureur du roi, des huissiers, des greffiers, des sergents et des gardes : à Paris, toutes ces charges étaient doublées. Enfin l'inégalité entre les personnes et les provinces était devenue plus grande que jamais. La noblesse, le clergé, la magistrature, tous ceux, en un mot, qui jouissaient dans l'État d'une haute position sociale, étaient parvenus à se soustraire légalement aux droits de gabelle : ils avaient leur franc-salé, de même qu'ils s'étaient fait exempter de la

[1] Saint-Simon. — Chap. DXX.

taille. Quant aux provinces, voici comment elles se divisaient :

1º Les pays rédimés, Auvergne, Poitou, Saintonge, Aunis, Angoumois, Guyenne, Gascogne, Périgord, Limousin, où la valeur du sel variait de 6 à 10 francs le minot ou quintal (100 livres).

2º Les provinces franches, Artois, Boulonais, Flandres où le quintal de sel se payait de 40 sous à 8 ou 9 livres.

3º Les pays de grande gabelle, Ile de France, Picardie, Champagne, Orléanais, Perche, presque toute la Normandie, Maine, Anjou, Touraine, Berry, Bourbonnais, Bourgogne qui consommait 760 000 quintaux, à raison de 9 livres par tête, et au prix exorbitant de 62 francs le quintal.

4º Les pays de petite gabelle, Maconnais, Lyonnais, Forez, Beaujolais, Bugey, Bresse, Dombes, Dauphiné, Languedoc, Provence, Roussillon, et partie de l'Auvergne. La consommation était de 640 000 quintaux, au prix de 33 livres 10 sous le quintal.

5º Les pays de quart-bouillon dont le régime a été précédemment indiqué. Ils comprenaient une faible partie de la Normandie; le sel s'y payait 16 francs le quintal.

6º Les pays de salines, qui s'approvisionnaient aux salines de Franche-Comté et de Lorraine ou bien à celles du Béarn : ils comprenaient, outre ces provinces, le duché de Bar, l'Alsace et la Navarre. La vente annuelle y atteignait 275 000 quintaux, au prix de 21 livres 10 sous le quintal.

On comprend, par ce qui précède, combien la gabelle devait être abhorrée : aussi Louis XVI, touché des plaintes élevées contre elle, s'occupait de proposer des réformes jugées indispensables, lorsque la révolution de 1789 éclata. Les députés aux Etats-Généraux avaient été chargés, pour la plupart, de demander la conversion de l'impôt de la gabelle en une taxe perçue à la sortie des

salines ou des marais. La loi du 24 mars 1790 donna
satisfaction à ce vœu : elle supprima la gabelle, ou vente
exclusive du sel, dans les départements qui formaient
autrefois les provinces de grandes, de petites gabelles ou
de gabelles locales, le droit de quart-bouillon dans la
Manche et dans l'Orne, enfin les droits sur le sel destiné
à la consommation dans les provinces franches ou rédimées. En 1791, le législateur alla plus loin : l'impôt du
sel disparut complètement, aux applaudissements de la
nation entière, par le fait de la suppression générale des
impôts indirects.

En résumé, « les gabelles furent justement odieuses
parce qu'elles étaient un impôt sans égalité et sans discrétion : sans égalité, parce que tel Français payait
14 sous pour une livre de sel, tandis que tel autre ne
payait rien, ou était taxé de 1 sou à 8 sous. Les gabelles
étaient sans discrétion, parce qu'en élevant la livre de sel
à 14 sous, on exigeait jusqu'à 20 fois sa valeur intrinsèque. Les gabelles étaient odieuses par le monopole ou
la vente exclusive réservée au gouvernement, par l'obligation imposée aux consommateurs d'acheter des quantités déterminées de sel, sans égard pour leur conve-
nance ou leurs facultés, par les précautions qu'il fallait
opposer à la fraude, par la présence d'une multitude
d'employés, par l'exercice intolérable qu'ils étaient
obligés de faire, enfin par les peines exorbitantes im-
posées aux fraudeurs. » Leur abolition fut donc justement considérée comme un des bienfaits de la révolution de 1789.

2° LA TAXE DE CONSOMMATION.

Impopularité de l'impôt du sel. — Loi de 1806. — Augmentation de la taxe
en 1813. — Fixation de la taxe à 30 francs en 1814. — Décret de 1848. —
Loi du 25 décembre 1848. — Législation actuelle sur le régime des sels.
— Remises accordées pour déchets. — Insuffisance pour les sels de l'Ouest.
— Exemption pour les sels destinés aux fabriques de produits chimiques.
— Exemption pour l'agriculture. — La consommation du sel et le produit
de l'impôt.

Les lignes qui précèdent sont extraites du discours
prononcé par l'orateur du gouvernement, lors de la pré-
sentation, en 1806, du projet de loi relatif à l'établissement d'une taxe sur le sel. Les souvenirs laissés dans
les esprits par la gabelle étaient encore vivants : aussi
en proposant cet impôt, le gouvernement impérial tenait
à flétrir l'ancienne institution, et à montrer la différence
qu'il y avait entre elle et la taxe projetée. De nos jours
encore, on trouve moyen d'exciter l'émotion populaire
par ces mots : *L'impôt du sel*. La foule se rappelle vague-
ment qu'il a contribué à la chute de l'ancienne monarchie,
qu'il a fait peser sur les roturiers un intolérable fardeau,
que les bagnes se sont ouverts, que les échafauds se sont
dressés pour ses victimes. Telle est certainement la cause
de la réprobation qu'il inspire, bien que rien actuellement
ne justifie les préventions exagérées dont il est l'objet.

La loi de 1806, dont les prescriptions règlent encore
en partie cette matière, avait établi sur le sel une taxe
de consommation de deux décimes par kilogramme de
sel. Elle était perçue, comme maintenant, au moment
où la matière imposable sortait des marais salants ou
des salines : ces établissements sont donc soumis à l'exercice des agents des douanes pour les marais et des contributions indirectes pour les salines. Le sel n'y peut être
fabriqué qu'en vertu d'une autorisation; il n'en sort
qu'après avoir été pesé et avoir satisfait aux exigences du
fisc : mais une fois dehors, il ne peut plus être l'objet

d'aucune recherche. Le commerce du sel est absolument
libre : tout le monde peut en vendre; chacun peut en
acheter où il lui plaît, autant ou aussi peu qu'il désire et
le payer à un prix débattu entre l'acheteur et le vendeur.
La surveillance incessante de la gabelle, ces visites et ces
vexations opérées par des agents ramassés dans les bas-
fonds de la société, et que l'on avait soin de choisir *parmi
les animaux les plus terribles*, ont disparu avec le monopole de la vente réservé à l'État et avec l'obligation
d'une consommation déterminée. Les fabriques de sel
subissent seules les désagréments de l'impôt : le public
le paye, mais ne s'en aperçoit pas. Les conditions établies par la loi de 1806 rendent l'impôt parfaitement
supportable.

Ajoutons enfin, que pour faire accepter le rétablissement de l'impôt du sel, même sous une forme toute différente de l'ancienne, le gouvernement impérial eut soin
de le présenter comme destiné à remplacer une autre taxe
également fort impopulaire : c'était la taxe d'entretien
des routes, qui fut effectivement supprimée à partir de
ce moment.

Pendant les succès de la période impériale, le droit de
20 centimes par kilogramme de sel resta intact : Napoléon,
appliquant ce principe que *la guerre doit nourrir la guerre*,
pourvoyait à ses énormes dépenses par des contributions
levées en pays étranger. Mais, en 1813, il fallut bien
trouver l'argent en France : le 11 novembre parut un
décret portant augmentation de plusieurs contributions
et notamment de la taxe sur le sel. Celle-ci fut portée à
40 centimes par kilogramme.

La Restauration, voulant être agréable au pays, sans
qu'il lui en coûtât trop cher, réduisit, le 17 décembre 1814, l'impôt du sel de 10 centimes et l'établit
ainsi à 30 centimes le kilogramme, ce qui était une
aggravation de moitié sur la taxe de 1806. Il fallait bien
payer les puissances coalisées pour l'invasion de la

France et le rétablissement de la royauté. D'ailleurs la
perception de l'impôt ne suscita aucune difficulté et, dans
son rapport sur l'administration des finances, le ministre,
M. de Chabrol, faisait valoir, en 1829, les mérites de
cette contribution. Il constatait que la consommation
avait toujours été en croissant, et qu'elle atteignait alors
7 kilogrammes et demi par tête, représentant un peu plus
de deux francs par personne. Il montrait ensuite combien
il serait difficile de modifier la taxe sans déranger l'é-
quilibre budgétaire, ou bien de la remplacer par un
autre impôt, en pratiquant un dégrèvement plus appa-
rent que réel.

Après 1830, la Chambre des députés fut saisie de nombreuses réclamations contre cet impôt, que les besoins
de la guerre ne justifiaient plus : plusieurs propositions
tandant à réduire la taxe furent même acceptées par la
Chambre des députés, mais sans succès, par suite de
l'opposition de la Chambre des pairs. C'est ce qui arriva
notamment en 1846, au sujet de la proposition de M. De-
mesmay. Le rapporteur fit valoir les arguments suivants :
sans doute, disait-il, l'impôt est une nécessité sociale ;
il faut donc qu'il soit productif et pour cela il doit atteindre les masses. Mais il faut aussi que l'impôt soit pro-
portionnel et que le pauvre n'y contribue pas pour une
part plus considérable que le riche lui-même. L'intérêt
de l'agriculture à la suppression de l'impôt fut également
mis en avant. La Chambre vota la réduction de la taxe à
10 francs pour le sel destiné à la consommation, et à
5 francs pour celui que l'agriculture devait employer. La
seconde partie de la loi reçut seule la sanction de la
Chambre haute et la taxe de consommation resta à
30 francs jusqu'en 1848.

Le 15 avril 1848, un décret déclara l'impôt du sel aboli
à dater du 1er janvier 1849. Mais les besoins financiers
rendirent nécessaire l'abrogation du décret, avant même
qu'il eût été appliqué. Le 23 décembre 1848, une loi

abrogea le décret d'avril, mais prononça en même temps
une forte réduction sur la taxe : elle fut fixée à 10 fr.
les 100 kilogrammes, ainsi que cela avait été adopté
par la Chambre des députés en 1846. C'est également
à la même époque que fut supprimée la prohibition sur
les sels étrangers.

La réduction de la taxe a amené un accroissement de
consommation d'environ 50 pour 100.. Aussi bien que le
droit ait été abaissé de 30 francs à 10 francs, c'est-à-dire
des deux tiers, le produit de l'impôt n'a diminué que de
moitié. La perception la plus élevée, avec le droit de
30 francs, a été celle de 1845, soit 70 681 542 francs
pour une population de 35 160 000 habitants : aujour-
d'hui l'impôt rapporte 35 millions à peu près.

Depuis cette époque quelques modifications ont été
apportées à la taxe des sels, mais elles n'ont pas en général été durables. En 1852, furent supprimés quelques
privilèges, tels que l'exemption de la taxe, concernant
les sels destinés à la fabrication des produits chimiques. Cette exemption a été rétablie depuis.

Le 2 juin 1875, la Chambre vota une surtaxe de deux
décimes et demi, c'est-à-dire d'un quart; bien que les
lois concernant l'impôt du sel aient toujours mentionné
qu'il ne supporterait pas de décimes extraordinaires. La
taxe de 12 fr. 50 cent. fut appliquée jusque dans les premiers jours de 1877 : la surtaxe ayant été supprimée le
27 décembre 1876.

Les conditions actuelles de l'impôt sur le sel sont donc
régies par les lois de 1806, 1840 et 1848 auxquelles il
faut ajouter un certain nombre de dispositions relatives
aux exemptions, aux dégrèvements ou aux exploitations
et habitudes locales (salines de Normandie, sel de troque).
Voici d'ailleurs, en les résumant, les principes généraux
de la législation qui régit les exploitations de sel. Les
marais salants sont soumis à la surveillance des préposés
des douanes; les fabriques de sel de l'intérieur à celle

des agents des contributions indirectes. Cette surveillance, destinée à assurer la perception de la taxe, s'exerce
jusqu'à la distance de trois lieues des marais salants,
fabriques ou salines situées sur les côtes ou frontières,
et dans les trois lieues du rayon des fabriques ou salines
de l'intérieur. Aucun enlèvement de sel ne peut avoir
lieu sans une déclaration préalable et seulement après
la délivrance par l'administration d'une pièce de régie
(acquit-à-caution, congé, passavant) variant avec le motif
du transport.

Les droits sont dus par l'acheteur, au moment de la
déclaration d'enlèvement : le payement se fait, soit au
comptant sans escompte[1], soit pour les sommes de
500 francs et au-dessus, en traites ou obligations dûment
cautionnées à trois, six ou neuf mois, avec intérêts de
retard.

L'exploitation des marais salants n'est pas soumise à
l'autorisation préalable. Les lois et règlements généraux
sur les mines sont applicables aux exploitations des
mines de sel, des sources salées et des eaux salées. Les
concessions sont accordées par autorisation spéciale : elles
ne peuvent dépasser 20 kilomètres carrés, s'il s'agit
d'une mine, et un kilomètre carré dans le cas d'une
source ou d'un puits salé.

Les eaux salées ou matières salifères ne peuvent être
enlevées et transportées qu'à destination d'une fabrique
régulièrement autorisée. C'est pourquoi l'on dit vulgai-
rement qu'il n'est pas permis de prendre et d'emporter
une bouteille d'eau de mer. La précaution législative est
d'ailleurs tout à fait inutile en ce qui concerne les eaux
dont la densité n'est pas supérieure à celle de l'eau de
la mer : il faut en effet, avec cette dernière, évaporer

[1] Du temps de la taxe de 50 francs, l'acquittement des droits au
comptant bénificiait, lorsqu'ils étaient supérieurs à 500 francs, d'un
escompte de 6, de 5 et plus tard de 4 pour 100 : ce qui réduisait en
réalité le droit à 28 fr. 50 cent. en moyenne.

97 litres d'eau pour obtenir 5 kilogrammes de sel. L'opération serait certainement plus onéreuse que le payement de l'impôt. Aussi en réalité existe-t-il une tolérance en ce qui concerne l'eau de mer : il y aurait peut-être inconvénient à convertir cette tolérance en un droit.

Les concessionnaires sont tenus de fabriquer, au minimum et annuellement, une quantité de cinq cent mille kilogrammes de sel destinés à la consommation intérieure et soumis au droit : si ce minimum de fabrication n'est pas atteint, le fabricant sera passible d'une amende égale au droit qui aurait été perçu sur les quantités de sel manquant pour atteindre le minimum.

Tout fabricant, exploitant des mines de sel ou des eaux salées, doit entourer les puits, galeries, trous de sonde et sources, ainsi que les bâtiments de son usine, d'une enceinte, de trois mètres d'élévation, en bois ou en maçonnerie : cette enceinte ne doit avoir qu'une seule porte donnant accès à l'extérieur, et de plus présenter à l'intérieur et à l'extérieur un double chemin de ronde de 2 mètres de largeur. Les sels fabriqués sont contenus dans des magasins placés sous la double clef de l'exploitant et des agents de la perception. Deux employés de l'administration au moins doivent être logés dans l'établissement, près de la porte d'entrée, moyennant un prix de location, convenu avec le fabricant ou fixé d'office par le préfet.

Les sels sont pesés en présence des employés de l'administration, lors de l'entrée dans les magasins et lors de la sortie : tous les trois mois, il est fait un inventaire des sels en magasins, et le fabricant est tenu de payer sur-le-champ le droit sur les quantités manquantes, en sus de la déduction accordée pour déchet de magasin : cette déduction est de 8 pour 100 sur les sels entrant en magasin après fabrication.

Ces prescriptions sont fort onéreuses pour les salines.

L'obligation de la double pesée entraîne des frais et des pertes de temps : elle sert à constater que le déchet de magasin ne dépasse pas 8 pour 100 et à rendre le fabricant responsable d'un déchet supérieur. On suppose donc que dans ce cas il y a eu fraude : cependant celle-ci est impossible, puisque les employés ont une double clef des magasins. Il faut remarquer que ces précautions avaient été prescrites en vue de la taxe de 30 francs, c'est-à-dire d'un droit triple du droit actuel.

Certaines remises de droit sont accordées en raison des déchets inévitables que les sels éprouvent pendant les transports ou pendant leur séjour dans les entrepôts : elles ont été établies par la loi de 1806 et confirmées par les lois suivantes. Ces allocations sont justifiées par un principe d'équité : l'impôt du sel est une taxe de consommation et, par conséquent, la partie consommée doit seule être frappée. Or, il est certain que les sels, par le fait de leur composition chimique, supportent, avant d'entrer en consommation, une déperdition plus ou moins grande ; la partie perdue doit échapper à l'impôt.

Les remises accordées pour déchet sont les suivantes :

		Remise par 100 kil.
Sels de l'Océan expédiés par terre ou par mer		5
Sels de la Méditerranée.	par terre ou petit cabotage	3
	par mer, en vrac, pour les ports de l'Océan ou de la Manche	5
Sels ignigènes de toutes provenances.	par terre	5
	par mer, en vrac.	5

Il est probable que ce tarif est défavorable aux sels de l'Ouest, non parce que leur déchet est supérieur à 5 pour 100, mais parce qu'il surpasse de plus de 2 pour 100, les déchets éprouvés par les sels du Midi et surtout par ceux de l'Est. La perte plus grande qu'éprouvent les sels de l'Ouest est un effet de leur composition

chimique, et celle-ci résulte de la nature même du climat sous lequel ils ont été fabriqués. :

Il existe enfin dans la législation sur les sels, un certain nombre d'exemptions pour les matières qui ne doivent
pas être employées à l'alimentation.

Les sels destinés aux fabriques de produits chimiques
sont délivrés en franchise de droit sous des conditions,
qui ont pour but d'en assurer l'arrivée à destination et
l'emploi à l'usage déclaré. A cet effet, les sels expédiés
aux fabriques de soude, doivent être contenus dans les
sacs portant le plomb de l'administration des douanes
ou de celle des contributions indirectes, selon qu'ils
proviennent des marais salants ou des salines de l'intérieur. Les fabriques de soude sont soumises à la surveillance permanente des employés de l'administration et
payent, à titre d'indemnité d'exercice, une redevance de
30 centimes par 100 kilogrammes de sel employé à la
fabrication.

Les sels destinés à l'agriculture sont aussi exemptés
de la taxe : seulement, pour sauvegarder les intérêts du
fisc, la délivrance de ces sels est entourée d'un certain
nombre de précautions : elle exige des formalités, des
déplacements, des pertes de temps telles que beaucoup
d'agriculteurs renoncent à l'emploi du sel, lorsqu'il
pourrait leur être avantageux. Voici les principales prescriptions concernant ce sujet :

La délivrance des expéditions supérieures à 500 kilogrammes est subordonnée à la production d'un certificat
de l'autorité municipale faisant connaître la qualité du
destinataire, l'importance de son exploitation, et la quantité de sel dont il a besoin. Les sels doivent être d'abord
réduits en poudre fine, puis dénaturés par des mélanges
convenables; cette opération est faite aux frais du destinataire, par ses employés, aux jours et heures désignés
par la régie et sous son œil vigilant. Parmi les mélanges
admis par l'administration, il n'en est guère que trois

qui soient employés. Pour le sel destiné à la nourriture du bétail, on ajoute à 1000 kilogrammes de sel :

> 5 kilogrammes de peroxyde de fer (colcotar),
> 100   «   de tourteaux oléagineux,

ou bien :

> 5   «   de peroxyde de fer,
> 10   «   de poudre d'absinthe,
> 10   «   de mélasse.

Si le sel doit servir d'amendement pour les terres, on préfère ajouter à 1000 kilogrammes de sel :

> 5 kilogrammes de peroxyde de fer,
> 10   «   de suie ou de noir de fumée,
> 10   «   de goudron végétal.

Les tableaux suivants, extraits des publications officielles, donnent une idée de l'importance de la fabrication du sel destiné à la consommation alimentaire et des produits de l'impôt.

N° 1. — PRODUIT DE LA TAXE SUR LES SELS.

ANNÉES	DOUANES	CONTRIBUTIONS INDIRECTES	TOTAL
	francs	francs	francs
1875	24 548 608	10 460 921	55 009 529
1876	25 522 115	11 437 957	56 760 072
1877	23 855 560	9 860 568	53 095 928

Les différences qui existent entre ces trois années s'expliquent de la manière suivante. Le 2 juin 1875, fut votée une surtaxe de deux décimes et demi par franc : elle a été appliquée pendant les 7 derniers mois de 1875 et pendant toute l'année 1876. Ce supplément de droit a été supprimé le 27 décembre 1876. Aussi le produit de

1877 est-il inférieur à celui de 1876, bien que la consommation ait été plus considérable; c'est ce qui résulte
du tableau n° 2 qui établit la comparaison des deux
années 1876 et 1877.

N° 2. — COMPARAISON DES ANNÉES 1876 ET 1877.

Année 1876.

	SELS TAXÉS	PRODUIT DE LA TAXE
	kilogrammes.	francs
Douanes........	202 965 582	25 322 115
Contributions in- directes....	91 523 424	11 437 957
Total....	294 488 806	56 760 072

Année 1877.

	SELS TAXÉS	PRODUIT DE LA TAXE
	kilogrammes	francs
Douanes.....	238 800 677	23 833 560
Contributions in- directes....	98 506 827 211 460 ^{a}	9 849 776 10 592
Total....	337 107 504 ^{b}	35 693 928

			Kilogrammes
Différence pour 1877	en plus	Sels.........	42 618 698
		Chlorure de Mg ^{a}.	211 460
	en moins	Produit de la taxe.	3 066 144

La consommation a donc augmenté en 1877 de
42 millions et demi de kilogrammes et le produit de la
taxe a diminué de 3 millions de francs par suite de la
réduction de celle-ci.

(*a*) Chlorure de magnésium extrait des salines.
(*b*) Total des sels (chlorure de sodium) soumis à la taxe.

TROISIÈME PARTIE

SEL MARIN ET SEL GEMME.

Dans cette troisième partie se trouvent réunies les principales données relatives à la distribution ou à l'exploitation du sel sur la surface du globe. Sous le titre *sel marin*, on a placé ce qui est relatif à la salure des mers et à l'extraction du sel marin. Le chapitre *sel gemme* comprend l'étude des principaux gisements de sel en roche. Deux remarques sont à faire : pour passer en revue, au point de vue géographique et au point de vue technique, ce qui a rapport au sel dans les différents pays du monde, il faudrait plusieurs volumes : nous nous bornerons donc aux questions les plus intéressantes. En second lieu, les procédés d'extraction varient quelquefois fort peu d'un pays à l'autre ; ce que nous avons dit à propos du *sel en France*, permettra d'abréger considérablement la partie technique. Nous ne donnerons donc des détails sur ces questions, que si leur solution présente de notables différences avec ce qui se fait en France.

CHAPITRE IX

Sel marin.

1° LA SALURE DES DIFFÉRENTES MERS.

Caractéres de l'eau de mer. — Elle n'est pas potable. — Distillation de l'eau de mer. — Pourquoi la mer est-elle salée. — Quantité de matières salines dans les différentes eaux. — Densité de l'eau de mer. — Nature des matières contenues dans l'eau de mer. — Analyses de l'eau de mer. — Manières différentes de représenter les résultats.

L'eau de mer diffère essentiellement de l'eau des rivières ou dés lacs par ses caractères physiques et surtout par les composés salins qu'elle tient en dissolution. Sa saveur est salée, amère, désagréable; elle a une certaine viscosité et quelquefois une légère odeur : la proportion des sels qui y sont dissous est comprise entre 3 et 4 pour 100; le chlorure de sodium y entre à raison de 3 pour 100 environ, c'est-à-dire de 30 grammes par litre.

Cette proportion considérable des matières minérales rend l'eau de mer absolument impropre à la boisson. Loin de pouvoir servir à éteindre la soif, elle la rend ardente et produit d'abord des effets purgatifs, puis des accidents graves. On raconte que Pierre le Grand voulut obliger les enfants de ses matelots à ne boire que de l'eau de mer; il voulait en faire de solides marins, mais plusieurs périrent victimes de cette prescription; il fallut y renoncer. On ne peut rendre l'eau de mer potable qu'en la séparant par la distillation des sels fixes qu'elle renferme. Cette opération s'exécute couramment à bord des navires. La chaleur perdue des cuisines est utilisée pour

évaporer de l'eau de mer, dont les vapeurs vont se condenser dans un serpentin refroidi : un courant continue
d'eau de mer froide produit ce refroidissement, pourvu
que le serpentin soit placé (fig. 34) au-dessous de la ligne
de flottaison du navire. Au moyen d'une double communication avec la mer, l'eau froide entre en *a*, s'échauffe
dans le serpentin et sort en *b*. en raison de sa plus faible
densité. La distillation se fait d'elle-même : la saumure
qui reste dans les appareils d'évaporation est vidée de
temps en temps ; l'eau distillée se recueille constam-

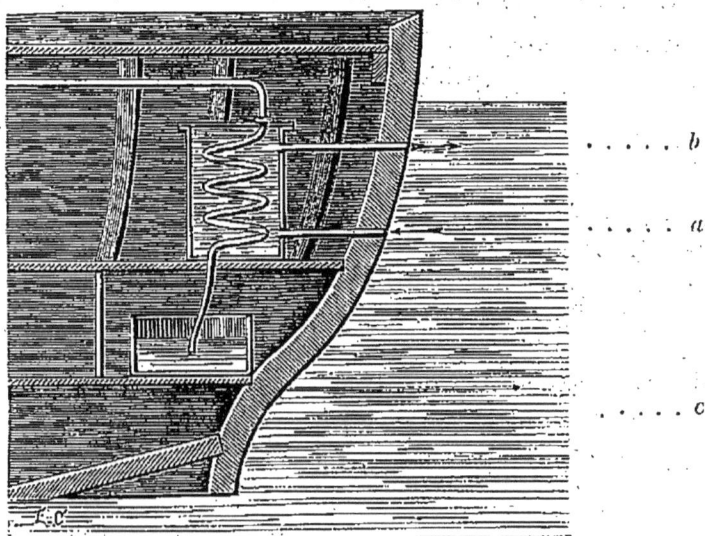

Fig. 34. Serpentin pour la distillation de l'eau de mer.

ment en *c*. Quand elle doit servir à l'alimentation, il
est nécessaire de l'aérer par l'agitation à l'air, et d'y
dissoudre un peu de carbonate de chaux. L'eau de mer
est également impropre au savonnage : elle ne dissout
pas le savon ordinaire fabriqué avec les matières grasses ; il est nécessaire de remplacer celui-ci par un savon
résineux.

Pourquoi l'eau de la mer est-elle salée ? Cette circonstance tient à la volatilité de l'eau qui peut se réduire en
vapeurs par l'action solaire, tandis que les substances

salines qui sont fixes vont sans cesse en s'y accumulant. La terre a primitivement existé sous la forme d'une masse fondue incandescente : l'atmosphère qui entourait alors ce globe de feu, était bien plus chargée qu'actuellement et renfermait en vapeur toute la masse d'eau qui existe aujourd'hui à l'état liquide sur la surface du globe. Le sel marin qui est légèrement volatil devait s'y trouver lui-même en quantités notables. Un jour vint où par suite du refroidissement terrestre, la vapeur d'eau commença à se condenser et à couler à la surface de la croûte solide du globe : les matières solubles que l'eau, fort chaude encore, rencontra dans son cours, furent dissoutes et donnèrent un liquide très chargé de substances minérales. La masse des eaux, qui allait sans cesse en augmentant par suite de la condensation successive des vapeurs atmosphériques, se réunit dans les parties profondes du sol; elle forma des amas d'eau minéralisée par toutes les substances que le liquide avait pu dissoudre : ce furent les mers. Depuis ce temps, la surface de la mer est le siège d'une évaporation continuelle : l'eau réduite en vapeur se répand dans l'atmosphère, s'y condense sous forme de nuages et revient à la surface du globe à l'état de pluie ou de neige. De l'eau distillée pure s'échappe ainsi constamment de l'Océan, retombe sur le sol, en dissout certains éléments et retourne à la mer, contenant quelques dix millièmes de matières dissoutes. Elles accroissent sans cesse la richesse minérale de l'Océan, puisqu'une fois arrivées dans sa masse, elles y restent sans s'évaporer jusqu'au jour où, par suite de circonstances particulières, elles donnent naissance à des dépôts de matières solides et à des bancs de sel.

La quantité moyenne de tous les sels contenus dans la mer ou, si l'on veut, la salure moyenne des eaux marines, peut être évaluée à 3,44 pour 100 : elle est sensiblement constante dans chacun des grands Océans, mais elle varie beaucoup pour les différentes mers intérieures, ainsi que cela résulte des nombres suivants, qui donnent le poids de sels divers pour 1000 grammes d'eau de mer :

	Gramm. de mat. solides.		
Mer Caspienne.	6,3	«	«
Mer Noire.	17,6	«	«
Mer Baltique	17,7	«	«
Mer du Nord	30	à	35
Océan Pacifique.	32	à	35
Océan Atlantique	35	à	36
Mer Méditerrannée.	37	à	38
Mer Rouge.	43	à	45
Mer Morte.	270	à	280
Lac Salé de l'Utah.	330	«	«

Nous reviendrons plus loin sur la manière dont on peut expliquer ses variations. Pour le moment, nous nous bornerons à en conclure que la densité de l'eau de mer ne saurait être partout la même; on trouve par exemple, pour la densité de l'eau :

Océan Pacifique	1,026
Océan Atlantique.	1,027
Méditerranée (entre Gibraltar et Malte). .	1,028
« (entre Malte et Alexandrie).	1,029
Mer Rouge.	1,039
Mer Noire	1,013
Mer Caspienne.	1,005
Mer Morte	1,099

C'est à dire qu'un mètre cube d'eau de la Méditerranée pèse environ 1028 kilogrammes, tandis que le même volume d'eau de la mer Noire ne pèse que 1013 kilogrammes. Lorsqu'un navire passe de la première dans la seconde, il doit donc s'enfoncer notablement plus, puisque le volume d'eau qu'il déplace doit alors augmenter dans le rapport de 1013 à 1029.

La salure de la mer varie d'ailleurs un peu avec la profondeur à laquelle l'eau est prise. MM. Pelouze et Reiset en comparant la composition de l'eau de la Manche à la surface et à la profondeur de 180 brasses, ont trouvé que la salure augmentait alors dans le rapport de 9 à 9,7.

Si l'on songe que bien peu de substances minérales sont absolument insolubles dans l'eau, on ne sera pas étonné de trouver dans l'eau de mer un nombre énorme de matières différentes. Elle contient d'abord des gaz dissous, empruntés en général à l'air atmosphérique : aussi la quantité en est-elle variable avec la profondeur. Elle augmente d'abord avec celle-ci jusqu'à 5 ou 600 mètres, puis elle diminue ; de sorte qu'à 1200 mètres, on n'en trouve que des traces.

Quant aux matières solides, voici celles que l'on regarde ordinairement comme existant dans l'eau de mer : chlorure de sodium, de potassium, de magnésium, de lithium, d'ammonium ; sulfates de chaux, de magnésie, de potasse, de soude ; carbonates de chaux, de magnésie, de fer, de manganèse ; phosphates magnésien et ammoniaco-magnésien ; iodure de sodium ; bromure de sodium, de magnésium ; acide silicique, bitume, matières organiques. L'eau de mer contient en outre des composés formés par les métaux lourds ; les sulfures ou chlorures de cuivre, de plomb et d'argent peuvent se dissoudre dans l'eau salée ; aussi trouve-t-on des traces de ces métaux dans les eaux marines. Un myriamètre cube d'eau du Grand-Océan contient 1000 kilogrammes d'argent : ce serait donc la mine d'argent la plus abondante ; mais elle est trop pauvre pour être exploitable. Certaines plantes, fucus et varechs, qui poussent dans la mer, ont la propriété de s'assimiler les substances qui existent en faible proportion dans l'eau : aussi est-ce en analysant leurs cendres que l'on peut reconnaître la présence du fluor, de l'arsenic, du zinc, du nickel, du cobalt, du cæsium, du rubidium.

L'énumération donnée quelques lignes plus haut des composés salins contenus dans l'eau de mer est toujours plus ou moins hypothétique. On trouve dans cette eau du chlore, de l'acide sulfurique, de l'acide carbonique, etc., d'une part; et de l'autre, du sodium, du potassium, du magnésium, etc., mais il est absolument impossible de dire comment ces éléments sont groupés entre eux pour former des sels. En partageant toutes les bases entre tous les acides, on arrive à faire une liste énorme : les analyses des eaux minérales en vogue sont ordinairement présentées de cette façon ; on arrive ainsi aisément à y trouver 50 produits divers et autant de vertus spéciales. Mais pour être rigoureux, on doit simplement donner la quantité de chaque métal et celle de chaque acide ou radical métalloïde contenu dans l'eau, sans faire aucune supposition gratuite sur les combinaisons possibles ou probables auxquelles ils donnent naissance.

Cependant il est plus commode, pour les personnes peu habituées à la chimie, d'admettre un groupement particulier entre les éléments, de manière à former un certain nombre de sels, dont on regarde l'existence comme probable dans l'eau de mer. Le tableau suivant est présenté de cette manière :

COMPOSITION DES EAUX DE MER RAPPORTÉE A 1000 GRAMMES D'EAU

NATURE DES SUBSTANCES CONTÉNUES DANS L'EAU	MER Méditerranée	MANCHE	OCÉAN Atlantique	MER du Nord	MER Noire	MER d'Azo f
AUTEURS DES ANALYSES. . . .	USIGLIO	FIGUIER	MURRAY	BACKS	GOBEL	GOBEL
	grammes	grammes	grammes	grammes	grammes	grammes
Chlorure de sodium.	29,424	25,704	25,180	23,580	14,019	9,658
« de potassium	0,505	0,094	—	1.010	0,189	0,128
« de magnésium.	3,219	2,905	2,940	2,770	1,304	0,887
« de calcium.	6,080	—	—	—	—	—
Bromure de sodium.	0,556	0,103	—	—	—	—
« de magnésium.	—	0,030	—	—	0,005	—
Sulfate de magnésie	2,477	2,402	1,750	1,990	1,470	0,764
« de chaux.	1,557	1,210	1,600	1,110	0,105	0,288
« de soude.	—	—	0,27	—	—	—
Carbonate de chaux	0,114	0,152	—	—	0,365	0,022
« de magnésie	—	—	—	—	0.209	0,129
Oxyde de fer.	0,005	—	—	—	—	—
Silicate de soude.	—	0,017	—	—	—	—

2° MERS INTÉRIEURES ET LACS SALÉS.

Causes qui influent sur la salure d'une mer. — Les pluies et les affluents.
— L'évaporation. — Méditerranée et mer Rouge. — La mer Caspienne. —
Son étendue.—Diminution de la salure.—Le Kara-Boghaz. — Concentration du sel de la Caspienne dans le gouffre noir. — Les bancs de sel des
steppes. — La mer Morte. — La salure des eaux en divers points. — Ce
sont des eaux mères. — Comment elles se sont formées. — État d'équilibre actuel. — Le Grand Lac Salé de l'Utah. — Sa découverte. — Ses
dimensions. — Son niveau. — Salure de l'eau. — Extraction du sel. —
Le lac Elton. — Dépôts de sel. — Leur exploitation.

On voit par les résultats précédents que la salure d'un
certain nombre de mers intérieures est supérieure à celle
de l'Océan, et que pour d'autres, au contraire, elle lui
est inférieure. La Méditerranée, la mer Rouge, la mer
Morte sont dans le premier cas ; la mer d'Azof, la mer
Baltique et la mer Caspienne sont au contraire fort peu
salées. Les causes de ces différences sont, en général,
faciles à indiquer : car deux phénomènes inverses se produisent incessamment. La pluie qui tombe dans une mer
intérieure et les fleuves plus ou moins importants qu'elle
reçoit, apportent de l'eau douce et tendent à diminuer la
proportion des matières salines contenues dans la masse
d'eau de mer. En même temps, la surface de l'eau est le
siège d'une évaporation dont l'intensité dépend de la
température moyenne de l'atmosphère et de plus ou
moins de force des vents : il est évident que l'eau de
mer se concentre sous l'influence de l'évaporation. Suivant que l'une ou l'autre de ces causes prédomine, l'effet
produit est une diminution ou un accroissement de la
salure des eaux : ajoutons que si une mer intérieure
reçoit plus d'eau douce qu'elle n'en perd par évaporation,
il devra s'établir entre elle et l'Océan un courant qui la
débarrassera de l'excédent de la masse liquide et main-
tiendra son niveau constant. Si nous considérons, au
contraire, une mer intérieure située dans une région
chaude, comme la Méditerranée ou la mer Rouge, et sur

la surface de laquelle l'évaporation est très active, il y
aura concentration du liquide et l'équilibre de niveau se
rétablit par un courant marin venant de l'Océan : c'est
pour cela que la Méditerranée est moins salée entre
Gibraltar et Malte qu'entre ce dernier point et Alexan-
drie ; ou bien encore que les eaux du golfe de Suez sont
les plus salées de toutes les eaux marines. On peut même
se demander pourquoi la mer Rouge n'est pas plus salée.
Elle ne reçoit tout le long de ses côtes aucune rivière
venant des contrées voisines : l'évaporation y est fort
active, et enlève annuellement une épaisseur moyenne
de $2^m,50$. Comme la profondeur de cette mer est en
moyenne de 245 mètres, la salure devrait chaque année
augmenter d'un centième. Il faut donc qu'il y ait, au
détroit de Bab-el-Mandeb, un contre-courant inférieur
d'eau fortement salée se dirigeant vers l'Océan Indien.

Restent certaines mers ou grands lacs n'ayant pas de
communication avec l'Océan. Ils ont tantôt une salure
exceptionnelle comme la mer Morte, tantôt au contraire
une salure très faible, comme la Caspienne. La raison de
ce fait pour cette dernière est fort curieuse; nous verrons que l'observation sur laquelle nous nous fondons
permet d'expliquer, dans un grand nombre de cas, la
formation des bancs de sel gemme. Examinons d'abord
ce qui a été constaté par les voyageurs et les géographes
dans différentes circonstances; nous déduirons au chapitre suivant les conséquences de ces observations.

LA MER CASPIENNE ET LE KARA-BOGHAZ.

La mer Caspienne a une superficie d'environ 440 000 kilomètres carrés, à peu près les quatre cinquièmes de la
France; son niveau est à 26 mètres en contre-bas de
celui de la mer Noire : mais il est certain qu'autrefois
ce niveau était plus élevé et l'étendue de la mer beaucoup plus grande. Il est fort probable qu'elle est seulement la partie résiduelle d'une vaste mer unissant, dans

les âges géologiques, la mer Noire à l'Océan Glacial. Les
nombreux marais salins, les steppes chargées de sel et
de coquilles marines qui l'environnent, ne laissent aucun
doute à cet égard. Un changement dans le relief du sol
par suite d'alluvions fluviales, a pu fermer ses anciennes
communications : l'eau s'est alors évaporée et la mer
s'est réduite peu à peu. Le régime des pluies a été par
cela même modifié dans ces contrées : le sol est resté
imprégné du sel provenant de l'évaporation de l'eau et la
mer a été réduite à ses faibles dimensions actuelles.

Il semblerait que, dans ces conditions, il ait dû se faire
une concentration des eaux et une accumulation des
matières salines dans celles qui sont restées : mais,
d'une part, sur ce terrain presque plan, l'évaporation
s'est produite sur place et non par un rétrécissement
successif du bassin maritime ; en second lieu, tout le sel
de la Caspienne se réunit graduellement, mais d'une façon
continue sur certains points déterminés.

Quelques-uns des bassins orientaux de cette mer pénètrent au loin dans l'intérieur des steppes et peuvent
être considérés comme étant des lacs distincts, formant
la transition entre la vaste mer d'Hyrcanie et les fonds
salins épars dans les déserts du Turkestan[1]. Un de ces
bassins, presque indépendants de la Caspienne, est le
Kara-Boghaz ou « Gouffre noir » dont l'ovale immense
s'étend sur un espace de plus de 16 000 kilomètres
carrés. Limité à l'ouest par une mince levée de sable,
ce lac ne communique avec la mer que par un grau de
200 à 800 mètres de largeur et n'ayant guère plus d'un
mètre de profondeur à l'entrée ; les bateaux à fond plat
peuvent seuls pénétrer dans le Kara-Boghaz. Un courant
venu de la Caspienne se porte toujours à travers le détroit
avec une rapidité de 5 à 6 kilomètres à l'heure. Les vents
d'ouest l'accélèrent ; les courants aériens qui soufflent

[1] Élysée Reclus. — L'Asie Russe, 422.

dans une direction opposée le retardent ; mais jamais il
ne coule avec une vitesse moindre de 2750 mètres à
l'heure. Les navigateurs de la Caspienne, les Turkmènes
errant sur ses bords étaient frappés de la marche in-
flexible, inexorable, de ce fleuve d'eau salée roulant, à
travers les écueils, vers un golfe aux limites inconnues,
s'étendant bien au delà du cercle de l'horizon, et c'est par
crainte de ce courant du détroit, de ce « gouffre noir »
que les explorateurs de la Caspienne n'y hasardèrent
point leurs embarcations. Soïmonow en 1726, Tokmat-
cher en 1764, se bornèrent à reconnaître le grau ; Karelin
et Blaramberg en 1836 entrèrent dans le Kara-Boghaz,
mais pour virer de bord après une pointe de 36 kilomètres : c'est en 1847 seulement que le premier explo-
rateur, Jerebtzor, pénétra hardiment dans le lac intérieur
pour faire le levé de ses rivages. Le « gouffre noir », de
même qu'un autre abîme prétendu de l'Aral, passait pour
une sorte de tourbillon, où plongeaient les eaux marines
pour se rendre dans le golfe Persique ou dans la mer
Noire par des canaux souterrains.

L'existence du courant qui porte les flots salés de la
Caspienne au vaste golfe de Kara-Boghaz a été expliquée
par Baer. Ce bassin est peu profond, de 4 à 12 mètres
en moyenne ; les vents le parcourent dans tous les sens,
les chaleurs estivales s'y font sentir dans toute leur force,
et par conséquent l'évaporation est considérable ; pendant
l'été, un brouillard s'élève continuellement au-dessus
du lac. Amincie constamment par cette déperdition de
vapeur, la nappe liquide ne peut réparer ses pertes que
grâce à des afflux d'eau continuels. Des recherches, très
faciles à établir dans le chenal étroit et peu profond du
Kara-Boghaz, n'ont pu faire constater l'existence d'un
contre-courant sous-marin ramenant à la Caspienne les
flots plus salés du golfe.

Le bassin intérieur ne rend qu'à l'atmosphère l'eau apportée par le courant caspien ; mais, en diminuant par

l'évaporation, l'immense marais garde le sel : il le concentre, s'en sature chaque jour davantage. Déjà, dit-on,
aucun animal ne peut y subsister; les poissons entraînés
dans le lac par le courant deviennent aveugles. Les
phoques, qui visitaient autrefois le Kara-Boghaz, ne s'y
montrent plus aujourd'hui; les rivages même sont dépourvus de toute végétation. Des couches de sel commencent à se déposer sur l'argile du fond, et la sonde,
à peine retirée de l'eau, se recouvre de cristaux salins.
Baer a voulu calculer approximativement la quantité de
sel dont s'appauvrit chaque jour la Caspienne au profit
du « puits amer », car tel est le sens du nom d'Adji-
Kooussar que les Turkmènes donnent à la partie intérieure
du lac. En ne prenant que les nombres les moins élevés
pour le degré de salure des eaux caspiennes, la largeur
et la profondeur du détroit, la vitesse du courant, le
savant auteur des *Kaspiche Studien* a prouvé que le Kara-
Boghaz reçoit chaque jour 350.000 tonnes de sel, c'est-à-
dire autant qu'on en consomme dans tout l'empire russe
pendant six mois. Qu'à la suite de tempêtes ou par un
lent dépôt d'alluvions, la barre se ferme, et le Gouffre Noir
diminuera promptement d'étendue, ses bords se transformeront en immenses champs de sel, et la nappe d'eau
restant au centre du bassin ne sera plus qu'un peu de
boue recouvrant une dalle saline.

En résumé le Kara-Boghaz joue par rapport à la mer
Caspienne le rôle d'un immense marais salant, dans lequel
cette mer apporte constamment une énorme quantité de
sel : l'eau salée qui s'échappe ainsi de la mer pour pénétrer
dans le bassin de concentration, est remplacée au fur et à
mesure par l'eau douce des grands affluents de la Caspienne. On comprend donc que la salure de celle-ci doit
aller sans cesse en diminuant et qu'elle soit arrivée déjà
à un degré assez faible. Certains géographes pensent en
outre que le volume de ses eaux diminue sensiblement,
surtout depuis qu'elle est privée, ainsi que nous le dirons

tout à l'heure, d'affluents importants : son niveau s'abais-
serait donc petit à petit, parce qu'il y aurait excès de l'évaporation sur l'arrivée moyenne des eaux. Mais en même
temps des eaux concentrées chargées de tout le sel perdu
par la Caspienne s'accumulent dans le Kara-Boghaz. Dans
un temps qui n'est pas fort éloigné, elles seront arrivées
à l'état de saturation et, à partir de ce moment, elles
laisseront, comme celle du lac Elton (voir plus loin,
page 20), déposer des couches annuelles de sel, qui se
transformeront peu à peu en bancs de sel gemme.

Ils sont nombreux dans cette partie de l'Asie : toute
la région comprise aux environs de la Caspienne et jusqu'au delà de la mer d'Aral, toutes les steppes du Turkestan semblent avoir été recouvertes par une sorte de Méditerranée asiatique ; elle aurait fini par disparaître en s'évaporant, et en laissant un lit tellement chargé de sel, que
l'on n'y trouve souvent rien d'autre que des végétaux salins. Le même effet pourrait se produire sur la mer d'A-
ral : alimentée aujourd'hui par les eaux de l'Amou-Daria
(l'ancien Oxus), elle remplit l'excavation qu'elle occupe.
Mais si ce fleuve reprenant son ancien cours, venait comme
autrefois tomber dans la Caspienne (la mer d'Hyrcanie), il
est certain que le lac d'Aral ne tarderait pas à se dessécher et serait remplacé au bout de peu de temps par un
banc de sel gemme.

LA MER MORTE.

La mer Morte possède des caractères absolument inverses de ceux de la Caspienne : bien que peu étendue,
elle fournit un objet d'étude intéressant, car elle semble
s'être formée dans des conditions analogues à celles de
la mer d'Hyrcanie, mais modifiées par la configuration du
terrain. Elle paraît également être le résidu d'une mer
de grande étendue, qui aurait diminué peu à peu en se
rassemblant dans une cavité et en se contractant, pour
ainsi dire, sur elle-même.

Le nom de mer Morte indique qu'aucun être ne peut vivre dans ces eaux presque saturées de sel : elles contiennent en effet 270 grammes environ de substances salines par litre d'eau salée. Le grand lac salé de la Palestine porte encore le nom de lac Asphaltite, parce qu'on recueille sur ses bords une matière bitumineuse noire, utilisée dans le commerce sous le nom de bitume de Judée. Les auteurs sont très souvent en désaccord sur le degré de salure des eaux de la mer Morte : cela tient à ce que les eaux douces du Jourdain coulent et s'étendent à la surface de la nappe salée dont la densité est considérable. Prend-on de l'eau au milieu du courant du fleuve prolongé dans le lac, on trouve de l'eau presque douce : ailleurs on rencontre au contraire une eau fortement chargée : un échantillon, pris dans un endroit où le mélange s'effectue partiellement, aura une composition intermédiaire.

Le niveau des eaux de la mer Morte est à environ 400 mètres au-dessous de la Méditerranée, et comme la profondeur est en certains points de 600 mètres, on obtient pour les parties profondes une différence de niveau de 1000 mètres avec les grandes mers voisines. La situation orographique de la mer Morte permet d'expliquer la façon dont elle a pris naissance.

Il est à remarquer, en effet, que l'eau du lac Asphaltite est une sorte d'eau mère, saturée de sel marin et fort chargée de bromures et de sels de potasse, c'est-à-dire des composés minéraux qui existent en faible proportion dans l'eau de la mer, mais qui peuvent s'y accumuler par l'évaporation. Il existe, en outre, sur les bords méridionaux de la mer Morte, d'immenses dépôts de sel dont la base aboutit à la plage de la mer actuelle. On a même attribué à la dissolution de ces bancs de sel, la richesse des eaux du lac; opinion inadmissible, puisque ce sel est assez pur et ne contient ni bromures, ni sels potassiques ou magnésiens. La vérité ne serait-elle pas juste l'inverse de cette manière de voir ? Rien ne s'oppose à ce qu'une communication ait autrefois existé entre la mer Rouge et la portion de la Palestine occupée maintenant par la mer Morte. Cette grande dépression entourée de montagnes élevées était alors remplie d'eau et un niveau commun existait entre toutes les parties liquides qui communiquaient ensemble. Beaucoup de ces bassins secondaires qui faisaient partie de la mer Rouge s'en sont trouvés séparés : l'eau qu'ils contenaient s'est évaporée et a laissé sur certains points d'épaisses couches de sel. Tels étaient les dépôts qui recouvraient l'emplacement des Lacs Amers avant l'établissement du canal de Suez.

La mer intérieure de la Palestine beaucoup plus large alors et plus profonde qu'aujourd'hui, puisque son niveau atteignait le niveau commun de l'Océan, a pu se trouver un jour isolée complètement. L'eau s'est évaporée et le niveau a baissé peu à peu : en même temps, l'eau s'est concentrée et a laissé déposer sur les bords qu'elle abandonnait graduellement, des couches de sel à peu près pur, semblable à celui des marais salants : telle serait l'origine des bancs de sel gemme des environs de la mer Morte. Aujourd'hui il ne resterait plus que l'eau mère de cet immense marais salant, eau mère riche en bromures, en sels de magnésie et de potasse : si elle ne disparait pas complètement, c'est qu'elle reçoit chaque jour, par différents affluents et surtout par le Jourdain, quelque chose comme 5 à 6 millions de tonnes d'eau. Un équilibre s'est établi entre l'arrivée des eaux nouvelles et l'évaporation de la masse ancienne, qui se réduit d'ailleurs en vapeur d'autant moins vite qu'elle est plus chargée de substances fixes. Tout s'explique donc aisément en admettant qu'une communication avec la mer Rouge ait pu exister d'abord, puis se fermer ensuite.

Une chaleur suffocante règne au fond de la dépression actuelle : rien de plus triste que cet étang encadré de hautes montagnes et dont les bords sont dépourvus de

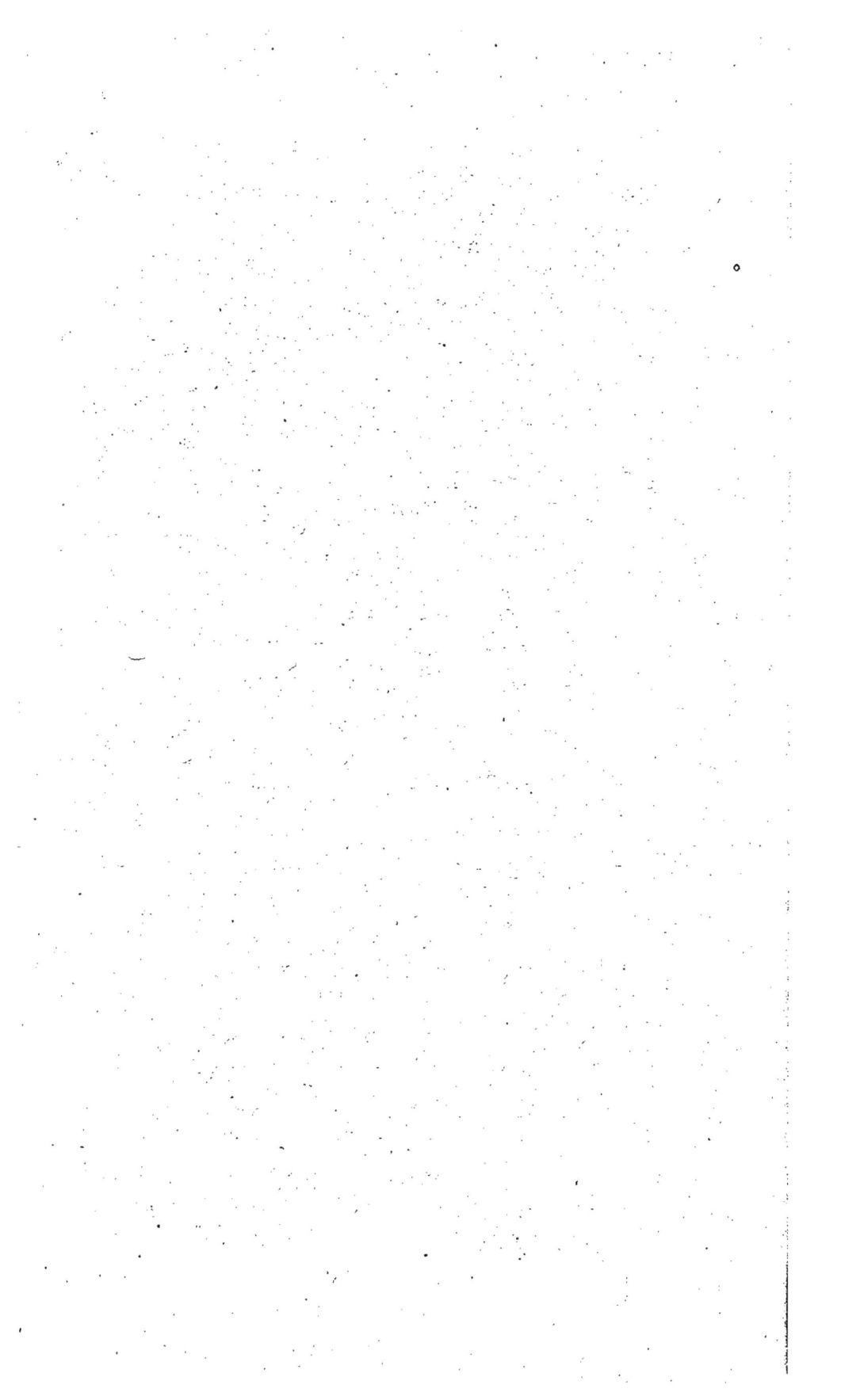

toute végétation : on n'y voit ni un brin d'herbe, ni une plante quelconque; les oiseaux fuient ces rives désolées. L'animal qui tombe dans l'eau est repoussé par ce liquide d'une densité considérable. Aussi les Arabes disent-ils que celui qui tient à la vie ne doit pas s'aventurer sur la *mer Salée.*

L'énorme richesse de ces eaux en brome uni au sodium ou au magnésium a donné l'idée de les exploiter pour l'extraction de ce métalloïde : prises à des endroits éloignés de l'arrivée du Jourdain, elles contiennent jusqu'à 7 millièmes de brome, c'est-à-dire plus qu'aucune eau connue. Mais il ne faut certainement pas attendre des populations voisines la création d'établissements industriels : elles s'opposeraient au contraire certainement à des entreprises de ce genre faites par des étrangers; sans compter que l'insalubrité des bords de la mer Morte serait aussi un obstacle peut-être invincible.

LE GRAND LAC SALÉ DE L'UTAH.

Dans l'Amérique du Nord existe un lac dont les eaux sont fortement chargées de sel et qui présente avec la mer Morte plus d'un point de ressemblance. Il est situé à 4 degrés environ au Nord du parallèle de San-Francisco et à 10 degrés de longitude orientale de cette ville; l'État d'Utah, dans lequel il se trouve, est placé entre le Colorado et la Névada. Ce lac s'appelle le *Great-Salt-Lake* ou Grand lac Salé.

Le grand lac Salé de l'Utah[1] est célèbre par l'établissement sur ses bords de la secte des Mormons; sous la conduite de leurs chefs à la fois politiques et religieux, ils ont fondé des villes importantes dans un désert, où il n'y avait, avant eux, que du sel. Cette population tirée, en général, des bas-fonds des cités du nord de l'Europe, a été disciplinée par les prophètes de la re-

---

[1] Voir le *Tour du Monde.* — VI-390 et XXVII-185.

ligion naissante : ils l'ont maintenue, pliée au travail.
On a vu sur un sol jusque là absolument stérile se développer les récoltes nécessaires à la vie de l'homme et
pousser la plupart des arbres fruitiers de l'Europe. Ce
sont là des résultats presque miraculeux que les Mormons peuvent inscrire dans leurs livres saints.

Le relèvement approché de la position du lac Salé n'a
été donné qu'en 1845 par le colonel Frémont, lors de sa
seconde expédition dans l'Ouest; des mesures exactes
ont été, en 1849, faites par le capitaine Howard Stansbury.

Le lac a cent milles américains de longueur et une
largeur de trente-cinq[1] : il a dû couvrir autrefois une

Fig. 56. Le Grand lac Salé.

bien plus grande étendue de terrain qu'aujourd'hui. On
voit sur ses bords une série de falaises échelonnées et formant une succession de terrasses : elles indiquent l'existence d'une grande mer, dont les eaux se sont concentrées peu à peu dans les limites actuelles, et ont abandonné sur le sol qu'elles recouvraient primitivement une
couche plus ou moins épaisse de sel. Il paraît même que,
depuis les premières mesures faites par Frémont, le niveau de l'eau aurait encore baissé de près d'un mètre.

Cette circonstance expliquerait, ainsi que nous l'avons
dit pour la mer Morte, l'énorme salure des eaux du lac
des Mormons. On peut admettre également qu'il s'est
produit un soulèvement lent d'un sol précédemment re-

_____
[1] Environ 180 kilomètres de long sur 60 de large.

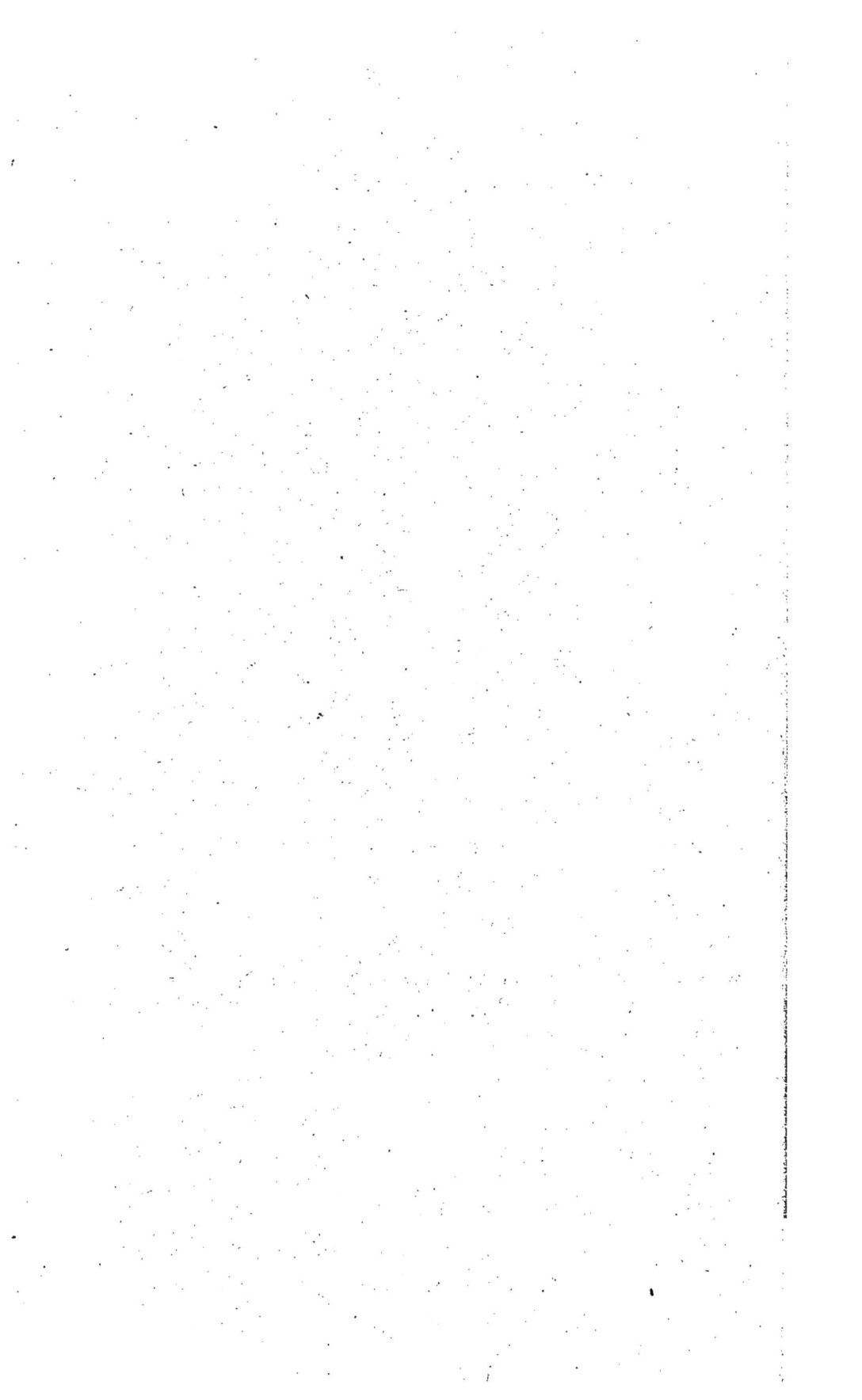

couvert par la mer : celle-ci se serait retirée peu à peu en abandonnant çà et là les lacs salés si nombreux dans l'Utah et dont le plus important est celui qui nous occupe. Une partie du plateau compris entre les Montagnes-Rocheuses et celles de la Sierra-Nevada n'a pas d'écoulement vers la mer. Ses eaux se rendent dans des lacs et, comme elles tombent sur des terrains imprégnés de sel, la salure des lacs va toujours en augmentant.

Le niveau du grand lac Salé est à 1260 mètres au-dessus du niveau de l'Océan : il diffère en cela de la mer Morte à laquelle il ressemble tant sous d'autres rapports ; car celle-ci est à un niveau beaucoup plus bas que l'Océan. Il reçoit trois affluents principaux, la rivière de l'Ours, le Weber et le Jourdain. Au couchant les bords du lac sont d'une aridité absolue ; ils sont formés d'un désert de sable, de sel et d'argile, où l'on ne rencontre pas une source.

L'eau du lac a le goût d'une forte saumure : il serait imprudent d'en boire même une faible quantité ; mais on s'y baigne souvent. Elle est si dense que l'on n'a besoin de faire aucun effort pour nager : on n'a qu'à se coucher à la surface ; la tête et les pieds émergent d'eux-mêmes hors de l'eau. Lorsqu'on en sort, on est bien vite recouvert d'incrustations salines que l'on pourrait racler au couteau. Aussi prend-on en général la précaution d'aller se plonger dans une eau douce voisine, afin de modérer les effets du premier bain. Il ne faut pas mettre la tête dans l'eau, ni surtout y tenir les yeux ouverts. On ressent bientôt des élancements intolérables et une cuisson analogue à celle que produit une pincée de tabac lancée dans les yeux. Il n'est pas besoin d'ajouter que les poissons ne peuvent vivre dans cette eau : cependant il paraîtrait que l'on trouve en quelques points une algue délicate et une matière organisée d'aspect mucilagineux, assez semblable à une mousse qui adhérerait aux rochers.

On peut-extraire le sel de l'eau du lac par l'évaporation dans des chaudières : trois ou quatre mesures d'eau suffisent pour obtenir une mesure de sel. Mais, le plus souvent, on le recueille simplement sur les parties du rivage où le vent pousse les vagues : il en résulte une sorte de marée montante, dont l'eau s'évapore en déposant du sel : les enfants le ramassent; on le charge ensuite dans des charrettes et on le vend au détail à raison d'un demi-cent (2 centimes et demi) la livre. Lorsqu'on veut saler des viandes, il suffit de les plonger pendant 12 ou 15 heures dans l'eau du lac : elle agit comme une véritable saumure, et la viande peut ensuite se conserver sans autre préparation.

Plusieurs îles se voient au milieu du lac : l'une des plus curieuses est la Roche-Noire (Black-Rock). On l'aperçoit de la cité du lac Salé, sous la forme d'un petit piton qui se dresse au-dessus de l'eau et présente l'aspect d'une pyramide tronquée. Le principal affluent du lac est celui qui passe près de la capitale des Mormons et auquel ils ont donné le nom biblique de Jourdain. Il descend du lac d'Utah, qui n'est formé que d'eau douce et dont l'étendue est beaucoup moindre que celle du lac Salé. Une évaporation très active, attestée souvent par des brumes épaisses, se produit sur toute la surface de ce dernier et lui enlève régulièrement une quantité d'eau égale pour le moins à celle qu'il reçoit : il n'est pas besoin d'admettre que le lac ait un écoulement souterrain, ainsi qu'on l'a supposé quelquefois. La conservation et même l'accroissement de la salure des eaux est du reste en opposition complète avec cette manière de voir.

LE LAC ELTON.

Les steppes qui environnent la partie inférieure du cours du Volga sont formées d'un terrain argileux, encroûté de sel, et au milieu duquel on rencontre un grand nombre de bassins d'eau salée plus ou moins étendus :

le plus célèbre est le lac Elton ou Yelton. Le nom d'*Altan-Nor*, que lui donnent les Kalmoucks et les Kirghis, signifie *lac Doré* et lui vient de ce que ses eaux éclairées par le soleil ont un reflet rougeâtre. Rien de triste d'ailleurs comme la région désolée qui l'entoure : nulle part la verdure ne contraste avec l'argile jaune ou brune sur laquelle se détachent des stries salines blanches. Le lac a environ 80 kilomètres de tour : sa forme est elliptique et régulière. Les rives en sont escarpées; mais la profondeur est faible, et presque partout on peut le traverser à gué. Quand le vent souffle, la masse d'eau se déplace : la cuvette, mise à sec d'un côté, déborde de l'autre et les eaux s'amoncèlent sous l'action de la houle à une hauteur de plus d'un mètre. Il reçoit plusieurs ruisseaux ou sources salées; les unes jaillissent sur ses bords, les autres au milieu même du lac.

Les eaux du lac Elton se concentrent naturellement par l'évaporation, arrivent à la saturation et laissent déposer une masse considérable de sel que l'on exploite depuis fort longtemps : cependant il reçoit assez d'eau pour n'être jamais à sec, comme beaucoup d'autres petits lacs environnants. Chaque année, le sel forme une nouvelle couche séparée de la précédente par une croûte de limon noir. Dans les endroits que l'on exploite, on lève jusqu'à quatre ou cinq couches de sel, après quoi on ne trouve plus guère qu'une masse limoneuse. Cependant, sur certains points, le lit du lac est composé d'un grand nombre de couches d'une extrême dureté, formant une masse cohérente que l'on n'a pas encore sondée à une grande profondeur. Les ouvriers ne s'attaquent jamais à cette roche de sel dur. Ils se bornent à exploiter les couches récentes plus faciles à entamer.

Le sel est produit par l'évaporation de l'eau, c'est donc à la surface qu'il se forme. Ce sont d'abord de petites pellicules qui, en se réunissant, finissent par former une masse assez lourde pour tomber au fond : elle se réunit alors à la croûte saline déjà déposée. En un mot, le lac Elton est un véritable marais salant naturel, dont l'eau se renouvelle incessament[1] et dont les dépôts s'accumulent d'année en année au milieu d'une vase argileuse. Ils arriveront ainsi à former un banc de sel enveloppé d'argile salifère, comme le sont tous les gisements de sel gemme.

L'exploitation commence ordinairement au printemps : elle occupe 12 à 1500 ouvriers, protégés par quelques postes de Cosaques établis dans la région des lacs. Cette précaution est devenue nécessaire depuis l'établissement des Kirghis, peu redoutables d'ailleurs quand ils ne sont pas au moins dix contre eux. Les maisons des ouvriers sont en bois et habitées surtout par un certain nombre d'animaux désagréables et d'araignées venimeuses : les habitants humains couchent en plein air, sur le toit en terrasse ou sous son rebord avancé. L'extraction du sel se fait dans les parties les moins profondes du lac. Les ouvriers se réunissent par groupes à l'endroit où doit se faire le travail : ils brisent la croûte supérieure de sel qui est rougeâtre et n'a pas la consistance suffisante; puis ils tirent à eux les autres couches qui offrent une grande solidité. Les morceaux sont lavés avec soin pour les débarrasser de la masse de vase qui les souille. On les charge alors sur des bateaux très plats et n'ayant par conséquent qu'un faible tirant d'eau : malgré cette précaution, il faut le plus souvent creuser une sorte de chenal jusqu'au point à exploiter, afin d'avoir assez d'eau pour les bateaux. Le sel enlevé des barques qui l'ont amené au bord est chargé sur des charrettes attelées de bœufs et transporté à Saratof. Une partie y est gardée dans les magasins impériaux; mais la plus grande partie est dirigée vers l'intérieur de la Russie.

[1] Les ruisseaux qui tombent dans le lac sont fortement salés : ils viennent des steppes où se trouve une montagne de sel, le Tschapts-chatschi.

3° EXTRACTION DU SEL MARIN.

Les marais salants du Portugal. — Leur situation. — Forme du marais salant de Sétubal. — Mode d'exploitation. — Abandon des eaux mères sur le marais. — Composition du sel de Sétubal. — Rôle du feutre. — Salines de Lisbonne et d'Aveiro — Extraction du sel par la gelée en Russie. — Principe de l'opération. — Composition de ce sel.

LES MARAIS SALANTS DU PORTUGAL [1].

Le Portugal est par excellence un pays saunier. Favorisé par une température élevée et par des vents secs du nord-est qui règnent sur ses côtes, il produit chaque année au moins 250 000 tonnes d'un sel justement renommé : les deux tiers de ces produits sont exportés. On les recherche particulièrement pour les salaisons de poissons et de viandes, en Angleterre, en France, en Russie, au Brésil, en Hollande, etc.

L'industrie des marais salants, en Portugal, est groupée autour de quatre centres principaux : Sétubal, Lisbonne, Aveiro, les Algarves. Les procédés employés varient un peu dans chacune de ces localités : le plus curieux est celui qu'emploient les paludiers de Sétubal. Il est, en apparence, d'une grossièreté singulière et ne semble devoir donner que des produits d'une qualité inférieure : l'analyse chimique montre au contraire qu'ils doivent être rangés parmi les meilleurs et qu'ils méritent leur réputation.

La disposition des marais salants de Sétubal est des plus simples : chacun d'eux forme une vaste cuvette de 1 à 2 hectares, divisée en carrés égaux de 100 à 150 mètres carrés de superficie et de 20 centimètres de profondeur. Ils sont isolés les uns des autres par des chemins ou digues de 1 mètre environ et communiquent

---

[1] Aimé Girard. — Annales du Conservatoire des Arts et Métiers et Comptes rendus de l'Académie des Sciences, 1872.

chacun en particulier avec un grand réservoir destiné à emmagasiner l'eau de mer. Dans les marais français, les divers compartiments ont des fonctions spéciales et différentes : les uns servent à la purification de l'eau de mer, d'autres fonctionnent comme chauffoirs, c'est-à-dire comme appareils de concentration préalable, d'autres enfin reçoivent le sel provenant de l'évaporation. A Sétubal, tous les carrés ont la même fonction : l'eau de mer y arrive directement du réservoir, s'y évapore et laisse déposer sur place le sel qu'elle renfermait.

A l'automne, quand la saunaison est terminée, on abandonne sur le marais les eaux mères magnésiennes, laissées par les récoltes de l'année, et on le recouvre de 50 à 60 centimètres d'eau. Au printemps suivant cette eau s'évapore ; et vers le mois de juin, les chaussées se découvrent : les carrés sont alors nettoyés, puis laissés à eux-mêmes, et rafraîchis seulememt de temps en temps par des eaux neuves prises au réservoir. La température élevée et l'action du vent amènent une évaporation rapide, qu'on laisse se faire presque à sec : en une vingtaine de jours, elle est terminée et l'on fait une première récolte. Chaque carré est recouvert d'une couche saline de 4 à 5 centimètres d'épaisseur, presque sèche, à peine mouillée par une petite quantité d'eau mère.

Après le levage du sel, l'eau mère fort peu abondante est laissée sur le carré ; une nouvelle quantité d'eau neuve prise au réservoir vient remplacer celle qui s'est évaporée et, vingt jours après, on peut faire une deuxième récolte ; la nouvelle couche de sel obtenu a 2 ou 3 centimètres de hauteur. La seule différence entre cette opération et la première, c'est que l'évaporation n'est pas conduite à sec : on lève le sel, quand il est encore recouvert de 2 centimètres d'eau. Si la saison est favorable, on rajoute au liquide restant une nouvelle masse d'eau de mer et l'on tente d'obtenir une troisième récolte. Vers la fin de septembre, la campagne est définitivement terminée, et le marais est inondé, comme nous l'avons dit précédemment.

Les choses se renouvellent ainsi chaque année : les eaux mères sont laissées constamment sur le terrain, ce qui n'empêche pas la saunaison de recommencer chaque année avec une régularité parfaite. Il semblerait cependant que les sels magnésiens, ainsi abandonnés après chaque récolte, devraient par leur accumulation finir par rendre le travail impossible et produire des effets analogues à l'échaudement des œillets dans les marais de l'Ouest (voir page 115). On serait également tenté de croire que les sels de Sétubal doivent être fortement magnésiens et que ceux de la première récolte obtenus par une évaporation à sec sont imprégnés de quantités considérables de sels étrangers : ils seraient alors destinés à enlever à la façon d'une éponge non seulement les sels de magnésie contenus dans l'eau d'où ils proviennent, mais encore ceux qui sont restés après la seconde et la troisième récolte de l'année précédente. L'analyse d'échantillons pris dans deux marais différents montre que cette manière de voir est absolument contraire à la vérité.

MATIÈRES CONTENUES DANS LE SEL	MARAIS A		MARAIS B	
	1re récolte	2e récolte	1re récolte	2e récolte
Chlorure de sodium.	98,53	94,19	97,96	94,87
Chlorure de magnésium . .	0,10	1,82	0,43	2,00
Sulfate de magnésie	0,27	1,88	0,48	1,79
Sulfate de chaux	1,09	2,08	1,11	1,30
Matières insolubles.	0,01	0,03	0,02	0,04
	100,00	100,00	100,00	100,00
Eau hygrométrique.	6,9	10,4	9,7	9,2

.Les sels de première récolte sont donc plus purs que

ceux de seconde : bien que fabriqués par une évaporation à sec, ils sont d'une pureté égale, ou même supérieure à celle des produits des salins de la Méditerranée.
Les sels de seconde récolte levés sous l'eau se rapprochent des bons sels de l'Ouest.

Puisque le sel le plus pur est fourni par l'eau contenant toutes les eaux mères de l'année précédente, mais
qui a séjourné fort longtemps sur le marais, il faut admettre que la nature du sol joue un rôle important dans la
disparition des sels magnésiens et qu'elle est la cause
principale de l'épuration des eaux.

Le fond du marais de Sétubal est recouvert de temps
immémorial d'une couche de feutre, analogue à celui
qui se produit dans les salins de la Méditerranée (voir
page 82) : cette couche de 2 à 3 millimètres d'épaisseur
est indispensable, d'après les sauniers portugais, à la
production des récoltes. Son effet peut s'expliquer par
un phénomène de dialyse : les membranes végétales ou
animales sont, en effet, perméables aux sels cristallisa-
bles, mais à un degré différent suivant leur nature. La
surface de feutre séparant l'eau concentrée et le sol per-
méable sur lequel elle repose peut jouer le rôle de dia-
phragme : si le chlorure de magnésium le traverse plus
vite que le chlorure de sodium, l'eau de mer doit se pu-
rifier par son séjour sur le feutre, d'autant plus qu'elle
y reste plus longtemps : la première récolte doit donc
être de pureté supérieure à la seconde. Des expériences
directes faites par M. Aimé Girard ont montré que cette
explication est exacte : des mélanges divers de chlorure
de magnésium et de chlorure de sodium soumis à la
dialyse dans des conditions analogues à celles de Sétubal
perdent une proportion de sel magnésien plus grande que
de chlorure de sodium. On peut donc admettre que, dans
les singuliers procédés de Sétubal, la saunaison est pré-
cédée d'une épuration de l'eau se faisant d'elle-même,
sous l'action du feutre, et principalement pendant l'hiver.

Le procédé suivi dans les marais de Lisbonne est une sorte de compromis entre celui de Sétubal et le procédé des salins français de la Méditerranée. A Aveiro, on opère à peu près comme dans les marais de l'Ouest de la France : mais l'exploitation est conduite avec beaucoup de soin et de méthode. Les résultats suivants permettent de comparer, au point de vue de la pureté, les produits obtenus à Lisbonne et à Aveiro avec ceux de Sétubal dont nous avons précédemment donné la composition.

| | LISBONNE | | AVEIRO |
	1re récolte	2e récolte	sel de 1866
Chlorure de sodium.	97,08	94,03	98,62
Chlorure de magnésium. .	0,78	2,15	0,18
Sulfate de magnésie. . . .	0.56	2,34	0,16
Sulfate de chaux.	1,54	1,47	0,64
Matières insolubles	0,04	0,01	0,40
	100,00	100,00	100,00
Eau	2,3	8,5	4,5

En résumé, il y a analogie entre les sels de première récolte à Sétubal ou à Lisbonne et ceux de nos salins du Midi : les sels de seconde récolte et ceux d'Aveiro se rapprochent des produits de l'Ouest de la France ; mais ils ont sur ces derniers une supériorité incontestable. Ils sont en effet d'une blancheur parfaite et ne renferment que fort peu de matières terreuses.

EXTRACTION DU SEL PAR LA GELÉE.

La Russie possède d'assez nombreux lacs salés dont les eaux sont exploitées : mais l'étendue de son territoire l'oblige à s'approvisionner en sel de bien des côtés différents. Nous verrons qu'une partie du produit des grandes salines de Wieliczka est exportée en Russie. Sur les côtes de Crimée, on utilise certains bassins naturels

qui se trouvent dans la mer Noire. Les vents persistants
de l'hiver y chassent l'eau de mer qui les remplit : quand
vient l'été, cette eau se concentre, et les bassins se dessèchent même complètement en se recouvrant d'une
couche de sel. Vers la fin de juillet, on le lève à la pelle
et on le met en tas.

Dans les régions septentrionales de la Russie, on procède à l'extraction du sel par la gelée. Cette méthode est
basée sur la propriété que l'eau saturée de sel marin possède de se congeler à un degré de température bien plus
bas que l'eau douce. Il en résulte que l'eau faiblement
salée, exposée en grandes masses à quelques degrés au-
dessous de 0°, se partage en deux portions, à savoir en
eau pure ou presque pure qui se gèle, et en eau plus
chargée de sel qui reste liquide. On enlève la glace et
on se procure ainsi des eaux concentrées, surtout si l'on
répète plusieurs fois l'opération. Le froid peut donc
remplacer l'action du soleil : mais cela n'est possible
que jusqu'à un certain point, et il est nécessaire d'a-
chever, au moyen du feu, l'évaporation des eaux amenées
à saturation par l'action de la gelée.

Ce procédé est applicable dans les pays froids et dans
les pays tempérés : mais on n'en fait régulièrement usage
que dans le nord ; ce n'est que par occasion qu'on l'ap-
plique à l'exploitation de quelques sources salées des
pays tempérés. Pour qu'il fût d'un bon usage, il faudrait
y joindre une purification des eaux salées : elles contiennent presque toujours du sulfate de magnésie qui,
à la température à laquelle le liquide est exposé, réagit
sur le chlorure de sodium. Il se forme ainsi du sulfate
de soude et du chlorure de magnésium avec décomposition d'une quantité proportionnelle de sel marin. Une
addition préalable de chaux empêcherait ces réactions et
permettrait d'obtenir un sel très pur, tandis que le produit russe est en général de qualité très inférieure.

On peut en juger par les résultats suivants obtenus sur

quelques sels des salines des environs d'Irkoutsk et sur celui de la mer d'Okhotsk.

	SEL DE LA MER D'OKHOTSK	SEL DES SALINES D'OUSTKOUT	SEL DES SALINES D'IRKOUTSK	SEL DES SALINES DE SELENGINSK
Chlorure de sodium.	77,00	74,84	91.49	74,71
Sulfate de soude. . .	15,60	15,20	2,76	15,80
Chlor. d'aluminium. .	6,20	1,17	2,60	6,50
« de calcium. . .	0 94	5,21	1,10	1,44
« de magnésium.	1,66	5,57	2,05	5,55
	100,00	100,00	100,00	100,00

Il est évident que ces sels sont très impurs et qu'il faut l'attribuer à la basse température que les eaux ont subie. Le chlorure d'aluminium existe dans les eaux de la mer d'Okhotsk, ainsi que des expériences directes l'ont démontré : mais le sulfate de soude est le résultat de la méthode employée. En traitant les eaux par la chaux, on précipiterait l'alumine et la magnésie ; il se formerait du sulfate de chaux. On préviendrait ainsi la formation du sulfate de soude, et celle d'une quantité équivalente de chlorures déliquescents de magnésium et d'aluminium. Il paraît que dans l'état ordinaire de la fabrication, les sels ainsi obtenus présentent des inconvénients pour la santé : on leur attribue souvent le développement des affections scorbutiques fréquentes dans ces pays. En tout cas, ils sont fortement déliquescents et éprouvent en magasin des déchets considérables qui améliorent, il est vrai, leur qualité.

CHAPITRE X

Sel gemme

1° ÉTAT NATUREL ET EXPLOITATION DU SEL GEMME.

Aspect du sel gemme. — Sel décrépitant dans l'eau. — Le sel se rencontre dans presque tous les terrains. — Constance de ses caractères. — Uniformité dans le mode de formation. — Explication de la formation du sel par les eaux marines. — Gypse et anhydrite. — Sels potassiques. — Le gisement de Cardona. — Le sel en Colombie. — Composition du sel gemme. — Son exploitation. — Salines de Ho-boung. — Salines de Jeypore.

Le sel gemme est un agrégat schisteux, fibreux ou granuleux de sel de cuisine, ou chlorure de sodium. Il se reconnaît aisément à sa saveur particulière, à sa solubilité dans l'eau et à son clivage cubique (voir page 11). Les variations que présentent entre eux les différents sels gemmes tiennent à l'immixtion du chlorure de magnésium et du chlorure de calcium, d'autres substances communiquent au sel primitivement incolore certaines teintes spéciales : l'oxyde de fer le colore en rouge, les composés cuivreux en vert, le bitume en gris ou en bleu. Beaucoup de ces colorations sont dues à la présence de matières organiques et disparaissent par l'action de la chaleur. Dans certaines localités, à Wieliczka, à Stassfürt, le sel renferme des vésicules contenant des gaz condensés, hydrogène, acide carbonique, carbure d'hydrogène. Ces échantillons ont la propriété de décrépiter quand on les met dans l'eau : à mesure que les parois des cavités où le gaz est renfermé sont amincies par la dissolution dans l'eau, le fluide élastique comprimé les fait éclater avec bruit.

Le sel gemme se rencontre, soit en bancs d'aspect stratifié, soit en amas d'un volume quelquefois énorme. Les substances minérales qui l'accompagnent presque constamment sont le gypse, l'anhydrite et la dolomie[1]. Les masses de sel sont, en général, enveloppées d'argile ou même intimement mélangées avec cette roche, de manière à former une argile salifère.

On trouve le sel gemme dans les terrains stratifiés, où il occupe des étages différents suivant les contrées. Les couches salifères les plus anciennes, au point de vue géologique, sont celles que l'on a découvert aux États-Unis dans le terrain silurien. En France, en Angleterre, en Allemagne, dans les Alpes du Salzbourg et du Tyrol, c'est dans le terrain de trias que se trouvent les principaux gisements : ceux de Stassfürt ou ceux d'Iletzk, près d'Orembourg, appartiennent à un niveau inférieur au terrain permien. L'étage tertiaire, particulièrement dans ses couches moyennes (miocène), nous offre, sur certains points, des dépôts salins remarquables par leur importance et l'ancienneté de leur exploitation. Tels sont ceux que l'on désigne ordinairement par le nom de Wieliczka et qui s'étendent le long de la chaîne des Karpathes, en Galicie, en Hongrie, en Moldavie et en Transylvanie. La montagne de sel de Cardona, en Espagne, appartient aussi au terrain tertiaire. Enfin les formations actuelles contiennent des dépôts de sel qui affleurent alors la surface du sol ; ils ne peuvent se conserver que si les conditions où ils se trouvent les mettent à l'abri de l'action de l'eau. Le tableau suivant donne un résumé de la situation géologique des grands gisements de sel[2].

---

[1] Le gypse et l'anhydrite sont formés de sulfate de chaux : le premier, qui n'est autre que la pierre à plâtre, contient en outre de l'eau. La dolomie est un carbonate double de chaux et de magnésie.

[2] Credner. *Traité de Géologie et de Paléontologie.*

FORMATIONS GÉOLOGIQUES	LOCALITÉS OU SE TROUVENT DES GISEMENTS DE SEL
ACTUELLES.	Sel des steppes des Kirghises; en Arabie; dans l'Amérique du Sud; sel des bords de la mer Morte.
TERTIAIRES	Cardona, en Catalogne; Wieliczka et Bochnia, en Pologne; Asie-Mineure; Arménie; Rimini, en Italie; en Louisiane.
CRÉTACÉES.	Sources salées de Westphalie; Algérie.
JURASSIQUES. . . .	Source de Rodenberg; Bex, dans le canton de Vaud.
MARNES IRISÉES . .	Lorraine; Franche-Comté; Hall, en Tyrol; Hallein et Berchtesgaden, près Salzbourg.
MUSCHELKALK . . .	Cours supérieur du Necker et du Kocher (Wurtemberg); Ernsthall et Statternheim (Thuringe).
GRÈS BIGARRÉS . .	Hanovre; Brunswick; Angleterre.
DYAS	Gera, Arten (Thuringe); Stassfürt, Halle, Speremberg; Steppes kirghises, sur le fleuve Ilek.
CARBONIFÈRES . . .	New-River (Virginie septentrionale); Durham, Bristol (Grande-Bretagne).
DÉVONIENNES. . . .	. . . .
SILURIENNES. . . .	Virginie septentrionale; Salina et Syracuse, dans l'état de New-York; Saginaw, dans le Michigan.

Bien que situés à des étages géologiques si différents, les gisements de sel gemme présentent toujours un ensemble de caractères constants : cela tient à ce qu'ils se sont tous formés dans des conditions analogues. Souvent ils sont contemporains du terrain qui les enclave : mais fréquemment aussi, ils sont évidemment postérieurs aux formations au milieu desquelles ils se trouvent : ils se sont alors déposés après coup, soit sur les couches précédemment existantes, soit dans des cavités formées au milieu de ces couches et qui se sont remplies d'un amas de sel. Quant à l'origine de la matière minérale elle-même, on la trouve dans l'évaporation d'eaux marines analogues à l'eau de mer actuelle. L'Océan est aussi inépuisable pour la production du sel que le soleil pour fournir la chaleur nécessaire à l'évaporation de ses eaux. La présence constante du gypse (sulfate de chaux hydraté) dans les bancs de sel, la dissémination de celui-ci au milieu d'argiles imperméables ; enfin, l'existence des masses parfois énormes de sels potassiques et magnésiens, observées dans les sondages de Montmorot et surtout dans les gisements de Stassfürt, ne peuvent laisser aucun doute sur l'origine marine des bancs de sel. Remarquons enfin qu'on n'y trouve jamais de fossiles, la vie étant impossible dans une eau saturée de sel.

Cherchons à nous rendre compte de la façon dont ces gisements minéraux ont pu se former.

Quand on procède dans une saline à l'évaporation de l'eau de la mer, il se précipite d'abord du carbonate de chaux, mélangé d'oxyde de fer ; il se dépose en second lieu du sulfate de chaux hydraté ($CaO, SO^5 + 2HO$), véritable pierre à plâtre artificielle, puis une couche de sel marin dont la partie inférieure est mélangée de sulfate de chaux et la partie supérieure de sulfate de magnésie. La potasse apparaît ensuite sous deux formes successives : on obtient d'abord un sulfate double de potasse et de

magnésie[1], et ensuite du chlorure double de magnésium et de potassium[2]. L'ensemble de ces dépôts successifs est recouvert d'une solution, à 38 degrés Baumé,
de chlorure de magnésium mélangé de bromures, qui peu
à peu disparaît dans le sol par infiltration.

Supposons qu'on laisse ces produits sans les lever.
Au printemps suivant, une nouvelle masse d'eau de mer
arrive sur le sol recouvert des dépôts antérieurs. Les
sels de la couche supérieure seront redissous complètement, parce que l'eau de mer ne les contient qu'en
faible proportion : il n'en sera pas de même pour le sel
marin; une partie seulement pourra se redissoudre et
donnera une eau très concentrée. Celle-ci en s'évaporant
laissera déposer une lame de sulfate de chaux qui re-
couvrira le sel non dissous : il se formera ensuite une
couche de sel marin et enfin une couche de produits
magnésiens et potassiques dans l'ordre précédemment
indiqué. Le même effet peut se reproduire chaque année;
mais si, après un certain temps, l'arrivée de l'eau de mer
s'arrête, nous aurons finalement une épaisse couche de sel
marin reposant sur le sulfate de chaux, ou gypse, et
entremêlée de couches de ce sulfate : elles séparent le
travail de chaque année et pourront presque servir à déterminer le temps qu'a duré la formation saline, comme les
couches de bois permettent de trouver l'âge d'un arbre[3].
Que toute cette masse se recouvre d'une couche d'argile
imperméable, et soit ainsi soustraite à l'action dissolvante de l'eau de pluie, elle pourra dès lors se conserver
intacte pendant un temps presque indéfini.

Certains gisements, ceux de Stassfürt, par exemple,
présentent précisément dans les couches de sel la disposition que nous venons d'indiquer et que l'on retrouve

---

[1] $KO, SO^5 + MgO, SO^5 + 6 HO.$
[2] $KCl + MgCl + 12 HO.$
[3] Nous avons constaté un caractère de cette nature dans les dépôts
du lac Elton (voir page 201).

d'une manière plus ou moins nette dans tous les dépôts
de sel gemme. On peut donc regarder leur formation
comme due à des phénomènes analogues à ceux qui
viennent d'être décrits. La grande masse d'eau de mer,
dont il faut admettre l'évaporation, n'est pas un obstacle
à cette manière de voir. Il n'est pas, en effet, nécessaire
qu'elle ait existé à la place même où s'est formé le dépôt de sel, et qu'elle y ait eu une épaisseur énorme.
Les eaux d'un océan peuvent pénétrer graduellement
dans une mer intérieure à évaporation rapide et y déposer tout le sel dont elles sont chargées. Nous en avons
un exemple frappant dans le Kara-Boghaz, ce lac où
la mer Caspienne vient constamment se dessaler en donnant naissance à des bancs qui deviendront plus tard
les sels gemmes de l'époque géologique actuelle.

Les sels potassiques et magnésiens ont été rencontrés
abondamment au-dessus de certaines couches de sel,
ainsi qu'on l'observe à Stassfürt. Il peut fort bien arriver que la surface couverte par l'eau marine aille en diminuant à mesure que celle-ci se concentre : les eaux-
mères s'accumulent finalement sur un point déterminé,
où la profondeur est plus grande. C'est là que s'achève
l'évaporation et que se forment les dépôts de sels potassiques et magnésiens. La mer Morte, si elle venait à
se dessécher, donnerait naissance à un gisement analogue
par sa constitution à celui de Stassfürt.

Les gisements de sel sont ordinairement situés à une
certaine profondeur au-dessous du sol : ce n'est que par
exception qu'on en trouve à fleur de terre. L'un des
gîtes salifères les plus curieux de cette dernière espèce
est celui de Cardona, en Catalogne. On y voit une véritable montagne de sel qui s'élève à plus de 100 mètres
au-dessus de la vallée : les couches de sel gemme présentent des zones de diverses nuances parmi lesquelles
dominent le rouge ou le vert, et sont limitées de tous
côtés par des escarpements verticaux. L'absence de toute

végétation et la bizarrerie de sa forme distinguent cette
montagne de toutes celles qui l'environnent : l'action de
l'eau a produit, en effet, de toutes parts, des saillies et des
dentelures d'un aspect tout particulier. On exploite la
masse de sel, comme une carrière à ciel ouvert et on enlève les blocs de manière à former une série de gradins.

M. André[1], lors de son voyage dans l'Amérique équi-
noxiale, a observé sur les bords du Rio-Upin, en Colombie, un gisement de sel analogue (fig. 58). A la suite
d'un éboulement, on vit apparaître, en 1870, des bancs
de sel d'une grande épaisseur et d'une transparence parfaite. Ils sont simplement recouverts d'une couche de terre
végétale argileuse, d'un brun foncé. On les exploite pour
le compte de l'État : mais, par suite de la façon dont
l'opération est conduite et du gaspillage auquel elle
donne lieu, cette mine rapporte à la Colombie *un millier
de francs* par an.

Le sel gemme est quelquefois absolument pur. On
trouve dans les mines de Wieliczka, et particulièrement
dans la couche inférieure du gisement, une variété de sel
désignée sous le nom de *szybicksalz*, qui est d'une lim-
pidité et d'une transparence parfaite (voir page 244).

Mais, le plus souvent, le sel gemme contient, en proportions très variables, les matières salines qui entrent
dans la composition de l'eau de mer, c'est-à-dire des
chlorures et des sulfates divers. L'existence du sulfate
de chaux et du chlorure de magnésium dans les bancs
de sel est une preuve qu'ils ont pris naissance dans des
eaux marines. L'argile est, en outre, fréquemment mélangée au sel dont elle trouble la transparence. Mêlées
intimement en proportions à peu près égales, ces deux
substances constituent l'argile salifère. On jugera, par
le tableau suivant, du degré de pureté des sels gemmes
de différents pays :

---

[1] *Tour du monde*. Tome XXXV, page 151.

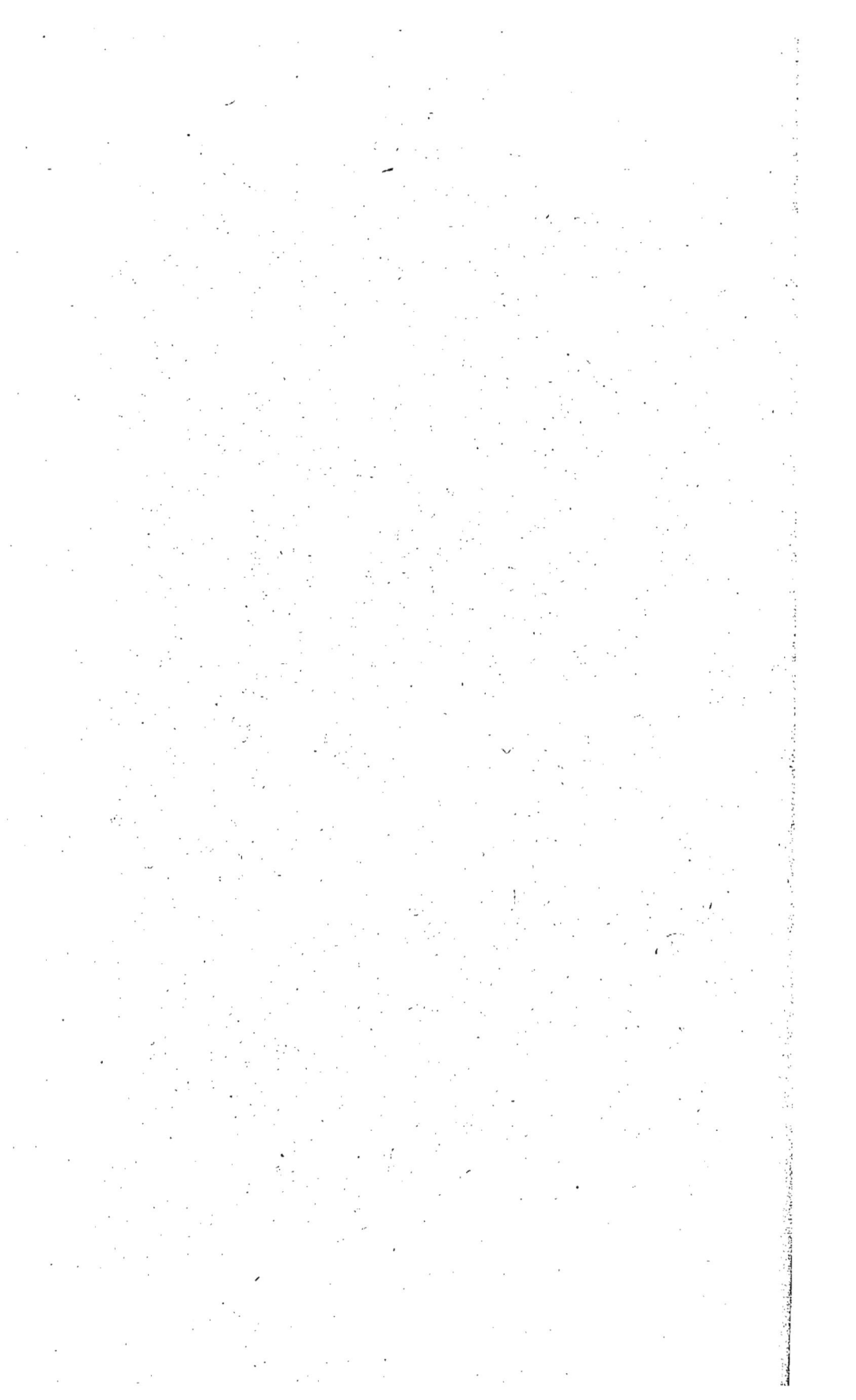

SUBSTANCES	AUTRICHE WIELICZKA	BAVIÈRE BERCHTESGADEN	ANGLETERRE		ALLEMAGNE HALLSTADT	FRANCE		ESPAGNE CARBONA
			NORWICH	CHESHIRE		VARAN-GÉVILLE	VIC	
Chlorure de sodium. .	100,00	99,85	98,05	98,50	98,14	93,84	97,80	97,87
— de magnésium.	traces	0,15	0,17	0,05	1,86	0,09	. . . .	0,14
— de calcium. . .	. . . . .	traces	0,15	. . . .	. . . .	0,05	. . . .	0,14
Sulfate de chaux. . . .	. . . .	. . . . .	0,41	1,65	. . . .	3,07	0,30	0,88
Matières insolubles. . .	. . . .	. . . .	1,05	. . . .	. . . .	2,74	1,90	0,85
Eau	. . . .	. . . .	0,19	. . . .	. . . .	0,21	. . . .	0,12
TOTAL.	100,00	100,00	100,00	100,00	100,00	100,00	100,00	100,00

ÉTAT NATUREL ET EXPLOITATION DU SEL GEMME.

L'exploitation du sel gemme se fait de différentes façons. En France, on ne retire actuellement que fort peu de sel en roche et l'on opère surtout par la méthode des trous de sonde. Autrefois on se bornait à utiliser l'eau salée provenant des sources sortant des terrains salifères. Ce moyen est encore employé dans beaucoup de pays. Francis Garnier, dans son voyage en Indo-Chine, a visité les exploitations de Ho-Boung (fig. 59). L'eau salée extraite au moyen de pompes manœuvrées à la main est recueillie dans des auges en marbre : chacune de celles-ci sert à l'entretien d'une chaudière d'évaporation, dans laquelle on renouvelle l'eau constamment pendant 48 heures. Au bout de ce temps on achève d'évaporer le liquide, et il reste un bloc de sel très blanc, solide, ayant la forme de la chaudière et pesant environ 60 kilogrammes.

Ailleurs, comme à Jeypore dans l'Inde, on trouve de grandes plaines dont le sable est tellement imprégné de sel que les habitants vivent de son extraction : ils lavent le sable et font évaporer l'eau de lavage en l'exposant au soleil. Ce pays extrait aussi beaucoup de sel du lac de Sambher. C'est une vaste nappe d'eau située à la limite des états de Jeypore et de Jondpore. Les eaux fortement salées proviennent de sources et sont utilisées pour l'extraction du sel. On l'obtient sous forme de plaques semblables au marbre et qui s'expédient dans l'Inde septentrionale jusqu'à Calcutta. Il est généralement préféré à celui des montagnes de Panjab, à cause de sa plus grande pureté.

Les procédés d'exploitation du sel gemme varient du reste beaucoup avec les pays : nous allons dans les numéros suivants de ce chapitre passer en revue ceux qui offrent le plus d'intérêt.

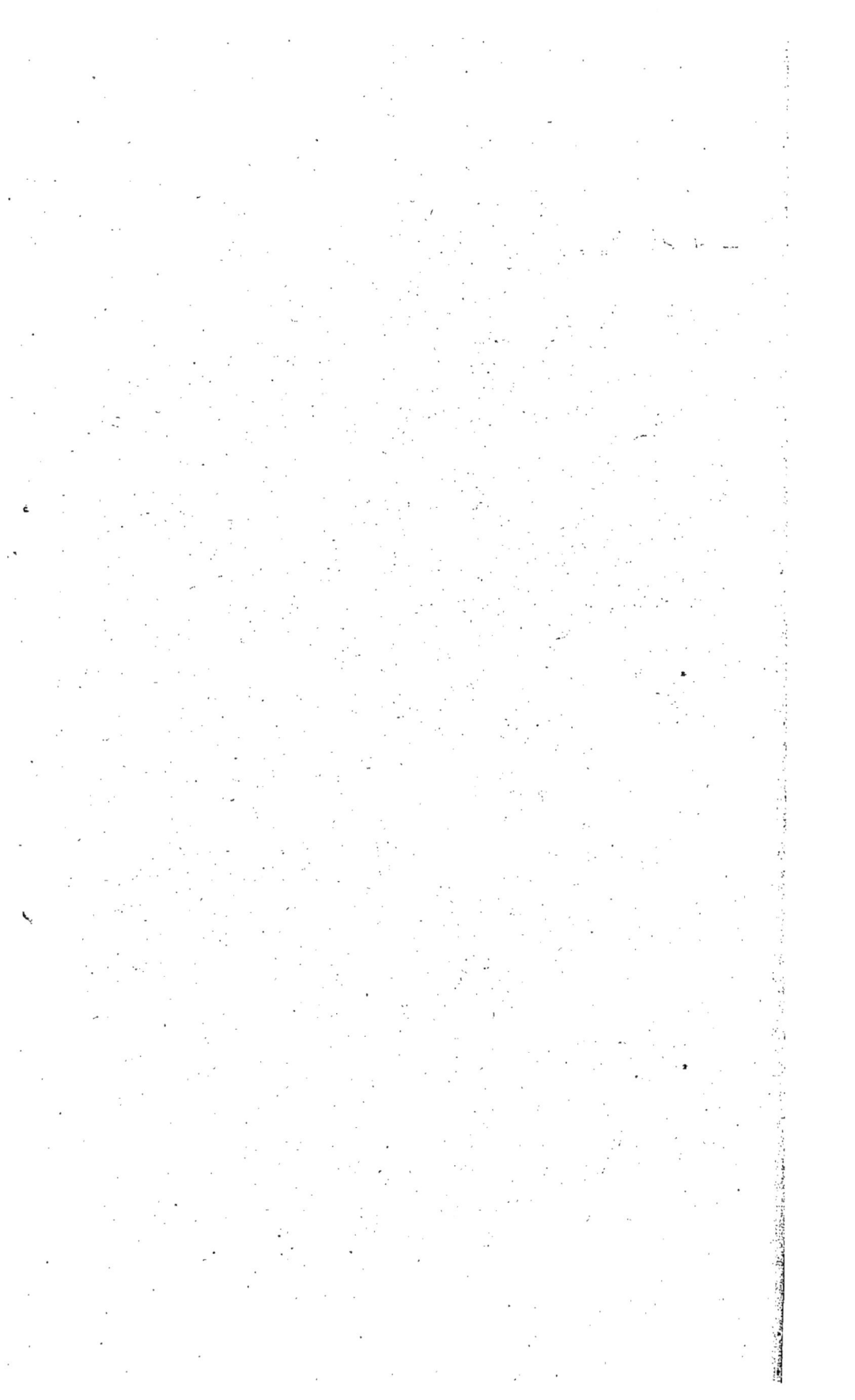

2° LE SEL EN AUTRICHE.

A. — LES MINES DE SALZBOURG ET DU SALZKAMMERGUT.

Gisements de sel en Autriche. — Production du sel dans le Salzbourg. — Argile salifère. — Son exploitation. — Chambres de dissolution. — Mode d'action de l'eau dans les chambres. — Elargissement des chambres. — Solidité des chambres. — Préparation d'une chambre. — Disposition des mines par étages. — Communications entre les étages. — Le Rutschbahn. — Disposition de chaque étage. — Galeries. — Travail par l'eau. — Barrages. — Traitement de l'eau salée. — Sel en pains. — Son degré de pureté.

L'Autriche est un des pays de l'Europe les plus favorisés sous le rapport de la production saline. Sans parler du sel qu'elle peut retirer des marais salants, elle possède deux grands centres de dépôts salifères. L'un est situé dans les plaines qui avoisinent les Carpathes ; il comprend : 1° au nord, les fameux gisements de Wieliczka et de Bochnia situés en Galicie ; 2° au sud, les dépôts de Hongrie et de Transylvanie, avec les salines de Rhonaszeh et les bancs de sel des vallées de la Maros, de la Szamos et du Kis Küküllö.

L'autre grand dépôt de sel gemme, en Autriche, est situé dans la province de Salzbourg qui lui doit son nom. On y trouve les mines du Salzbourg, proprement dit, dont les principales sont celles d'Hallein, sur les flancs orientaux du Dürremberg, non loin de la petite ville de Gastein, et les mines du Salzkammergut, situées à Hallstadt, Ischl, Gmunden et Aussee. Le gisement du Salzbourg rayonne d'ailleurs dans tous les sens ; vers le nord, dans la Haute Autriche ; vers l'est, dans la Styrie ; au sud, dans le Tyrol ; enfin vers l'ouest, dans la Bavière, à laquelle appartiennent les pentes occidentales de la montagne d'Hallein, le Dürremberg. On rencontre du reste à chaque pas dans toute cette contrée une foule de localités ou de cours d'eau, dans le nom desquels entre soit le radical *salz* (sel), soit le vieux mot *hall*, qui a le même sens et paraît remonter aux mineurs gaulois[1].

L'importance de ces gisements est énorme : les seules mines d'Hallein ont déjà fourni, pendant les six derniers siècles, plus de 10 millions de tonnes, et cependant elles sont certainement beaucoup moins riches que celles d'Ischl et d'Aussee. On peut d'ailleurs évaluer à peu près aux chiffres suivants la production annuelle du sel dans les Alpes autrichiennes.

	Tonnes
Tyrol (Hall), ...	22 500
Salzbourg (Hallein)	15 000
Salzkammergut (Hallstadt, Ischl, Gmunden).	60 000
Styrie	14 000

Toutes les salines dont nous parlons sont situées dans la zone calcaire du versant occidental des Alpes : le Salzkammergut en occupe à peu près le milieu. Il est traversé par la petite rivière de la Traun qui fait communiquer les lacs profonds d'Alt-Aussee, de Hallstadt et de Gmunden. C'est au bord de la Traun que sont les usines à sel : quant aux mines elles-mêmes, elles débouchent dans les vallées voisines, à une grande hauteur au-dessus du cours d'eau. Les gisements affectent, à Hallein et à Hall, la forme d'amas remplissant des bassins ou cuvettes : à Ischl et à Hallstadt, ils s'étendent surtout en profondeur.

Dans tous ces gisements, le sel gemme est rarement pur : il est d'ordinaire mélangé à l'argile et à la marne. Cette argile salifère est plastique, noirâtre et se délite à l'air : le sel est grenu, gris ou rougeâtre, mélangé de gypse et d'anhydrite. En général le sel et l'anhydrite forment des veines qui donnent à l'argile salifère un aspect

---

[1] Ces noms caractéristiques sont fréquents dans toute l'Allemagne. Ainsi les sources de sel les plus considérables et les mieux utilisées du Würtemberg sont celles de Hall, dans la vallée de la Kocher, à l'orient de Heilbronn. Les eaux salines y proviennent de gisements de sel gemme, où l'on a taillé des galeries et des salles, comme dans les mines de Wieliczka.

sédimentaire très prononcé. La présence du bitume a été
constatée sur plusieurs points : enfin on trouve à Hallstadt,
comme à Wieliczka, du sel à gros grains qui contient
de l'hydrogène carburé et décrépite quand on le met
dans l'eau. La richesse de l'argile salifère en chlorure de
sodium est considérable : elle atteint 50 à 55 pour 100 à
Hallstadt.

L'exploitation se fait d'une manière simple et originale
dont l'invention, qui remonte à plusieurs siècles, a seule
permis de retirer avec avantage le sel mélangé intimement à l'argile. On recueille dans les parties hautes des
salines, les eaux douces qui jaillissent naturellement des
terrains environnants, et on les amène par des canaux
dans de vastes chambres creusées au milieu du gîte salifère : elles corrodent l'argile en dissolvant le sel, se sa-
turent peu à peu, et s'écoulent ensuite par des galeries
percées à différents niveaux dans la montagne. La disposition des bancs par rapport au terrain environnant permet d'employer partout, dans le Salzkammergut, ce mode
naturel d'écoulement des eaux saturées.

Le procédé consiste donc à lessiver l'argile salifère par
un courant d'eau introduit dans des *chambres de dissolution*. Ce courant peut être continu ou discontinu : on
peut admettre l'eau dans une chambre, la laisser se saturer, puis la faire écouler tout d'un coup : mais on
peut aussi faire constamment sortir l'eau, à mesure qu'il
en pénètre de la nouvelle, en réglant l'introduction et
la sortie, de manière que le liquide extrait soit saturé
de sel. De ces deux méthodes, la première, celle du lavage discontinu est la plus ancienne ; elle fut introduite
à Hallstadt, en 1311, par des mineurs venant de Hall, en
Tyrol. Le lavage continu est une innovation récente et
n'est encore employé qu'à titre d'essai. On exploite quelquefois du sel gemme par abatage ordinaire, mais seulement d'une manière accessoire.

Pour comprendre le travail le plus ordinaire, imagi-

nons une vaste cavité elliptique de quelques mètres de
hauteur, dont le sol est formé d'argile en grande partie
dessalée et dont le plafond est constitué par la même argile imprégnée et pétrie de sel. L'eau douce est amenée
par une ouverture percée dans le plafond : elle tombe
sur le limon qui couvre le fond de la chambre, dissout
le sel qui tapisse les parois latérales et les ronge de
plus en plus à mesure que son niveau s'élève. Les couches d'eau saturée de sel se tiennent alors au fond de la
chambre, parce qu'elles sont plus denses : la densité et
par conséquent l'état de saturation de l'eau va ensuite en
diminuant jusqu'à la partie supérieure de la masse liquide. Pour que cet état persiste, il faut que l'introduction de l'eau se fasse rapidement : en l'amenant un peu
vite, son niveau atteint le plafond de la chambre avant
que les couches supérieures soient saturées. A partir de
ce moment, l'eau dissout principalement le sel qui in-
cruste le plafond : l'argile qui s'y trouve mélangée se
délaye, tombe au fond de la chambre à travers le liquide,
et la dissolution se sature complètement depuis le bas
usqu'aux portions supérieures. On vide alors le liquide
pour en extraire le sel.

Pendant ce travail, la chambre de dissolution s'est
transformée. Elle s'est d'abord déplacée dans le sens vertical; car le plafond s'est élevé par le fait de la dissolution, et les débris qui en sont tombés ont, en même
temps, exhaussé le sol de la chambre. Sa largeur s'est
aussi augmentée par suite de l'action de l'eau sur les
parois; mais d'une façon inégale, puisque l'eau des couches supérieures possède un pouvoir dissolvant plus considérable que l'eau saturée du fond. La chambre s'élargit
donc en prenant la forme d'un entonnoir ou mieux d'un
tronc de cône évasé par le haut.

Il semble étonnant que les chambres de dissolution,
après avoir été vidées de l'eau qu'elles contenaient, ne
s'effondrent pas et se soutiennent au contraire d'elles-

mêmes. Aujourd'hui, on opère avec quelques précautions : mais, dans les premiers temps de l'exploitation, on poussait des galeries, on établissait des chambres partout où la place promettait d'être riche. Il est même arrivé que, pendant ces travaux imprudents, deux ou trois chambres se sont réunies latéralement et ont formé un immense espace vide dont le plafond s'est cependant maintenu, malgré l'absence de tout soutien. On a vu des plafonds de plus de 3000 mètres carrés rester ainsi suspendus. Le sel paraît agir, en effet, à l'égard de l'argile, comme un véritable ciment et lui donner une consistance extraordinaire. Cependant une fois la chambre vidée, le plafond se dessèche et se délite : aussi ne peut-on interrompre l'exploitation d'une chambre pendant plus de cinq à six mois. Quand le plafond par son exhaussement successif est arrivé à la hauteur voulue, on remblaye l'excavation ainsi formée.

Comment s'y prend-on pour établir une chambre nouvelle? La surface elliptique, qui représente les dimen-

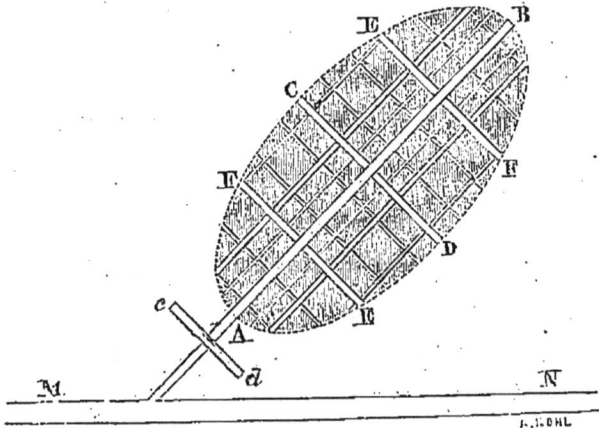

Fig. 40. Préparation d'une chambre de dissolution.

sions primitives de la chambre, est d'abord isolée au moyen d'un barrage d'argile cd (fig. 40) : on creuse ensuite, dans l'emplacement choisi, une série de galeries perpendiculaires entre elles, les unes plus grandes, AB,

CD, EF, les plus étroites, mais toutes à hauteur d'homme.
Les galeries ainsi préparées sont alors inondées : l'eau
maintenue par le barrage délaye l'argile salifère restée
intacte entre les galeries ; les piliers rectangulaires qui
séparaient celles-ci disparaissent peu à peu, et, au bout
de quelque temps, il ne reste plus qu'une cavité aplatie
de forme elliptique et remplie d'eau saturée. Quand on
l'a fait écouler, la préparation de la chambre est
achevée.

L'exploitation générale de chaque gisement se fait par

Fig. 41. Coupe des mines d'Hallein.

des étages superposés, distants les uns des autres d'environ 40 mètres et communiquant chacun avec l'extérieur
par une galerie (fig. 41); dans chaque étage on exploite
de bas en haut, comme nous venons de l'expliquer, et en
commençant par les parties les plus éloignées de la galerie, qui sert à la fois de communication avec l'extérieur et de voie d'écoulement pour les eaux saturées.
Chaque galerie porte ordinairement pour la distinguer
le nom d'un empereur d'Autriche et aboutit au jour dans
une maison habitée par un surveillant. On exploite en
général plusieurs étages à la fois : dans ce cas, les chambres de dissolution sont placées verticalement les unes

au-dessus des autres. On a reconnu que cette disposition était préférable à celle qui consiste à les croiser, comme on le faisait autrefois.

Les communications des étages entre eux se font de trois façons : 1° par les puits verticaux ; 2° par les puits inclinés ; 3° par les *rutschbahnen* ou glissoires. Les premiers servent aux transports des matériaux, déblais et remblais : les puits inclinés sont en général munis d'escaliers pour les communications et de rigoles destinées

Fig. 42. Le Rutschbahn.

à l'introduction de l'eau dans les chambres. Le *rutschbahn* ou simplement *rutsch* est une des curiosités des mines du Salzbourg et du Salzkammergut : il consiste en une forte planche inclinée à 45 degrés (fig. 42), polie par le travail auquel elle sert et au-dessus de laquelle est tendue une corde. On s'assied sur la planche de la glissoire, on saisit la corde avec la main droite protégée par un fort gant de cuir et on s'abandonne à la descente dont on modère la rapidité, en serrant plus ou moins la corde avec la main qui fait fonction de frein.

La disposition particulière des mines d'Hallein, d'Hallstadt, etc., est toujours pour les visiteurs l'objet d'un
étonnement particulier. On descend dans la mine par un
premier *rutsch*, qui mène à l'étage supérieur ; un second,
un troisième, un quatrième, etc., vous conduisent d'étage
en étage. On voit ici des chambres de dissolution que l'on
est en train de préparer, là d'autres chambres complè-

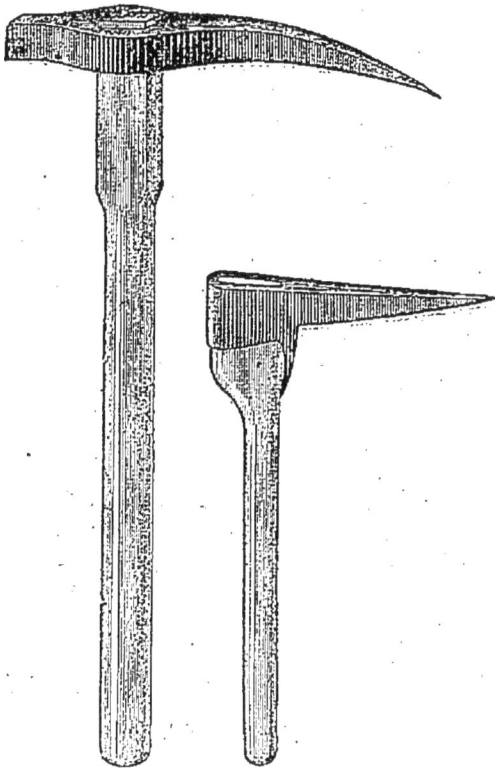

Fig. 45. Outils de mineur. — Pics.

tement vidées ; ailleurs on trouve de vrais lacs d'eaux salées.
Mais pour visiter ces différentes choses très curieuses,
on descend toujours. Ce n'est donc pas sans une certaine
inquiétude, que l'on se demande comment l'on pourra
remonter la hauteur verticale, que représentent tous les
rutsch mis les uns au bout des autres, et comment on
arrivera à revoir jamais la lumière du jour. Une dernière glissoire résout la difficulté de la manière la plus

inattendue ordinairement et la plus satisfaisante : elle
dépose tout simplement le visiteur à l'entrée de la galerie
inférieure, c'est-à-dire au pied de la montagne et en pleine
campagne.

Le nombre des étages varie dans les différentes mines;
il y en a neuf à Hallstadt, huit seulement à Ischl ; et encore
quatre d'entre eux sont abandonnés comme complètement
exploités. L'importance de la saline dépend surtout du
nombre de chambres que l'on exploite simultanément :
il est d'une trentaine environ à Hallstadt, sans compter
les chambres qui sont en préparation ou qui viennent
d'être vidées.

Chaque étage se compose de galeries et de chambres
disposées conformément à un plan régulier ; mais comme
la dissolution s'opère d'une façon inégale dans les différentes directions, on comprend que le plan primitif se
modifie avec le travail lui-même.

Les galeries sont creusées à la poudre, au pic (fig. 43),
ou par l'eau. On emploie la poudre pour cheminer dans le

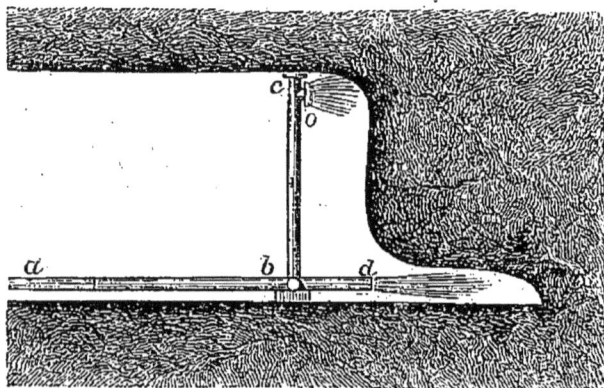

Fig. 44. Travail par l'eau. — Creusement d'une galerie dans l'argile salifère.

calcaire, l'anhydrite ou la marne compacte. Le pic suffit
dans la marne ordinaire ou dans l'argile : deux ouvriers
travaillent généralement ensemble l'un sur sa droite,
l'autre sur sa gauche.

Le travail par l'eau a été inventé dans les mines dont

nous nous occupons et appliqué pour la première fois en 1841. Il consiste à dissoudre, par des jets d'eau, le sel qui cimente les parties argileuses ; il peut servir pour toute espèce d'avancement dans le gîte salifère même, soit qu'il s'agisse de préparer les chambres, de creuser les puits ou de faire des galeries. Prenons ce dernier cas comme exemple : on em-branche sur la conduite d'eau douce la plus voi-sine une conduite secon-daire *abd* (fig. 44), termi-née par un tuyau verti-cal *bc*. Celui-ci est muni en haut d'une pomme d'ar-rosoir, d'où l'eau s'échappe en faisceaux divergents, vient frapper la paroi et la délaye peu à peu : en même temps, un jet puissant opère une sous-cave à la partie inférieure. A mesure que la galerie avance, on met une rallonge à la conduite secondaire. L'eau s'écoule sur le sol des galeries, se rassemble dans des rigoles et se rend dans les cham-bres de dissolution situées plus bas, où elle achève de se saturer. La figure 45 re-

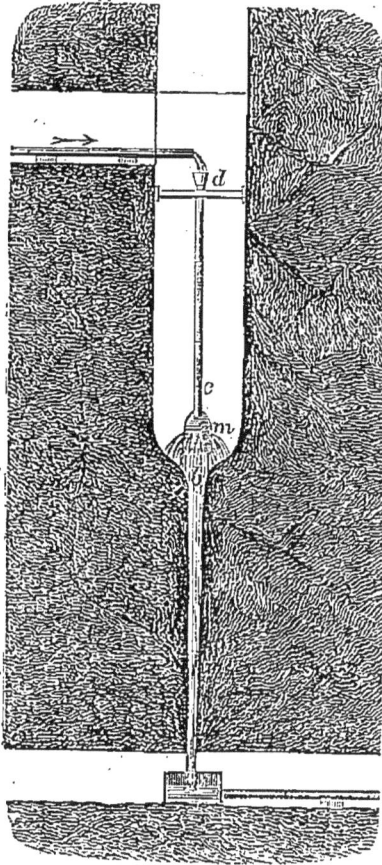

Fig. 45. Travail par l'eau.
Forage d'un puits vertical.

présente le forage d'un puits vertical au moyen de l'eau.

Le travail par l'eau est très avantageux, surtout pour faire de petites galeries. Dans toutes les mines où l'on opère au moyen de chambres de dissolution, on l'emploie dans l'établissement des barrages qu'il est nécessaire de cons-truire pour arrêter l'action de l'eau qui remplit les chambres. A' cet effet, on creuse par un travail à l'eau, des galeries d'une hauteur quelconque et d'un mètre environ de largeur; on les remblaye ensuite avec de l'argile ne renfermant plus de sel et fortement tassée au pilon. On obtient ainsi une sorte de mur complètement imperméable et capable d'empêcher l'eau, soit de pénétrer dans les galeries, soit d'établir une communication entre deux chambres.

En France, le travail à l'eau a été introduit, il y a quelques années, dans les mines de Varangéville, les seules d'ailleurs où l'on exploite encore par galeries.

Au moyen des procédés d'exploitation, que nous venons de décrire et qui sont spéciaux aux mines d'Hallein et du Salzkammergut, on arrive à obtenir une eau presque saturée de sel. Si l'on n'atteint pas la saturation complète, c'est à dessein et afin d'éviter les dépôts salins et les incrustations qui se produiraient dans les conduites. Celles-ci sont, en effet, assez longues et mènent l'eau salée qui sort des mines aux bâtiments de cuite construits au pied des montagnes de sel d'Aussee, d'Hallstadt et d'Ischl. Une quatrième usine, plus importante que les trois autres réunies est établie à Ebensee et alimentée par l'eau qui lui est envoyée des mines.

Cette eau est reçue dans de grands réservoirs, où s'opère le mélange des liquides provenant des diverses mines et d'où elle passe dans les chaudières d'évaporation. Celles-ci sont en tôle : elles ont 20 mètres de long, 10 de large et 50 centimètres de profondeur. Elles reposent sur des piliers en briques réfractaires et sont chauffées par cinq foyers : pendant la cuite, l'eau est maintenue constamment à une hauteur de 32 centimètres. A mesure qu'elle s'évapore, le sel se dépose sur le fond de la chaudière : toutes les deux heures, on le retire au moyen de longs râbles et on le met en pains. Les vases qui servent à cet usage sont en bois et cerclés en fer : ils ont la forme d'un tronc de cône. Un ouvrier les remplit à la pelle, pendant qu'un autre tasse fortement le sel au moyen d'un pilon. On obtient ainsi un pain analogue à un pain de sucre et que l'on dessèche fortement par une exposition dans une étuve.

Le sel se vend toujours en Autriche sous forme de pains: les pays voisins, le Wurtemberg, la Bavière, le vendent en barils ou en sacs. Mais les barils sont coûteux et d'autre part le sel en sacs prend de l'humidité, augmente de poids et excite la défiance de l'acheteur. Les fabricants de sel se préoccupent donc avant tout d'obtenir des pains bien consistants et capables de supporter de longs trajets. De là une manipulation qui renchérit le sel. Mais le gouvernement autrichien ne pourrait changer ce mode de fabrication sans provoquer un mécontentement général : tant il est vrai qu'il faut toujours, dans les choses ordinaires de la vie, compter avec les anciennes habitudes!

Tout le sel fabriqué dans le Salzkammergut se vend à Gmunden. Les pains ont un poids d'environ 16 kilogrammes : on en fabrique aussi de plus gros; mais ils tendent à disparaître. Le sel qui les constitue est assez pur, ainsi que le montre l'analyse suivante :

Sel en pains d'Ebensee.

Chlorure de sodium.	95,06
Chlorure de magnésium	0,79
Sulfate de soude.	1,64
Sulfate de chaux.	0,61
Eau	1,77
Résidu insoluble.	0,13
	100,00

Ainsi que nous le disions en commençant ce chapitre, les dépôts salifères du Salzbourg et du Salzkammergut s'étendent dans les contrées voisines, et leur prolongement en Bavière est également l'objet d'exploitations considérables : les plus importantes sont celles de Berchtesgaden, de Reichenhall et de Rosenheim. Les deux premières, situées sur le versant du Dürremberg opposé à Hallein,

tirent parti des mêmes couches. Mais ses assises salifères, déjà utilisées dans les vallées montagneuses de la

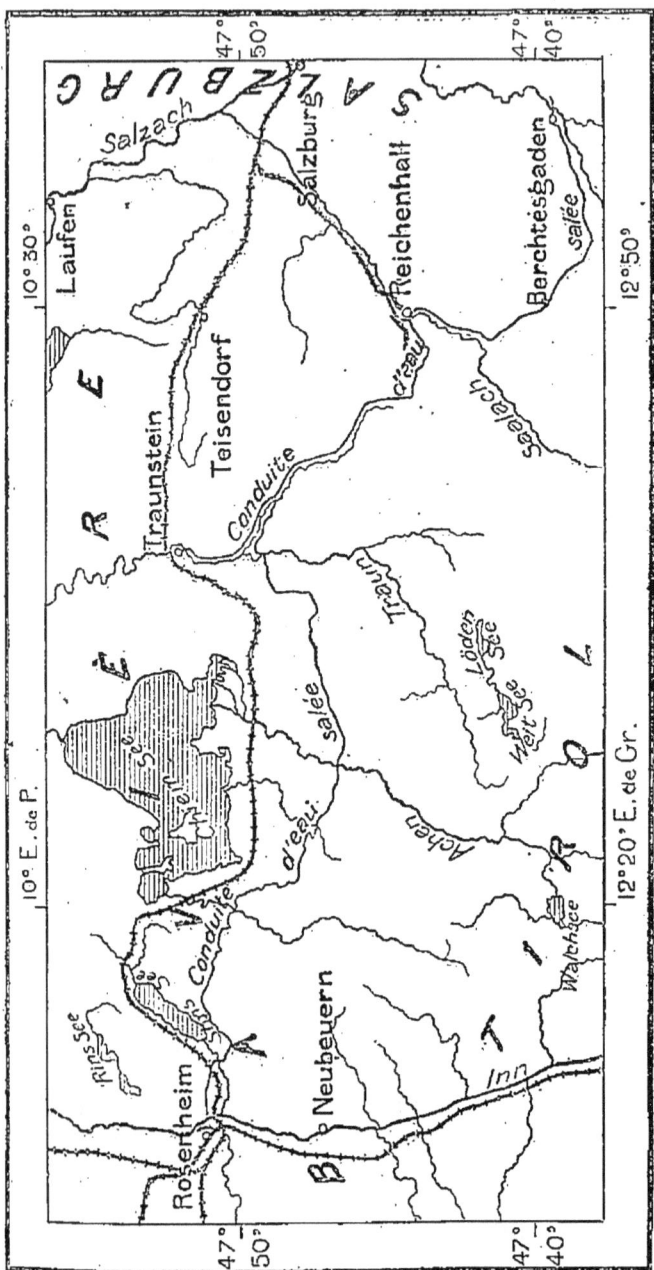

Fig. 46. L'aqueduc de Reichenhall

Salzach et de la Saalach, le sont jusque dans la plaine,
grâce au célèbre aqueduc (fig. 46), construit en 1817,

qui mène les eaux salées de Reichenhall à Trauenstein;
il se continue à l'ouest, sur les pentes des montagnes
jusqu'à Rosenheim, sur la rive gauche de l'Inn; avec ses
courbes et toutes ses branches, l'aqueduc a plus de 95
kilomètres.

L'importance de ces salines est considérable : la production du sel est, en effet, de 11 500 tonnes à Reichenhall et de 13 000 tonnes environ à Rosenheim. Les procédés employés pour le traitement des eaux salées se
rapprochent beaucoup des méthodes en usage dans les
salines de l'est de la France.

B. — LES MINES DE WIELICZKA ET DE BOCHNIA.

Situation des mines. — Leur étendue. — Leur histoire. — Descente dans
les mines. — Méthode particulière. — Description des mines. — Exagé-
rations des voyageurs. — Grandeur des travaux. — Fêtes données à
Wieliczka. — Chapelle Saint-Antoine. — Lac souterrain. — Accidents. —
Incendies. — Le gisement de sel. — Grünsalz. — Spizza-salz. — Szybicksalz. — Étages de travaux. — Bois fossile. — Odeur de truffe. — Débris
de coquilles. — Anhydrite. — Mode d'exploitation. — Travail au pic. —
Formes des blocs de sel. — Travail dans les couches inférieures. —
Charpentes et bûchers. — Épuisement de l'eau. — Mines de Bochnia. —
Inclinaison des couches de sel. — Mauvaise exploitation. — Gisement de
sel au sud des Carpathes. — Leur formation. — Abondance des sources
et des bancs de sel.

Au bord des plaines de la Pologne et au pied des montagnes qui la séparent de la Hongrie, se trouvent les deux
petites villes de Wieliczka et de Bochnia. La population
de la première est de 6000 habitants ; celle de la seconde
dépasse 8000 âmes. Elles sont célèbres, la première surtout, par les gisements de sel gemme qui y sont exploités
depuis plusieurs siècles. Les mines de Wieliczka sont les
plus riches de l'Austro-Hongrie et peut-être du monde
entier : elles sont renommées, non seulement à cause de
la masse considérable qu'elles offrent à l'exploitation,
mais encore par les travaux qui y ont été accumulés
depuis leur découverte. Bien que de graves accidents s'y
soient produits dans ces dernières années, elles conti-

nuent à fournir près de la moitié du sel que l'on retire, en Autriche, de la terre, de la mer et des sources [1].

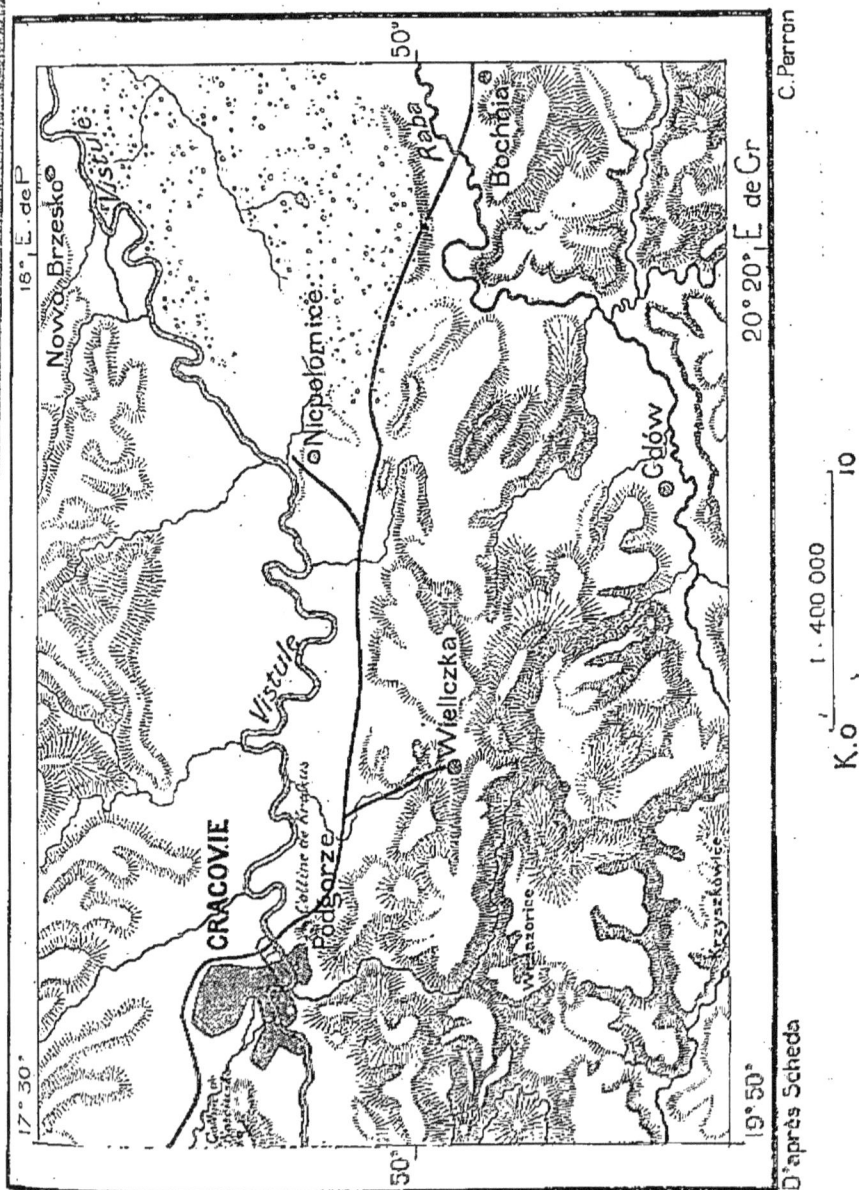

Fig. 47. Wieliczka et ses environs.

La ville présente de loin un aspect assez joli : du haut

[1] « Production des mines de Wieliczka en 1879. . . 131 500 tonnes
« totale de l'Autriche. . . . . 282 240 »

des montagnes qui la dominent, la vue s'étend sur un vaste horizon (fig. 47); à peu de distance dans l'ouest, on aperçoit la ville de Cracovie : à l'est se trouve Bochnia. La vallée dans laquelle est bâtie Wieliczka est à 250 mètres environ au-dessus du niveau de la mer. Le sel y a été découvert, dit-on, par un berger nommé Wieliczk. L'exploitation régulière des mines commencée dans le treizième siècle n'a jamais été interrompue : aussi les galeries souterraines qui les constituent présentent-elles actuellement un développement de près de deux cents lieues, en les supposant placées les unes au bout des autres. Elles forment une série d'étages superposés et s'étendent sur une longueur de 3000 mètres, une largeur de 2000 et une profondeur de 312, de sorte que les derniers étages sont situés à 60 mètres environ au-dessous du niveau des mers.

Au quatorzième siècle, les mines de Wieliczka reçurent du roi de Pologne, Casimir le Grand, une véritable législation ; sagement administrées, elles deviennent très productives. Cent ans plus tard, la Pologne envahie par les Suédois et les Russes implora le secours de l'empereur Léopold d'Autriche : des troupes furent envoyées par lui; mais, en récompense, il exigea le payement d'un tribut et s'empara à titre de garantie des mines de Wieliczka. L'Autriche les conserva jusqu'au siège de Vienne par les Turcs; elle les restitua alors au roi de Pologne Sobieski, dont le secours lui avait été si précieux en cette circonstance. En 1772, lors du démembrement de la Pologne, la Galicie devint la proie livrée à l'Autriche, qui rentra en possession des mines de sel des Carpathes.

Sous les rois de Pologne, elles faisaient partie des domaines de la couronne et fournissaient aux rois la plus belle part de leurs revenus : sur elles étaient hypothéqués les douaires des reines et les dotations des couvents. La noblesse polonaise, à chaque élection royale, ne manquait pas de stipuler que le sel de Wieliczka serait fourni à chacun de ses membres, sauf à payer les frais d'exploitation.

Onze puits établissent la communication entre la surface du sol et les galeries des mines. Le visiteur qui veut y descendre est revêtu d'une sorte de grande chemise de toile grise destinée à préserver ses vêtements du contact du sel et de l'eau salée. Le puits d'extraction par lequel on descend le plus ordinairement a 64 mètres de profondeur (environ la hauteur des tours de Notre-Dame de Paris). La partie supérieure en est boisée parce qu'elle traverse un terrain de sables mouvants : mais la portion inférieure qui est taillée dans la masse de sel ou dans l'argile n'a besoin d'aucun étai. Un énorme câble enroulé sur un treuil est suspendu au milieu du puits.

On peut descendre de deux façons : par le puits d'extraction ou par un escalier de 500 marches environ. Bien que le second procédé paraisse au premier abord beaucoup plus naturel, les mineurs emploient toujours le premier. Ils se laissent monter ou descendre par le câble, comme un bloc de sel, ce qui se fait en un instant, plutôt que de se donner l'ennui de parcourir toute la longueur de l'escalier. Tout d'ailleurs est disposé de manière qu'on n'ait rien à craindre. Cependant la méthode de descente employée à Wieliczka peut paraître effrayante aux personnes qui n'ont pas l'habitude des exercices gymnastiques. On attache à un nœud du câble une certaine quantité de cordes, suivant le nombre des personnes qui doivent descendre. Chaque corde pliée en deux, comme une balançoire, porte dans le bas une sangle qui doit servir de siège et une autre qui forme un petit dossier : il en résulte une sorte de fauteuil aérien. On tire la corde au bord du puits, le visiteur s'assied et, lorsqu'il est bien installé, on laisse la corde reprendre la verticale. Il reste ainsi suspendu, les jambes pendantes, au-dessus du gouffre jusqu'à ce que tout le monde soit placé. Il en résulte une grappe d'hommes qui ressemble un peu à un

lustre, car chacun d'eux tient une lampe à la main. S'il
y a un grand nombre de personnes, on les dispose en
plusieurs paquets, le long du câble, les uns au-dessus des
autres. Les chevaux mettent alors le treuil en mouvement et, en moins de deux minutes, on atteint les premières galeries. S'il s'agit de visiteurs, les mineurs viennent les recevoir et s'offrent pour leur servir de guides,
ce qui est indispensable dans cette immensité souterraine.
On est généralement escorté d'un guide et de plusieurs
garçons portant des lumières.

L'intérieur de ces mines présente un aspect vraiment
magique : il faut cependant, lorsqu'on lit les relations
qui ont été écrites par les voyageurs, se tenir en garde
contre certaines exagérations. On y a vu, par exemple,
des sources et des ruisseaux *d'eau douce;* on y a placé un
moulin à vent; on y a imaginé des maisons à plusieurs
étages; on a inventé enfin que certains mineurs y étaient
nés et y finissaient leurs jours, sans avoir jamais vu la lumière du soleil : ce sont autant de fables dont le bon
sens fait justice. Les chevaux employés au service de la
mine y restent seuls pendant tout le temps qu'ils sont
aptes au travail. Lorsqu'ils ne sont plus bons à rien, on
les hisse au jour qui les aveugle : c'est leur fin.

Le nombre des ouvriers qui travaillent à l'extraction
du sel est de 1000 à 1200 et celui des chevaux d'environ
400. Le prix de revient d'une tonne de sel s'élève à
9 francs 15 centimes : le prix de vente est de 183 francs.

Tous les travaux sont exécutés à Wieliczka sur une
grande échelle, avec une parfaite régularité et même
avec un certain luxe. De belles galeries, larges et élevées, établissent une circulation facile entre tous les
travaux d'un même étage; de superbes escaliers, taillés
dans la masse de sel, ou construits en charpente, communiquent depuis la surface du sol jusqu'aux travaux les
plus profonds. A l'aspect de ces profondes cavernes, où
les parois, les voûtes et les piliers de sel réfléchissent

comme le cristal la lumière des lampes et des torches, le visiteur se croirait transporté dans un palais enchanté : des stalactites qui descendent des voûtes ou se déposent sous mille formes diverses, ajoutent à l'étrangeté du spectacle.

On rencontre à chaque pas les traces des magnifiques illuminations qui ont eu lieu à diverses époques, au milieu de ces profondeurs, à l'occasion de visites de souverains ou de grands personnages. Quand un prince allemand, un électeur, un roi de Pologne venait visiter les mines, les galeries étaient décorées avec richesse et illuminées d'une façon splendide. Dans la vaste salle qui servait à ces réceptions solennelles, des colonnes de sel supportent une estrade, où se logeait un orchestre destiné à répandre des flots d'harmonie sous ces voûtes sonores. Du milieu du plafond descend une immense girandole, une sorte de lustre en sel cristallisé dont les branches se prolongent au loin dans tous les sens. La plus mémorable des fêtes données dans les mines eut lieu, en 1621, à l'occasion du mariage de la reine Sophie avec Wladislas Jagellon. L'une des dernières est celle qui fut donnée, en 1813, en l'honneur et lors de la retraite du prince Poniatowski, peu de temps avant sa mort.

Indépendamment des travaux, qui sont nécessaires à l'exploitation même et qui contrastent par leur grandeur avec ceux des mines en général, on trouve en certains points des décorations particulières. Au premier étage, on voit la chapelle Saint-Antoine, taillée vers l'an 1600. Tout y est en sel ; les murs, le maître-autel, l'image du Christ, la chaire d'un travail fort remarquable, les statues de saint Antoine, de sainte Cunégonde, de saint Stanislas, de saint Casimir, de saint Sigismond. Le ton général de la chapelle est d'un gris verdâtre. On y dit la messe une fois par an, le 3 juillet. Tous les mineurs y assistent et chantent des cantiques. Une autre chapelle est dédiée

à sainte Cunégonde; on y voit la statue en sel du roi
Auguste III.

La plus vaste salle des mines est celle de Michalovicz :
on y arrive par un escalier de 120 marches, et on trouve
dans l'intérieur un balcon suspendu près du plafond et
auquel on parvient par des degrés taillés dans le sel. A
un autre endroit est un abîme de 90 mètres de profondeur sur lequel est jeté un pont. Lorsqu'on le traverse,
on ne voit en bas que d'épaisses ténèbres, jusqu'à ce
qu'un feu de fagots jeté dans le gouffre en fasse mesurer
l'immense profondeur.

L'une des grandes curiosités des mines de Wieliczka
est un lac d'eau salée de 170 mètres de long et d'une
douzaine de mètres de profondeur. Le capitaine Bathurst
raconte, comme il suit, cette partie de sa visite dans
les mines[1].

« A la lueur des flambeaux se développait à nos yeux,
comme une vaste nappe d'eau, un lac souterrain. L'eau
était noirâtre et tranquille; sur les rives s'avançaient des
étrangers que la curiosité amenait comme nous en ces
lieux. Revêtus de leur blouse grise, éclairés par des flambeaux, on aurait dit les ombres des morts privés de sé-
pulture qui errent sur les bords du Styx. Pour compléter
l'illusion, il y avait sur le bord du lac une barque amar-
rée à une chaîne en fer. Une voix lugubre nous demanda si
nous voulions nous embarquer. Nous nous approchâmes,
les autres étrangers imitèrent notre exemple et nous ten-
tâmes ensemble la traversée. Deux bateliers dirigèrent
notre esquif sur les eaux pesantes de ce lac infernal. Le
tourbillon de fumée que répandaient nos torches, la clarté
qui se réfléchissait sur la surface de cette mer souterraine, le chant des bateliers, le bruit des rames, les ha-
bits étranges dont nous étions revêtus, ce vague qu'on
ne sait définir, mais que l'on éprouve dans les circon-

[1] Revue Britannique, 1834, XI, page 166.

stances pareilles, tout cela avait exalté mon imagination,
et je laisse à penser si celle de ma femme était exempte
de cette influence. Nous débarquâmes enfin sur l'autre
rive, incertains encore si le batelier n'exigerait pas l'obole
des morts.

« Notre guide nous fit ensuite descendre à l'étage inférieur, et nous conduisit sous une voûte où pendaient
des stalactites brillantes et incrustées de globules de sel
semblables à des diamants. Nous admirions depuis quelque temps ces effets merveilleux, quand le guide vint sans
le vouloir porter le trouble dans notre âme. Le lieu où
nous sommes, dit-il en s'appesantissant sur les mots,
correspond tout juste au milieu du lac que nous avons
traversé tout à l'heure. A ces mots, ma femme pousse un
cri, se dégage de mon bras et court précipitamment du
côté opposé. J'abandonne le guide et la rejoins; mais,
au même instant, une explosion se fait entendre répétée
par les échos du souterrain. Nous crûmes que c'était la
réalisation de nos craintes et que les voûtes affaissées
sous le poids des eaux du lac s'écroulaient les unes sur
les autres. Nous fûmes bientôt détrompés : le guide nous
expliqua en souriant que ce bruit avait été causé par
un bloc que l'on venait de détacher au moyen de la
poudre. »

D'assez nombreuses sources d'eau salée pénètrent dans
les galeries : toutes ces eaux se réunissent à un endroit
très profond, à 257 mètres au-dessous de la surface, et
y forment un amas qui s'appelle la Montagne des eaux;
on les épuise constamment au moyen de pompes. L'eau
que l'on extrait ainsi est complètement saturée de sel.

Les accidents sont rares dans les mines de Wieliczka,
grâce aux grandes précautions qui y sont prises. En
1745, les piliers de sel, qu'on laisse de distance en distance pour soutenir le poids des terres, s'écroulèrent en
grand nombre; il y eut ainsi un effondrement considérable. En 1868, à la suite de travaux imprudents, il se

produisit une invasion des eaux et plusieurs galeries furent noyées : on voit par cet accident que les craintes du capitaine Bathurst n'étaient pas complètement chimériques.

Des incendies ont éclaté à plusieurs reprises dans les mines. Elles contiennent en effet d'énormes échafaudages en bois employés en certains points pour soutenir les galeries : ils se conservent très bien grâce à la sécheresse exceptionnelle qui y règne. En 1510, en 1644, en 1696, le feu prit à ces constructions et ne put être éteint qu'au bout d'un temps assez long. L'incendie de 1510, allumé par un ouvrier, fut arrêté grâce au dévouement du chef des travaux nommé Cochileski, qui pénétra dans la mine où personne n'osait descendre. Mais il tomba bientôt sans connaissance et aurait péri infailliblement, si le directeur des mines, Séverin Betmann, âgé de 70 ans, n'était descendu à son secours. Ils purent à eux deux se rendre maîtres du feu.

Le dépôt de sel de Wieliczka est formé d'une masse immense d'argile, au milieu de laquelle se trouvent, non pas des couches ou des débris de couches, mais des amas extrêmement volumineux auxquels on a donné différents noms d'après leurs positions ou le degré de pureté du sel. Après avoir traversé une couche de sables mouvants qui composent le sol de la plaine, on trouve dans l'argile des amas irréguliers, isolés les uns des autres et formés d'un sel mélangé de parties terreuses. Ils sont l'objet des travaux du premier étage de la mine et donnent le *sel vert* ou *Grünsalz* ; ce sel contient 5 à 6 pour 100 d'argile qui lui ôte sa transparence. Plus bas, d'autres amas disposés de la même manière dans la masse d'argile donnent un sel beaucoup plus pur, qu'on nomme *Spizza*. Enfin une troisième variété de sel, plus pure encore, ordinairement lamelleuse et nommée *Szybick*, forme d'autres amas situés plus profondément et qui sont exploités par un troisième étage de travaux. On peut donc établir comme il suit la succession des couches qui forment le gisement de Wieliczka :

Formations de Wieliczka.
- 1° Terrains d'alluvion composé de sable jaune, d'argile rouge et de sable aquifère.
- 2° Couches salifères.
  - Argiles schisteuses, bitumineuses, grises.
  - Argiles schisteuses brunes et rouges.
  - Argiles salifères avec Grünsalz.
  - Argiles salifères avec coquilles et bitume contenant le Spizza.
  - Marnes contenant le Szybick.
  - Marnes grises avec gypse et bancs de grès.
- 3° Grès des Carpathes.

En résumé, la formation salifère de Wieliczka nous apparaît sous la forme d'une puissante masse argilo-marneuse imprégnée de sel : celui-ci est tantôt cristallisé en gros grains, tantôt en roche amorphe, formant au milieu des argiles salifères des amas de sel gemme plus ou moins pur. A la partie supérieure sont d'immenses lentilles de sel à gros grains, mais impur ; c'est le Grünsalz ; plus bas ce sont des couches presque régulières, disposées en deux étages : celui du Spizzasalz et celui du Szybicksalz; ce dernier est parfaitement pur. Au toit, au mur, et dans l'entre-deux de ces couches, la masse est sillonnée par des veines contournées d'anhydrite, alternant avec des veines de sel plus ou moins pur.

On comprend que, pour exploiter ces énormes masses de matières minérales situées à des profondeurs différentes, il ait fallu plusieurs étages de galeries. Il y en a évidemment trois principaux, correspondant aux trois variétés de sel : mais comme les couches sont souvent fortement ondulées ou plissées, le nombre des étages de travaux est, en certains points, beaucoup plus considérable, et peut s'élever alors jusqu'à six ou sept. Nous devons ajouter que ces divers amas de sel, ainsi que la masse d'argile qui les contient, sont d'une grande solidité : aussi peut-on exploiter presque en totalité chacun des amas que l'on attaque. Il en résulte d'immenses excavations dont les parois se soutiennent d'elles-mêmes : c'est ce qui a permis de tailler ces beaux escaliers, ces larges galeries et les décorations architecturales dont nous avons parlé.

Bien que les rayons du soleil ne pénètrent jamais dans les galeries, la température est douce : l'air s'y renouvelle incessamment : il est d'une sécheresse extrême qui contraste d'une manière frappante avec l'extrême humidité des portions de galeries situées dans un terrain d'une autre nature que l'argile salifère.

On trouve dans les gisements de Wieliczka des débris organiques qui leur sont particuliers : ils consistent en bois fossiles carbonisés ou lignites, et en coquilles marines renfermées dans l'argile salifère.

Le bois fossile est très abondamment répandu dans la masse moyenne de sel, dans le spizza : il est presque impossible d'en casser un morceau qui en soit totalement privé. Tantôt c'est une sorte de jais, où l'on reconnaît difficilement le tissu organique ; tantôt ce sont des bois à l'état bitumineux et conservant toute leur structure. Il y a des troncs et des fragments extrêmement gros, comme aussi de petites branches : on a même trouvé des feuilles et un fruit de forme sphérique, bien conservé, de la grosseur d'une noix, mais dont l'espèce n'a pu être exactement déterminée.

Ce qui frappe le plus dans ces bois bitumineux, c'est l'odeur extrêmement forte et en même temps nauséabonde qu'ils répandent : elle rappelle celle de truffe exaltée au dernier point, et devient insupportable dans une chambre où l'on a rassemblé quelques échantillons frais. Dans la mine, elle est modifiée, moins forte et moins désagréable : on ne saurait même la reconnaître dans les travaux, où l'on trouve plutôt l'odeur fade que l'on appelle souvent *odeur de renfermé*. Circonstance remarquable, cette odeur est précisément celle que répandent pendant la putréfaction un grand nombre d'animaux marins mous, tels que les holothuries et quelques méduses. Il n'existe d'ailleurs aucune putréfaction végétale qui dégage une semblable odeur. Tout porte donc à croire que l'odeur des masses de sel de Wieliczka doit être due, comme sur nos côtes, à la décomposition de matières animales, peut-être même à celle de quelques animaux appartenant aux genres que nous venons de citer.

On trouve des coquilles dans les argiles salifères qui existent entre le sel spizza et le sel szibick. Les plus grosses sont bivalves et appartiennent probablement au genre telline; mais, en outre, la masse argileuse est remplie de coquilles univalves, microscopiques, analogues à celles qu'on trouve dans les sables fins de nos mers et dans quelques dépôts marins tertiaires des environs de Paris. Ces fossiles animaux ne se trouvent pas dans la masse de sel pur, bien que quelques auteurs en aient indiqué la trace. Il faut remarquer que les mollusques marins périssent dans des eaux saturées de sel; cette circonstance explique pourquoi il est si rare d'en rencontrer dans les grands dépôts qu'on exploite partout.

Le seul minéral étranger un peu abondant que l'on trouve dans le gisement de Wieliczka est l'anhydrite ou sulfate de chaux anhydre : les couches tout à fait inférieures contiennent du gypse, c'est-à-dire de la pierre à plâtre ou sulfate de chaux hydratée; mais dans le dépôt salifère proprement dit, c'est l'anhydrite que l'on rencontre. Elle forme dans le sel spizza des veines assez nombreuses pour que l'on ait donné quelquefois à cette variété le nom d'*anhydritersalz* (sel avec anhydrite). Enfin l'intervalle de trois à quatre mètres d'épaisseur qui sépare le spizza du szibick est formé de couches minces et alternantes d'argile salifère, de sel et d'anhydrite.

Il nous reste à parler du mode d'exploitation en usage

à Wieliczka et des procédés généraux d'abatage, variables d'ailleurs selon qu'il s'agit du Grünsalz ou des deux
autres couches. Dans le premier cas, l'amas à exploiter
se présente ordinairement sous forme d'une masse ovoïde
ou irrégulière, rencontrée vers le haut et vers le bas
par deux galeries XX et YY d'étages différents (fig. 48).
On commence par enlever la calotte supérieure XAX :
pour cela on pousse tout autour de la galerie XX de
larges fronts de taille, jusqu'à ce qu'on arrive aux bords
de l'amas de sel ; on leur donne une hauteur telle

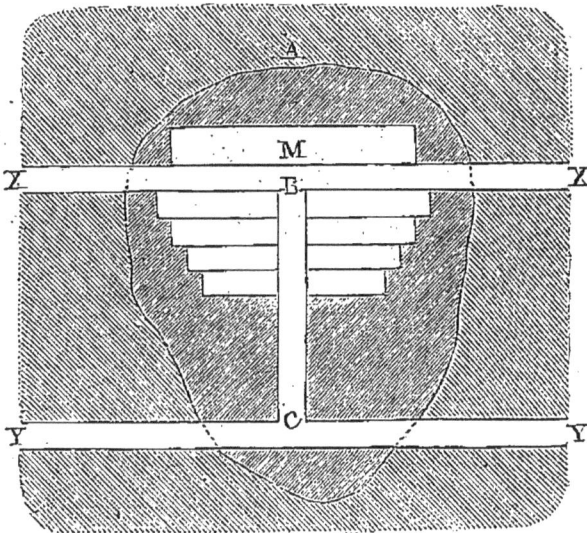

Fig. 48. Mode d'exploitation des amas de sel vert à Wieliczka

qu'il reste à la partie supérieure une couche de sel d'un
mètre environ pour assurer la solidité de la voûte. Cette
première partie de l'exploitation produit une vaste chambre M à peu près circulaire. On creuse ensuite dans la
masse même de sel un puits vertical BC qui fait communiquer les deux galeries XX, YY et doit servir à déblayer les
cavités que l'abatage va produire. Celui-ci se fait par
gradins, tout autour du puits, en enlevant successivement
une série de couronnes, pour chacune desquelles on procède comme pour la calotte supérieure. On taille de grands

blocs ayant 50 centimètres de profondeur, 2 mètres de
largeur et 3 ou 4 mètres de hauteur : comme les chantiers
sont disposés en échelons, il suffit d'isoler le bloc, par
une cavité faite au-dessous de lui et par une entaille latérale ; après quoi on peut, avec des coins et des leviers, le
détacher et le pousser peu à peu jusqu'au puits BC. Il y
tombe et arrive dans la galerie inférieure qui sert au roulage. Les instruments employés pour ce travail sont le
pic et la pointerolle (fig. 49) ; on ne se sert de la poudre
que très rarement, parce qu'elle donne trop de menus. Le
sel doit en effet être débité en gros blocs de 20 à 30 centimètres de côté, ou en ellipsoïdes tronqués (forme d'une
barrique renflée au milieu) de 80 centimètres de hauteur

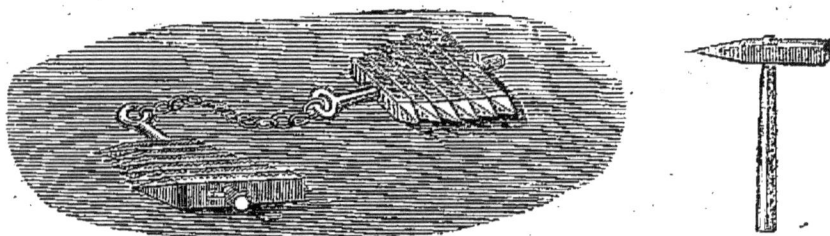

Fig. 49. Outils de mineurs. — Pointerolle montée et rechanges.

et de 20 à 25 centimètres de diamètre. Le sel livré à la
Russie doit avoir cette dernière forme : elle a l'inconvénient de donner plus de déchets que la première. Les
menus et les poussières sont remontés dans des sacs;
mais ils ne sont pas comptés aux ouvriers, payés à la
tâche, seulement d'après le nombre de blocs extraits.

Les couches de spizzasalz et de szybicksalz sont exploitées d'une autre façon. On creuse d'abord des galeries
dirigées suivant la plus grande pente des couches et formant plan incliné, pour établir la communication d'un
étage à l'autre : perpendiculairement à elles, on pousse
ensuite de larges fronts de taille dans le sens de la couche
et dans toute son épaisseur. Lorsque celle-ci ne dépasse
pas 2 mètres, on enlève la masse de sel d'un coup :

mais si l'épaisseur est plus grande, on fait deux tranches que l'on enlève successivement, en commençant par celle du haut.

Toute cette exploitation se fait sans qu'il soit jamais nécessaire de remblayer. Les vastes chambres de plusieurs milliers de mètres cubes, qui remplacent les lentilles de Grünsalz, sont en général abandonnées à elles-mêmes : pour soutenir les points faibles, on élève quelquefois jusqu'au sommet de la voûte de véritables charpentes ayant d'énormes dimensions; les charpentes sont ailleurs remplacées par d'immenses bûchers formés de rondins de bois, longs de plusieurs mètres. On les dispose par couches, alternativement dans deux directions perpendiculaires, et l'on forme ainsi une pile carrée, analogue à celles que l'on construit, dans les chantiers de bois de chauffage, pour soutenir les extrémités des tas. Tous les bois employés s'imprègnent de sel et se conservent indéfiniment. Les cavités produites par l'abatage dans les couches sont également laissées sans remblais, ni boisage : on se borne à soutenir le toit de distance en distance par des bûchers de rondins ayant la hauteur du front de taille.

Nous avons dit un mot précédemment de la question de l'épuisement de l'eau. En 1868, elle prit tout à coup une importance énorme : on faisait des recherches en vue de découvrir un gisement de sels alcalins analogue à celui de Stassfürt (voir : 5° Les sels de Stassfürt) quand on rencontra un banc de sables aquifères. L'eau douce envahit aussitôt les travaux; les obstacles qu'on s'efforça de lui oppposer furent tournés par l'inondation qui gagna et remplit bientôt le sixième et le septième étage. Grâce à l'emploi d'une machine d'épuisement ayant une force de 250 chevaux, on est parvenu à les reconquérir en partie. Toutes les eaux que l'on extrait des mines, soit ordinairement, soit dans des circonstances exceptionnelles sont saturées de sel. Amenées au jour, elles pourraient être traitées avantageusement et donner un rendement considérable : il suffirait d'installer des usines d'évaporation semblables à celles qui fonctionnent dans l'est de la France. Au lieu de cela, on laisse l'eau salée couler dans les ruisseaux où elle est perdue pour tout le monde. Tel est le résultat du monopole : le gouvernement autrichien qui fixe lui-même le prix de vente du sel s'inquiète fort peu d'améliorer sa fabrication. Les mines de Wieliczka sont assez riches pour fournir pendant longtemps encore à tous les besoins d'une exploitation faite dans les anciennes conditions : aussi n'a-t-on pas encore songé à exploiter les argiles salifères et les eaux saturées de sel.

C'est par suite de cette insouciance routinière qu'aucun sondage n'a été tenté entre Wieliczka et Bochnia ; et cependant la distance qui sépare les deux exploitations n'est guère que d'une trentaine de kilomètres ; il serait donc fort possible de trouver des gisements d'une certaine importance entre les mines de Wieliczka uniques au monde et celles de Bochnia dont l'importance est encore considérable.

Au point de vue géologique, cette deuxième formation salifère ressemble beaucoup à la première. C'est encore une masse d'argile plus ou moins bitumineuse, fortement imprégnée de sel et sillonnée par des veines d'anhydrite. Seulement les couches de Bochnia sont fortement inclinées, irrégulières et discontinues : le sel qu'on y trouve est généralement très pur, translucide, d'un blanc grisâtre, sans impuretés apparentes. Il est analogue au szybicksalz de Wieliczka : en aucun point, on ne trouve de bancs semblables à ceux du spizzasalz, ni de masses de sel vert. Un seul des trois gîtes de Wieliczka est donc représenté à Bochnia : soit parce que les formations supérieures n'y ont jamais existé, soit parce qu'elles ont été enlevées par l'effet d'érosions postérieures.

Le nombre des couches de sel est considérable ; mais on en distingue trois principales susceptibles d'être ex-

ploitées dans presque toute leur étendue. Leur épaisseur
moyenne est de 1^m,50 à 2 mètres : on a pu les suivre sur
une longueur de près de 2000 mètres; mais comme elles
sont très inclinées, on arrive alors à une profondeur
de 600 mètres. Des galeries de recherches percées latéralement ont rencontré des couches très bitumineuses
contenant du lignite : mais on a été arrêté par un dégagement abondant de gaz explosibles analogues au grisou.

La méthode d'exploitation en usage à Bochnia est toute
primitive : le travail s'y fait dans de mauvaises conditions;
aussi le prix de revient, pour une production annuelle
de 17000 tonnes, atteint-il 16 à 17 francs la tonne. Il
est certain que l'évaporation des eaux d'épuisement de
Wieliczka donnerait du sel à plus bas prix. Un grand
nombre de puits établissent la communication avec la
mine : chacun d'eux est muni d'un manège à chevaux
qui sert à remonter les blocs. Les galeries qui partent
de ces puits sont dirigées de manière à traverser les différentes couches de la formation salifère. A chaque rencontre, on exploite en descendant par gradins, et l'on
forme ainsi de grandes chambres circulaires, tout autour
desquelles sont disposés les chantiers d'abatage. Comme
à Wieliczka, on isole le bloc en pratiquant avec le pic
une première entaille latérale et une seconde au-dessous
de lui : les masses détachées de cette façon doivent être
debitées sur place en pains réguliers, puis portées à dos
d'homme jusqu'au puits voisin. On ne les remonte qu'au
fur et à mesure des besoins. Pas plus qu'à Wieliczka on
ne fait ni remblai, ni boisage : de distance en distance,
on monte seulement des piles de rondins pour soutenir
les points faibles.

Tels sont les célèbres dépôts de sel situés au pied des
montagnes de grès houiller, qui séparent la Hongrie de
la Galicie. Il ne paraît pas en exister dans le massif même
de la chaîne, mais on en rencontre sur le bord des plaines
aussi bien au sud qu'au nord des Carpathes. La quantité

de sel existant sur la pente nord paraît immense, car depuis Wieliczka, on en rencontre dans la Bukovine et jusque dans la Moldavie. Sur le versant sud moins riche que le versant opposé, on trouve cependant encore des dépôts importants : telles étaient les anciennes salines de Sovär, près d'Eperjes, tels sont les gisements de sel gemme et les sources salées existant dans les comitats d'Ugotz et de Marmaros, jusqu'aux exploitations importantes de Rhonaszéh.

Tous ces gisements de sel offrent des caractères communs avec les autres dépôts analogues. Les argiles qui les contiennent sont variables dans leurs caractères extérieurs, tantôt terreuses, tantôt très solides ; mais elles contiennent toujours des amas plus ou moins considérables de gypse, ordinairement en blocs, souvent même du sulfate de chaux anhydre. Cependant on ne saurait rapporter l'origine de ce sel gemme à la même époque géologique que celle où ont pris naissance d'autres dépôts, ceux de l'est de la France, par exemple. Ces derniers appartiennent aux formations secondaires, tandis que les gisements des Carpathes sont contemporains des terrains tertiaires. Ils doivent s'être formés dans une ancienne mer, au milieu des golfes et des anses que les hautes montagnes laissaient entre elles. En admettant cette théorie pour les dépôts de sel du nord des Carpathes, il est bien difficile de ne pas en faire autant pour les gisements de Hongrie et ceux de la Transylvanie.

Dans cette dernière contrée, les couches de sel gemme ne se rencontrent pas non plus dans la région montagneuse, mais on croit qu'elles s'étendent en une formation continue, ondulant sur toute la partie centrale de la Transylvanie, entre la vallée de la Szamos et celle de la Maros. Si tout le terrain qui recouvre la superficie de cette région venait à disparaître, on verrait la blanche mer de sel, reste de l'ancien golfe qui, à l'époque tertiaire, remplissait ce bassin des Carpathes. Six cents sources salées en jaillissent et revèlent par leur salinité la nature des roches situées au-dessous du sol. Çà et là, les bancs de sel viennent affleurer à la surface : la pluie les lave et les sculpte en formes bizarres. A Parajd, dans la haute vallée du Kis Küküllö, affluent de la Maros, on voit une véritable montagne de sel, dont le dôme surbaissé n'a pas moins de sept kilomètres de tour, et dont le volume dépasse de beaucoup la célèbre montagne de Cardona, en Catalogne (voir page 245). Il y a quelques années, une falaise de sel, qui surplombait la rivière et que les eaux avaient sapée, s'écroula soudain : une masse de sel de 200 tonnes obstrua le lit du cours d'eau, qui cessa de couler pendant plusieurs jours.

5° LES SELS DES STASSFURT.

Le sel en Allemagne. — Gisement de Stassfürt. — Sondages. — Richesse du gîte. — Sels de déblais. — Leur exploitation croissante. — Leur utilité. — Sels divers. — Leur extraction et leur traitement. — Couches salifères de Stassfürt. — Quatre étages.

Jusqu'en 1856, tout le sel produit en Allemagne provenait de l'évaporation d'eaux salines. Schönebeck, près de Magdebourg, produit 50 000 tonnes de sel; Lünebourg, dans la partie orientale du Hanovre, peut en fournir de 15 à 20 000 tonnes; Halle, célèbre aujourd'hui par son université, était autrefois la ville du sel, ainsi que l'indique son nom; ses salines fabriquent environ 10 000 tonnes de sel et à peu de distance se trouve le *Lac Salé* (*der salzige See*). La découverte de gîtes salifères dans la Saxe et dans le Hohenzollern est venue accroître la production et ajouter aux anciens modes d'exploitation, l'extraction du sel tiré des mines. En 1867, un nouveau banc a été découvert à Sperenberg, dans le voisinage de Berlin.

Un gisement important mérite de fixer l'attention à cause de ses caractères spéciaux : c'est celui de Stassfürt. Cë village, naguère complètement ignoré, forme aujourd'hui un groupe considérable d'usines et joue dans l'industrie chimique un rôle de premier ordre. Le gîte salifère que l'on y exploite intéresse d'ailleurs le géologue autant que l'industriel, à cause de sa constitution toute particulière.

Il y a une quarantaine d'années, le développement de l'industrie en Prusse avait rendu la production du sel insuffisante. De nombreux sondages furent entrepris, particulièrement dans les localités où jaillissaient des sources salées : dans le nombre était la petite ville de Stassfürt. Le trou de sonde, commencé en 1839, rencontra le sel à 300 mètres de profondeur. En 1851, on s'arrêta à 580 mètres, après avoir foré 288 mètres dans la masse de sel, sans que rien annonçât qu'on approchait de la partie inférieure des couches. Certains géologues pensent que l'épaisseur du sel gemme dans ce gisement doit être d'au moins 500 mètres : mais en se bornant à l'épaisseur constatée, environ 300 mètres, et en supposant à cette couche une surface de 1400 kilomètres carrés, donnée par les sondages, on voit qu'il y a là un des dépôts salifères les plus riches que l'on connaisse. Trois puits d'extraction y ont été creusés, deux à Stassfürt, le troisième à Anhalt qui n'est séparé de Stassfürt que par la rivière la Bode, qui coule entre les deux villes.

Les dépôts de sel de Stassfürt présentent une particularité curieuse qui fait leur richesse. Ils ne constituent pas seulement un des plus beaux amas de sel connu; ils sont, en outre, un réservoir presque inépuisable de sels de potasse. En creusant les puits de Stassfürt, on rencontra sur une épaisseur de 70 mètres, un mélange de sels de potasse, de soude et de magnésie, dont la présence découragea tellement les entrepreneurs que l'on fut sur le point de renoncer au forage. Mais cette couche recouvrait simplement le dépôt de sel, et, à 280 mètres de profondeur, on rencontra celui-ci.

L'exploitation du sel gemme, commencée en 1857,

avait déjà fourni des quantités considérables de ce produit avant qu'on ait songé à utiliser les composés potassiques. Ce fut M. Henri Rose qui signala, en 1859, toute l'importance de cette matière. En 1860, 2800 quintaux furent livrés à l'agriculture; en 1861, on en tira près de huit fois plus; enfin, en 1862, la quantité exploitée devint près de 80 fois plus grande et depuis cette époque elle a toujours été en augmentant. L'emploi des sels de potasse, dans l'industrie des produits chimiques, dans les verreries et en agriculture n'a pour ainsi dire pas de limites : on se sert, en outre, du chlorure de potassium pour transformer l'azotate de soude en salpêtre (azotate de potasse), destiné à la fabrication de la poudre.

Les sels de Stassfürt sont nombreux, mais d'une importance inégale; voici les principaux : 1° la *polyhalite*, que l'on a rencontrée également dans les sondages faits en France et notamment à Montmorot (voir page 124), est un sulfate triple de chaux, de potasse et de magnésie; 2° la *kainite* est formée de sulfate double de potasse et de magnésie, mélange de chlorure de magnésium. La *kiesérite* est du sulfate de magnésie cristallisé, différent du sulfate des laboratoires en ce qu'il ne contient qu'un équivalent d'eau de cristallisation[1]. Le sel le plus important est la *carnalite*, chlorure double de potassium et de magnésium, dont il est facile d'extraire le chlorure de potassium. Enfin ce dernier sel se rencontre aussi sous forme de rognons : les Allemands ont remplacé son nom minéralogique ancien, sel de Sylvius, par celui de *sylvine*.

L'extraction de toutes ces matières minérales se fait par des galeries de mines de grandes dimensions, et les blocs enlevés sont ensuite traités par différents procédés. Cinq fabrications diverses tirent parti des sels de Stassfürt : 1° production du chlorure de potassium; 2° transformation du chlorure en sulfate de

---

[1] $MgO, SO^3 + HO$.

potasse; 3° fabrication du carbonate de potasse au moyen du sulfate; 4° fabrication du sulfate de soude; 5° exploitation des produits potassiques pour la confection des engrais.

En résumé, les couches salifères de Stassfürt présentent quatre étages principaux qui sont, en commençant par en bas :

1° L'étage de l'anhydrite, consistant en masses puissantes de sel, séparées par des lits de sulfate de chaux anhydre, son épaisseur observée est de 107 mètres;

2° Celui de la polyhalite, d'une épaisseur de 52 mètres, dans lequel les couches de sel sont séparées par des lits minces de ce minéral;

3° Celui de la kiesérite, dans lequel le sel gemme est associé à du sulfate de magnésie hydraté (17 pour 100) et à de la carnalite (13 pour 100) : il a 30 mètres d'épaisseur;

4° Enfin l'étage de la carnalite, dans lequel domine ce minéral. Il y entre, en effet, à raison de 55 pour 100 : le reste est du sel gemme (25 pour 100), de la kiesérite (16 pour 100), enfin de la sylvine et de la kainite. En raison de l'abondance des sels de potasse, les produits de cet étage portent le nom de *kalisalz*.

Les travaux actuels ont déjà fait connaître l'existence d'un massif de carnalite, correspondant à près de 6 millions de tonnes de chlorure de potassium supposé pur. L'extraction annuelle est arrivée, en 1870, au chiffre de 146 000 tonnes pour Stassfürt et de 130 000 tonnes pour la ville de Leopoldshall, sa voisine du territoire d'Anhalt.

4° LE SEL EN ANGLETERRE.

Production du sel. — Influence de l'abolition de l'impôt. — Mines du Worcestershire. — Mines du Cheshire. — Roc ksalt. — Sources salées. — Northwich. — Influence de la nappe d'eau souterraine sur son existence. — Travail des mines. — Les mineurs. — Leurs fêtes. — Dangers des travaux. — Explosions de grisou.

En Angleterre, on extrait le sel dans le Cheshire et dans le Worcestershire. On l'a également rencontré, il y a quelques années, dans un forage exécuté plus au nord, à Middleborough : la couche appartient au trias, comme les autres gisements exploités ; mais elle n'a encore été l'objet d'aucun travail.

La production annuelle a éprouvé une augmentation considérable depuis 1825, époque de la suppression de l'impôt du sel en Angleterre : elle est aujourd'hui de 750 à 800 000 tonnes. Si l'abolition de la taxe a beaucoup favorisé le travail des mines de sel, elle est loin d'avoir été favorable à l'industrie des sauniers du littoral. Elle a déterminé au contraire la disparition presque complète des petites salines situées sur les côtes. Ceci doit donner à réfléchir aux paludiers de l'ouest de la France, qui s'imaginent trouver dans le dégrèvement du sel le remède à tous leurs maux.

Il n'existe pas de salines en Irlande : la totalité du sel consommé vient des mines d'Angleterre.

La couche de sel gemme du comté de Worcester est placée au milieu de bancs de marnes ; ils sont situés au-dessus du nouveau grès rouge et recouverts par les marnes à gypse ou les calcaires du lias. A Stoke-Prior, on a pu extraire quelques blocs ; mais dans la plupart des localités, on a rencontré, immédiatement au-dessus de la masse de sel, une nappe d'eau souterraine qui en lave la surface, et qui, chargée de sel, remonte au niveau du sol et même plus haut, à la manière de l'eau des puits artésiens. L'eau est saturée de sel : par l'évaporation, elle fournit du sel fin que l'on met en pains, et du gros sel que l'on vend tel qu'on l'obtient.

Les salines de cette région sont situées dans les paroisses de Droitwich et de Stoke-Prior : mais les bancs s'étendent au loin et sont également exploités dans le Staffordshire.

C'est encore la même formation géologique qui s'avance jusqu'au delà de Liverpool et qui renferme les magnifiques mines de sel du Cheshire. Ce gisement n'a été découvert et exploité en grand que depuis le règne de Charles II, c'est-à-dire vers la fin du dix-septième siècle. En 1670, des mineurs qui cherchaient du charbon trouvèrent le sel. De même que dans le Worcestershire, il existe une nappe d'eau sur les parties basses du banc de sel. Mais dans certains points, le dépôt salifère paraît situé plus haut que le niveau supérieur des eaux : le fond des puits d'extraction reste sec, et l'on obtient du sel gemme (*rock salt*) et non de l'eau salée. Les mines d'où l'on extrait le sel en roche, et les usines où l'on opère sur l'eau salée provenant du même dépôt minéral, sont à proximité les unes des autres, et se trouvent groupées, soit sur les bords de la Weaver, soit sur les canaux qui communiquent avec cette rivière. Les plus importantes sont situées à Northwich et à Winsford : mais il y en a beaucoup d'autres. La presque totalité des produits est embarquée sur la Weaver, soit pour être expédiée à Liverpool, soit pour passer par les canaux vers le centre et l'est de l'Angleterre. Une partie assez importante du sel extrait est cependant utilisée dans le pays à la préparation des fromages de Chester et à la fabrication de la soude dans l'usine de Newton.

Une circonstance curieuse frappe le voyageur qui visite les mines de Northwich. La nappe d'eau souterraine en dissolvant les bancs de sel, a creusé d'énormes cavités : aussi le sol s'effondre peu à peu et la croûte de terre superficielle s'affaisse avec les maisons, les champs et les rivières. Les habitations semblent en ruine ; ici les escaliers chancellent, là les murs sont disjoints; les fenêtres sont déjetées et n'ont plus de forme régulière ; les cheminées fendues laissent sortir la fumée à mi-chemin de leur hauteur ; dans certaines maisons, on monte du rez-de-chaussée dans la cour, tandis qu'autrefois on était obligé de descendre plusieurs marches. Le sel a fait Nortwich : il est à craindre qu'il ne la détruise.

Le travail dans les mines du Cheshire ressemble beaucoup à celui des houillères. Les galeries sont creusées à l'aide de la pioche et du coin; les blocs sont ensuite détachés à la poudre. Il en résulte de grandes excavations soutenues par des piliers de sel que l'on conserve de distance en distance : les murs ont la forme, la transparence et la couleur du sucre candi ; les piliers sont couverts de mille facettes et brillent par la réflexion des lumières que portent les mineurs. Celles-ci sont de simples chandelles plantées dans une boule molle de terre glaise : ce chandelier d'un nouveau genre s'accroche ou plutôt se colle partout où l'on veut. Le silence des voûtes est de temps en temps violemment troublé par des explosions semblables à celles du tonnerre. C'est la poudre qui disloque la roche et en projette les éclats ; le sol est jonché de fragments cristallisés, quelquefois blancs ou transparents, le plus souvent d'une couleur jaune ou rougeâtre.

Les ouvriers gagnent de 4 à 5 francs par jour : mais le travail est pénible, car souvent ce sont les mineurs qui transportent eux-mêmes les blocs de sel. Dans certaines mines cependant le roulage est fait par des chevaux, des poneys ou des ânes : ils descendent tout jeunes, et ne remontent au jour que pour être abattus. Les femmes ne travaillent pas dans les mines du Cheshire : on en employait autrefois beaucoup dans le Worcestershire ; mais la nature fatigante des travaux, la température assez

élevée des mines exigeait un habillement fort incomplet ;
les sentiments de la délicatesse la plus élémentaire
étaient constamment froissés dans ce mélange des sexes ;
aussi les entrepreneurs de salines et le clergé anglican
se sont-ils entendus pour faire supprimer en grande partie
le travail des femmes. Celles-ci ne descendent dans la
mine qu'aux jours de fête. A Noël et à la Pentecôte, on
allume des centaines de chandelles, dont les lumières
produisent un effet merveilleux : des bandes de musiciens
jouent des airs appropriés aux circonstances ; on goûte
et on danse.

Les mines de sel présentent leurs dangers : elles peuvent être détruites par divers accidents, mais surtout
par les sources qui coulent au-dessus de la roche et
l'usent continuellement. Quelquefois ces sources se pré-
cipitent dans l'intérieur des travaux, dissolvent les piliers
et occasionnent la chute de toute la masse : elle s'écroule
entraînant avec elle le sol qui la recouvre, les usines,
les machines, les maisons qui s'y trouvent. Malheur aux
ouvriers qui sont alors de service ! Mais habitués au
danger, ils n'y songent pas et vivent ainsi sous un plafond de sel recouvert d'une nappe d'eau.

Un autre genre d'accident assez rare dans les mines de
sel les plus connues s'est produit dans celles de Northwich : nous voulons parler d'explosions analogues à
celles du grisou dans les mines de houille. Un jour, des
mineurs en frappant le sol perçurent un son qui indi-
quait l'existence d'une cavité sous la partie frappée. Voulant se rendre compte de la cause de ce phénomène, ils
amincirent la paroi à coup de pics : bientôt un jet de
gaz comprimé s'échappa avec une violence extrême,
s'alluma à la flamme des lampes et donna lieu à une
explosion épouvantable. L'existence du gaz hydrogène
carboné a été également constaté, mais par petites quantités seulement, dans le sel des mines de Wieliczka.

5° LE SEL EN AFRIQUE.

Rareté du sel en Afrique. — Les salines de la province d'Oran. — Ain-Témouchen. — Le lac d'Arzeu. — La Sebkha d'Oran. — Sources salées de la province d'Alger. — Le Rang-el-Melah ou Rocher de Sel. — Son exploitation. — Le Zahrez-Rharbi. — Le Zahrez-Chergui. — Quantités de sel qu'ils contiennent. — La région des chotts. — Sa situation. — Les divers chotts. — Leur aspect. — Le chott Mél-Rir. — Le chott El-Djerid. — Traversée du chott. — Marques de la route. — Altitude des chotts. — La mer intérieure ou baie de Triton. — Influence de l'évaporation. — Le sel dans l'Afrique centrale. — Jbn-Batoutah. — Salines de Teghaza. — Léon l'Africain. — Pénurie du sel en Afrique. — Teghaza. — Vente du sel. — Caillié à Tombouctou. — Mines de Taodeni. — Le docteur Barth. — Situation de Taodeni. — Valeur du sel. — Moyens divers employés par les nègres pour obtenir le sel. — La vallée Fogha. — Le capparis sodata. — Les sources de Bilma. — La caravane du sel ou airi. — Sa composition. — Sa marche. — Les Touarégs d'Aïr. — Le commerce du sel en Afrique. — Anciennes relations entre l'Algérie et la Nigritie. — La Sebkha d'Amagdhor. — Routes des caravanes anciennes. — Les foires d'Amagdhor.

La rareté du sel dans certaines portions de l'Afrique le fait estimer presque à l'égal de l'or : il y sert, a-t-on dit, de monnaie pour payer la marchandise la plus recherchée, la marchandise humaine. Dans les environs d'Akra [1], sur la Côte d'Or, on donne un ou même deux esclaves pour une poignée de sel. Chez certaines tribus nègres, dire d'un homme qu'il assaisonne ses mets avec du sel est le représenter comme un homme riche. Caillié assure de même que les habitants de Raukan ne salent pas leurs aliments : ce n'est qu'à certaines fêtes que les nègres Mandingo et les Bamboras en font usage. En faut-il conclure que l'Afrique est dépourvue de sel ? Ou bien le manque de cette denrée de première nécessité ne doit-il pas être attribué aux difficultés des communications dans ces pays sauvages et au peu d'industrie des habitants ? Ils se bornent en effet à recueillir ce qu'ils trouvent à la surface du sol, ce que la nature leur fournit tout préparé.

[1] Karsten, Lehrbuch der Salinenkunde.

La région septentrionale de l'Afrique commence à être aujourd'hui mieux connue : les richesses minérales de l'Algérie ont été l'objet des plus sérieuses études et l'on a reconnu dans cette contrée l'existence de gisements salifères importants. Nous indiquerons rapidement ceux qui offrent le plus d'intérêt en prenant pour guide M. Ville, ingénieur des mines, et auteur des principales recherches sur les gîtes minéraux de l'Algérie.

Examinons d'abord ce qui est relatif à la province d'Oran.

Depuis longtemps les Arabes exploitent un gîte de sel gemme situé à 12 kilomètres environ à l'ouest d'Ain-Temouchen et à 8 ou 10 kilomètres du bord de la mer. Le sel est intercalé dans des argiles schisteuses grisés ; il a été découvert le long d'une petite rivière, qui longe l'amas de sel et qui porte, comme toutes les rivières salées d'Algérie, le nom d'Oued-Melah. Ce sel est fort impur et renferme au moins 20 pour 100 de matières étrangères : néanmoins les Arabes l'emploient à l'état brut. Ils l'extraient de la carrière au moyen d'entailles à ciel ouvert et le transportent ensuite à dos d'âne ou de mulet jusqu'à Ain-Temouchen ou jusqu'à Tlemcen. Dans la première localité, la charge d'un âne vaut 30 centimes, celle d'un mulet 50 centimes. On trouve à l'est d'Ain-Temouchen, une autre Oued-Melah (rivière salée), appelée aussi Rio-Salado : elle doit son nom à des infiltrations d'eau salée qui se trouvent à la partie supérieure de son cours.

Le lac d'Arzeu est une saline naturelle située à 14 kilomètres du port d'Arzeu et à 45 mètres au-dessus du niveau de la mer. Sa longueur est d'environ 12 kilomètres et sa largeur de 2500 mètres ; mais il n'est jamais complètement couvert d'eau. En hiver, on n'y trouve que de l'eau salée qui s'étend sur une portion de sa surface : en été, l'eau se concentre par évaporation et laisse déposer une couche de sel dont l'épaisseur augmente jusqu'à la saison des pluies. Quant à la profondeur de l'eau, elle ne dépasse pas 25 centimètres. Le lac d'Arzeu contient aujourd'hui près de 1 300 000 tonnes de sel marchand ; il en reçoit annuellement 4000 tonnes environ par les eaux qui lui arrivent et qui doivent leur salure au lavage de roches imprégnées de sel. Cette saline est exploitée de temps immémorial et fournit annuellement près de 5000 tonnes d'un sel assez pur, puisqu'il renferme seulement 2 pour 100 de matières étrangères. Une autre saline naturelle, la Sebkha d'Oran, ou Lac du Champ du Figuier, est située à 14 kilomètres au sud d'Oran et à 80 mètres au-dessus du niveau de la mer. En été, elle se couvre d'une croûte de sel de quelques millimètres d'épaisseur qui est inexploitable. Sur les bords et dans quelques dépressions du sol, il se trouve un peu plus de sel : mais on n'exploite guère que celui qui se dépose dans une série de petits lacs salés entourant le premier comme une ceinture.

On voit donc que le sel ne manque pas dans cette portion de l'Afrique ; le lac d'Arzeu pourrait à lui seul subvenir pendant longtemps à la consommation du pays voisin. A une faible distance se trouvent, en outre, les marais salants de Tetouan et de Tanger dans le Maroc : mais ils sont peu importants.

Dans la province d'Alger, les Arabes exploitent depuis fort longtemps le sel fourni par l'évaporation naturelle d'un certain nombre de sources salées. Les principales sont situées : 1° à 10 kilomètres environ à l'ouest de Tenes, près des bords de la mer ; 2° à 24 kilomètres au nord-est de Boghar ; 3° au village de Kasbah, à 40 kilomètres d'Aumale ; 4° près du caravansérail établi sur la route de Milianah à Teniet-el-Haad. Cette dernière exploitation établie sur les bords d'une rivière salée occupe une cinquantaine de personnes.

Mais le gîte salifère le plus curieux et le plus considérable de l'Algérie, est celui qui comprend le Rocher de sel du Djebel-Sahari et les salines naturelles du Zahrez Rharbi et du Zahrez Chergui.

Le Rocher de sel (*Khaneg-el-Melah* ou *Rang-el-Melah*) est situé sur la route de Boghar à Laghouat, à l'entrée de la chaîne secondaire du Djebel-Sahari et à 25 kilomètres du poste militaire de Djelfa. Il est reconnaissable aux dentelures qui se présentent au voyageur arrivant par le nord, et qui contrastent avec les crêtes ondulées situées de chaque côté. Un caravansérail est établi tout près du Rocher de sel (altitude 961 mètres). Cette montagne de sel est remarquable au point de vue géologique, parce qu'elle présente d'un côté le terrain crétacé, et de l'autre le terrain tertiaire relevés le long de ses flancs : des fragments de chacune de ces roches se trouvent épars dans le sel lui-même. Le sel gemme du Rocher de sel est assez pur : on y trouve de 92 à 98 pour 100 de chlorure de sodium. La base du rocher est d'environ 400 mètres : ses escarpements verticaux s'élèvent à 35 ou 40 mètres et pourraient suffire à une exploitation régulière, faite à ciel ouvert pendant de longues années. Le sel est gris bleuâtre en masse et nuancé de zones de diverses couleurs : il n'est pas stratifié et sa surface supérieure est fort irrégulière. Elle est recouverte d'un mélange de sel, de gypse et d'argile, qui se ravine avec la plus grande facilité sous l'influence des agents atmosphériques : de plus, la dissolution du sel par les eaux souterraines donne lieu à de grands vides intérieurs ; ils s'effondrent de temps en temps, et produisent à la surface du Rocher de sel des trous et des entonnoirs profonds et dangereux ; des accidents s'y sont produits quelquefois avec un caractère bizarre et fantastique.

Plusieurs sources fortement salées sortent du Rocher de sel, vont se jeter dans l'Oued-Melah et donnent à ses eaux, au moins en été, un degré de salure sensible : dans la saison des pluies, l'effet est moins prononcé, et les animaux peuvent s'abreuver dans l'Oued-Melah en aval du

Rocher de sel. Toutes ces sources abandonnent sur leurs rives des dépôts de sel blanc de 3 à 4 centimètres d'épaisseur : l'intendance en a fait pendant longtemps recueillir pour le besoin des troupes de Boghar, Djelfa et Laghouat. Aujourd'hui le sel se recueille dans de grands bassins revêtus en argile et dans lesquels on fait arriver l'eau des sources salées pour l'abandonner ensuite à l'évaporation. Les Arabes emploient de préférence le sel gemme qu'ils exploitent à ciel ouvert et à l'aide de pics : cette opération est difficile à cause de la dureté de la roche, et le sel ainsi obtenu revient certainement à un prix plus élevé que par l'évaporation spontanée des eaux salines.

Les deux Zharez sont des lacs très fortement salés qui occupent la partie basse d'une dépression comprise entre les chaînes crétacées du Seba-Rous, au nord, et du Djebel-Sahari, au sud.

Le Zharez Rharbi (occidental) a 40 kilomètres de long sur 8 kilomètres de largeur moyenne : il est à 857 mètres d'altitude, alimenté par les eaux de l'Oued-Melah qui lui apportent les éléments salins enlevés au Rocher de sel, et par celles de l'Oued-Hadjeza qui traverse également un rocher de sel de moindre importance. La hauteur d'eau serait de 3 mètres vers le centre, au dire des Arabes : mais un gué permet de traverser le lac en tout temps. L'eau s'évapore en été ; il ne reste alors qu'une vaste nappe de sel dont l'épaisseur au centre du lac atteindrait, dit-on, 70 centimètres. En estimant seulement à 33 centimètres l'épaisseur moyenne de la croûte de sel, ce qui n'a rien d'exagéré, on trouve qu'elle représente au moins 200 *millions de tonnes* de sel.

Le Zahrez Chergui (oriental)[1], a 56 kilomètres de long sur 14 kilomètres de largeur moyenne : sa surface est donc une fois et demi celle du Zahrez Rharbi. Il est situé

---

[1] Deux autres lacs salés, beaucoup plus grands, et désignés sous les noms de Chott-el-Rharbi et Chott-el-Chergui, sont situés au sud de la province d'Oran.

à 771 mètres d'altitude et alimenté par les infiltrations provenant des terrains quaternaires environnants. Le fond du lac est formé d'une vase argileuse; aussi est-il dangereux de s'y hasarder soit à pied, soit à cheval. L'eau fortement salée qui le recouvre en hiver, disparaît en été en laissant une croûte saline : elle contiendrait en lui supposant la même épaisseur qu'au Zahrez Rharbi l'énorme quantité de 350 *millions de tonnes* de sel.

Il y a donc là une masse saline de plus de 500 millions de tonnes, sans compter le Rocher de sel; l'exploitation en serait facile surtout au printemps : mais les moyens de communication manquent aujourd'hui et ces énormes salines naturelles ne servent que pour la consommation des Arabes campés sur leurs bords.

La province de Constantine contient aussi des gisements de sel gemme, analogues à ceux que nous venons de décrire pour les provinces d'Alger et d'Oran : nous n'ajouterons rien de plus à cet égard, mais nous dirons quelques mots d'une région salifère importante située sur les frontières de la province de Constantine, de la Tunisie et aux limites du Sahara, nous voulons parler de la région des chotts [1]. Ceux-ci ressemblent tout à fait aux Zahrez algériens, auxquels beaucoup de voyageurs donnent le nom de chotts : ailleurs, ces lacs salins, desséchés pendant une partie de l'année, sont désignés sous le nom de *Sebhka*.

La chaîne de montagnes la plus élevée de l'Algérie, le Djebel-Aurès, dont les plus hauts sommets dépassent 2300 mètres d'altitude, est située dans le sud de la province de Constantine et domine de toute sa hauteur les régions basses et sablonneuses du Sahara. Ce sont deux

---

[1] Pour plus de détail, sur cette région, voir : Roudaire, *Revue des Deux Mondes*, mai 1874; Comptes rendus de l'Académie des Sciences; *Bulletin de la Société de Géographie*. — Henri Duveyrier, *Bulletin de la Société de Géographie*, 1874 et 1875. — Tissot, *Bulletin de la Société de Géographie*, 1879. — Cosson, *Bulletin de la Société de Géographie*, 1880.

mondes opposés qui se touchent : du sommet de l'Amar-
Khaddou, le contrefort le plus méridional de l'Aurès, on
jouit d'un magnifique spectacle. Au nord, le massif mon-
tagneux se dresse dans toute sa majesté grandiose; au
sud, on voit se dérouler à ses pieds l'immensité de la
mer de sable. Çà et là des taches d'un vert sombre tran-
chent sur le fond grisâtre du désert, ce sont les oasis et
leurs plantations de dattiers. Plus loin, le regard s'arrête
sur la surface claire et resplendissante du chott Mel-Rir
ou Mel-ghigh [1].

La région des chotts commence dans le Sahara par
5°,45′ de longitude est de Paris et 34°,30′ de latitude
nord : elle s'étend dans le sud jusqu'à 35°,45′ de latitude.
Du côté de l'est, elle va sur notre territoire jusqu'à la
frontière tunisienne, se continue en Tunisie et finit à 20 kilomètres de la côte de la Méditerranée, au fond du golfe
de Gabès. Envisagé dans son ensemble, ce pays renferme
trois grands chotts : le chot Mel-Rir avec ses dépendances, le chott El-Gharsa et le chott El-Djerid. Ils se suivent
de l'ouest à l'est sur un développement de 380 kilomètres, dont une moitié est sur le territoire français : la
ligne qui sépare les parcours des tribus algériennes et
tunisiennes longe le rivage du chott El-Gharsa. Entre
celui-ci et le chott Mel-Rir, dont la partie orientale porte
le nom de chott Es-Salam, se trouvent plusieurs autres
chotts de dimensions moindres, dont la position, la forme
et le mode de réunion ont été déterminés par M. le commandant Roudaire. Les altitudes de ces divers bassins ont
été également mesurées par lui avec une précision aussi
grande que possible, eu égard aux difficultés de l'opération.

Les chotts sont des bas-fonds vaseux, couverts de ma-

---

[1] M. Duveyrier l'appelle chott Mel-ghigh : il donne aussi le nom
d'El-Gharsa au chott voisin que M. Roudaire appelle El-Rharsa. Il y a
dans les noms arabes un son guttural que les uns représentent par R
et les autres par Gh.

tières salines et dans lesquels l'eau ne séjourne qu'à certains moments de l'année : ils sont alimentés par les nombreuses rivières qui traversent la contrée et qui n'ont d'autre écoulement. Elles n'ont, en général, d'eau qu'en hiver et au printemps, à l'époque des pluies et de la fonte des neiges dans la montagne; aussi les chotts, dont la surface est le siège d'une évaporation fort active, sont-ils souvent à sec : ils sont alors couverts d'une couche saline, blanche, pulvérulente, et ressemblent, à s'y méprendre, à d'immenses plaines couvertes de gelée blanche. Quand on s'aventure dans l'intérieur des chotts, on éprouve une chaleur lourde et accablante, à cause de l'humidité dont l'air est imprégné. Les yeux sont éblouis par la réverbération des rayons de soleil sur les petits cristaux qui tapissent le sol : les objets placés sur les bords sont réfléchis par un effet de mirage avec autant de fidélité que dans les eaux les plus transparentes. L'illusion est complète; on se croirait sur un îlot au milieu d'un lac véritable.

Le chott Mel-Rir est à 70 kilomètres au sud de Biskra : il occupe une surface d'environ 2400 kilomètres carrés; son extrémité orientale ou chott Es-Salam est à 320 kilomètres du golfe de Gabès. Quand il est à sec, le sol est en général assez solide, sauf dans les parties orientale et méridionale : néanmoins il serait imprudent de s'y hasarder sans guide; car on rencontre fréquemment des trous de vases (les indigènes les appellent *marmites*), dans lesquels on disparaîtrait entièrement.

Le chott El-Djerid, le plus voisin de la Méditerranée, est plus dangereux encore que le précédent : il s'étend de l'est à l'ouest depuis Nefta jusqu'à l'isthme de Gabès : sa rive méridionale est mal connue, sauf à son extrémité orientale où se trouve le pays du Nefzaoua. Une route jalonnée le traverse depuis le Nefzaoua jusqu'à Touzeur, près de Nefta : c'est une ligne longue et étroite sur laquelle on ne peut avancer qu'un à un. Malheur à qui s'en écarte! Un jour une caravane dut traverser le chott : elle se composait de mille bêtes de charge. Un des chameaux quitta le bon chemin; rien ne saurait exprimer la rapidité avec laquelle la terre s'amollit et engloutit les mille chameaux. Le terrain redevint aussitôt ce qu'il était auparavant, comme si tout ce qui venait de disparaître n'avait jamais existé.

M. Tissot a écrit une relation fort intéressante de la traversée du chott El-Djerid, et fait, d'après nature, de belles aquarelles représentant différentes parties du chott; on peut les voir à la Société de géographie.

Les bords du chott, c'est-à-dire les limites des grandes eaux, se reconnaissent aux efflorescences salines qui recouvrent le sol sablonneux : aux vases mélangées de sel succède une croûte saline, de plus en plus épaisse, dure et transparente comme du verre à bouteille. Son épaisseur n'a que quelques pouces ; au-dessous est un abîme dont il est impossible de sonder la profondeur. On rencontre fréquemment des crevasses qui ne contiennent que quatre ou cinq pieds d'eau : mais, au-dessous de la nappe liquide, dorment les sables mouvants si redoutés dans le pays, et qui furent le tombeau de tant de caravanes. Quant à l'eau, elle est tellement salée que la main qu'on y a plongée se recouvre d'une poussière saline, aussitôt qu'on l'expose à l'air.

« Nous marchons toujours, dit M. Tissot; en face, à droite, à gauche, le chott déploie, aussi loin que la vue peut s'étendre, l'éblouissante immensité de sa nappe d'argent. La chaleur étouffante, les hallucinations du mirage, le contraste étrange d'un sol de neige et d'un ciel de feu, tout enfin, jusqu'à ce lac solide et ce terrain mouvant, me donnent une sorte de vertige. »

La route qui traverse le chott porte maintenant, comme marques, de simples pierres fichées dans la croûte saline : elles ont 40 à 50 centimètres de hauteur; mais, grandies par le mirage, elles s'aperçoivent de loin.

En bonne règle, il devrait y avoir une double rangée de marques; des pierres à gauche, en allant de Touzeur au Nefzahoua; des troncs de palmier à droite : mais les hautes eaux emportent souvent ces derniers, et la voirie du chott laisse à désirer. Ces indications sont nécessaires en tout temps, mais surtout lorsque se déchaînent les tempêtes de vent accompagnées de tourbillons de sable et de sel. La croûte saline du chott est fréquemment recouverte d'une couche d'eau dans laquelle les chevaux entrent quelquefois jusqu'au poitrail, même en suivant la bonne voie : en ces points le danger est extrême, car la partie solide dissoute et amincie par l'eau peut s'effondrer à chaque pas.

Au milieu du chott est un amoncellement de cinq ou six blocs de pierre, auquel le mirage donne l'aspect d'une grande pyramide : c'est le Mensof. De Touzeur au Mensof, il y a 32 marques ; du Mensof au Nefzaoua, 24 seulement : à raison de 5 à 600 mètres à peu près entre deux marques, on peut calculer approximativement la longueur de ce chemin dangereux.

Les chotts tunisiens contiennent comme les Zahrez de la province d'Alger une accumulation de matières salines, qui pourrait suffire à une exploitation prolongée pendant plusieurs siècles. Mais ils se distinguent de ceux-ci par leur situation toute différente. Les Zahrez sont à une altitude considérable, situés sur de hauts plateaux : les chotts sont voisins du niveau de la mer. D'après les nivellements de M. le commandant Roudaire, le niveau du chott Mel-Rir est à 24 ou 28 mètres au-dessous de celui de la Méditerranée; le chott El-Gharsa est à 15 mètres au-dessous de cette dernière; les différents chotts situés entre les deux précédents ont tous un niveau inférieur de 15 à 22 mètres à celui de la mer : il faut en excepter le chott El-Asloudj, le plus voisin d'El-Gharsa dont le lit, dans sa partie la plus élevée, est à 3 mètres au-dessus du niveau de la mer.

Quant au grand chott El-Djerid, M. Roudaire le croyait tout d'abord situé à un niveau inférieur à la Méditerranée; mais il paraît démontré qu'il est tout entier au-dessus de celle-ci et que son altitude est d'environ 15 à 17 mètres. Il est en outre séparé de la mer par un seuil formé de dunes sablonneuses ayant 18 kilomètres de largeur.

C'est dans ces immenses réservoirs ayant 400 kilomètres de long et 60 kilomètres de large, que M. Roudaire avait songé à faire pénétrer l'eau de la Méditerranée, afin de créer dans cette portion de l'Afrique une mer intérieure. Elle ne serait, d'après lui, que la reconstitution de l'ancienne baie de Triton, séparée de la mer à une époque récente par une accumulation de sables, et convertie ensuite en chotts par effet de l'évaporation. Notre sujet ne comporte pas l'examen de cette création d'une mer intérieure : la possibilité de cette grande œuvre a été discutée et la question de son utilité est, pour beaucoup de personnes, assez controversée. M. Roudaire admet que pour compenser l'évaporation dans ces parages, il faudrait prendre à la Méditerranée 50 milliards de mètres cubes d'eau par an : cette masse représente une couche d'eau d'un mètre et demi seulement. Serait-elle suffisante pour compenser l'excès de l'eau enlevée par l'évaporation sur celle que fournissent les divers affluents.

Imaginons cette mer créée : comme l'orifice d'entrée des eaux à travers l'isthme de Gabès serait nécessairement restreint, comme l'eau devrait en outre traverser entre le chott El-Gharsa et le chott Men-Rir un second canal d'une faible largeur [1], l'existence d'un contre-courant semble difficile à admettre. Il se produirait donc forcément là ce qui se fait dans le Kara-Boghaz, une concentration ra-

---

[1] A travers le chott El-Asloudj, dont le niveau est supérieur à celui de la mer.

pide des eaux, suivie d'un dépôt de sel : au bout d'un temps que M. Roudaire lui-même évalue à 1500 ans, la mer intérieure serait convertie en un immense bloc de matière saline. Cette durée serait certainement beaucoup moindre : car d'une part il évalue la profondeur de la mer intérieure à 60 mètres, chiffre qui peut paraître beaucoup trop fort ; et d'autre part, en estimant l'évaporation à un mètre et demi, il reste certainement au-dessous de la vérité, pour ce qui concerne le climat africain.

Les renseignements que l'on possède sur l'emploi et l'extraction du sel dans l'Afrique centrale sont peu nombreux : mais, en comparant ceux que l'on trouve dans les récits des voyageurs de différentes époques, on reconnaît que les mêmes moyens ou à peu près sont employés dans ces contrées depuis plus de cinq siècles. Les plus anciens voyageurs qui ont pénétré au centre de l'Afrique, jusqu'à Tombouctou, sont Ibn-Batoutah et Léon l'Africain : tous deux sont des arabes occidentaux que leurs instincts voyageurs ont poussé dans ces contrées inconnues. Voyons ce qu'ils disent à propos du sel.

Ibn-Batoutah (Abou-Abd-Allah-Mohammed), né à Tanger, en 1302, partit de Fez, en 1351, pour explorer le Soudan ou Pays des Noirs et ne fut de retour qu'en 1354. Il arriva[1], le 14 mars 1352, après une marche de 25 jours à Taghaza, qui est, dit-il, un bourg sans culture et offrant peu de ressources. Une des choses curieuses que l'on y remarque, c'est que ses maisons et sa mosquée sont bâties en pierres de sel : les toits sont faits de peaux de chameaux. On n'y voit aucun arbre ; le terrain n'est que du sable, où se trouve une mine de sel. En creusant dans le sol, on découvre de grandes tables de sel gemme, placées l'une sur l'autre, comme si on les avait taillées

[1] Ibn-Batoutah, texte arabe, traduction française publiée par la Société Asiatique de Paris.

et puis disposées par couches sous terre. Un chameau ne peut porter que deux de ces tables ou dalles de sel.

Taghaza est habitée uniquement par les esclaves des Messoufites, esclaves qui s'occupent de l'extraction du sel. Ils vivent de dattes, de viande de chameau et de millet importés de la contrée des nègres. Ces derniers arrivent de leur pays et emportent le sel. Une charge de chameau se vend 10 ducats, à Sonalaton : elle en vaut 30 ou 40, quand elle arrive à Malli, ville située à 24 jours de marche de la précédente.

Les nègres emploient le sel pour monnaie, comme on fait ailleurs de l'or et de l'argent : ils coupent le sel en morceaux et trafiquent avec ceux-ci. Le séjour de Taghaza est difficile; car l'eau y est saumâtre : c'est pourtant là qu'on fait la provision d'eau, pour pénétrer dans le désert qui suit et qui est de 10 jours de marche.

Cent cinquante ans plus tard, les mêmes contrées furent visitées par Léon l'Africain, né à Grenade au commencement du XVIe siècle. Il constate encore la même pénurie de sel.

« En la plus grande partie de l'Afrique, dit-il [1], on ne trouve autre sel que celui que l'on tire des salines dans les cavernes, ni plus, ni moins que si c'était jaspe ou marbre. La Barbarie en rapporte une grande quantité et la Numidie médiocrement, tant qu'il suffit. Mais il s'en trouve peu au pays des Noirs, mêmement en l'Éthiopie inférieure, où la livre se vend demi-ducat. Aussi les habitants ne le tiennent pas dans des salières aux repas; mais, en mangeant leur pain, ils tiennent une pièce de sel dans la main et à chaque morceau qu'ils mettent dans la bouche, ils passent la langue dessus et ne font cela pour autre raison que de l'épargner et en user peu. En beaucoup de petits lacs et marais de Barbarie, en

---

[1] Description de l'Afrique par Léon l'Africain, texte arabe traduit par Jean Temporal.

temps d'été, se congèle le sel qui est blanc et poli comme aux lieux qui sont prochains de Fez. »

Léon l'Africain a visité aussi Teghaza, « contrée en laquelle se trouvent plusieurs veines de sel qui semble marbre. Ceux qui tirent le sel ne sont pas du pays même : ils y viennent pour ce travail et vendent le sel à des marchands qui le transportent à Tombut, où il est en grande recommandation ; un chameau ne peut porter que deux plaques de sel. Les ouvriers qui travaillent à Teghaza n'ont d'autres vivres que ceux apportés de Tombut ou Dara, cités éloignées de 20 journées, tant qu'il est souvent advenu qu'on les a trouvés morts dans les loges, pour le trop long séjour des vivres. On y boit toujours de l'eau d'aucuns puits qui sont joignant les salines. »

Le procédé employé pour la vente du sel à cette époque laissait un peu à désirer au point de vue de la rapidité des transactions. Le sel est d'abord apporté à Melli sur des chameaux en deux grandes pièces tirées de la mine et de taille à former la charge d'un chameau. A Melli, les nègres le rompent en plusieurs parties pour le porter sur la tête, de sorte que chaque personne en porte un morceau : mais ils sont en si grand nombre qu'on dirait une armée. Chaque homme tient à la main une fourchette, laquelle ils fichent en terre et y appuient le sel quand ils sont las ; ils arrivent ainsi sur les bords d'une grande masse d'eau qui est certainement un lac ou rivière d'eau douce, puisqu'on y amène le sel. Ceux à qui appartient le sel en font alors des tas alignés et chacun marque le sien : puis tous ceux de la caravane se retirent une demi-journée en arrière pour laisser la place aux nègres acheteurs de sel qui ne veulent se laisser voir. Ceux-ci viennent dans de grandes barques et prennent terre ; ayant vu le sel, ils mettent une certaine quantité d'or auprès de chaque tas et se retirent, laissant l'or et le sel. Les premiers reviennent, prennent l'or, si la quantité est raison-

nable; sinon ils laissent le sel et l'or. Les noirs acheteurs prennent alors le sel qu'ils trouvent sans or, en
mettant davantage aux autres tas, si bon leur semble,
ou bien laissent le sel. Le marché se fait ainsi sans se
voir, ni parler, par suite d'une longue et ancienne cou-
tume. Le sel est fort recherché dans tous ces pays voisins de l'Equinoxial : car les nègres sont convaincus que
par les plus grandes chaleurs, c'est lui qui empêche le
sang de se corrompre et que si ce n'était le sel, ils en
prendraient la mort.

Lorsque trois siècles plus tard, en mai 1828, Caillié
parvint jusqu'à Tombouctou, il trouva le commerce du
sel à peu près dans le même état : seulement il n'est plus
question de Teghaza, mais bien de Taodeni ou Toudeny,
comme pays d'origine du sel[1]. L'aspect du sel sortant
des mines, les dangers que courent ceux qui le tirent du
sol, sont exactement les mêmes.

... C'est de Toudeny, dit Caillié, que l'on tire tout le sel
qui s'importe de Tombouctou à Jenné, et de cette ville
dans tout le Soudan. Les mines de sel y sont à trois ou
quatre pieds de profondeur au-dessous du sol et par
couches très épaisses. On le tire par blocs, puis on le
scie en planches. Ces mines font la richesse du pays :
elles sont exploitées par des nègres surveillés par des
Maures. Ils n'ont pour se nourrir que du riz et du mil
apportés de Tombouctou, cuits avec de la viande de
chameau séchée au soleil. L'eau qu'ils boivent filtre au-
dessous des mines de sel : elle est extrêmement saumâtre.

Il y a beaucoup de Maures à Tombouctou : ils ont de
belles maisons et s'enrichissent par le commerce; car
Tombouctou peut être considéré comme le principal
entrepôt de cette partie de l'Afrique. On y apporte tout

[1] Caillié, *voyage à Jenné et à Tombouctou*, publié par M. Jomard.
Imprimerie royale (1829).

le sel des mines de Toudeny. Il y arrive par caravanes, à dos de chameaux, sous forme de plaques liées avec de mauvaises cordes. Souvent les chameaux jettent leur charge à terre et les plaques sont brisées, quand elles arrivent à la ville : mais les marchands les font réparer par leurs esclaves qui rajustent les morceaux et les attachent avec des courroies de cuir de bœuf. Ces plaques sont ornées de dessins en noir, de raies ou de losanges. Les esclaves aiment beaucoup à faire ce travail, parce qu'il les met à même de ramasser une petite provision de sel pour leur consommation.

De tous les voyageurs qui, dans ces derniers temps, ont pénétré au centre même de l'Afrique, celui qui s'est le plus attaché à l'étude minéralogique et géologique des contrées qu'il visitait, est le docteur Barth. Aussi les renseignements que nous trouvons dans la relation de ses voyages[1] sont-ils précieux.

D'après lui, l'article commercial le plus important après l'or, à Tombouctou, est le sel qui, depuis les temps les plus reculés, forme avec ce métal le principal moyen d'échange dans toutes les contrées riveraines du Niger. Ce sel arrive aujourd'hui de Taodenni (22° lat. N. et 6° long. O. de Paris) dont les mines sont exploitées depuis 1596, époque à laquelle furent abandonnées celles de Tegazza, situées à 17 milles ¹/₂ plus au nord. Le gisement de Taodenni est dans le désert El-Djouf : il consiste en cinq couches de sel qui ont chacune un nom distinct. Les trois couches supérieures n'ont qu'une médiocre valeur : la quatrième est la plus recherchée : quant à la cinquième, elle gît dans l'eau. Le sel de Taodenni contient des veines argileuses grises qui lui donnent l'aspect du marbre. Le terrain des mines est divisé en petites portions, et concédé aux marchands de sel par un caïd

---

[1] Docteur Barth. *Voyages et découvertes dans l'Afrique septentrionale et centrale.* (En allemand, en anglais et en français.)

qui y demeure et prélève, comme indemnité, le cinquième du sel extrait par l'exploitant.

Les blocs de sel, dont la forme est généralement la même, sont de diverses dimensions; leur poids varie de 20 à 30 kilogrammes. Les plus grands ont un mètre environ de longueur, 35 centimètres de largeur et 6 à 7 centimètres d'épaisseur : cette dernière n'est que la moitié de celle de la couche, parce que les blocs ont été sciés en deux. Le prix du sel est assujetti à de grandes fluctuations, selon les saisons de l'année et la situation politique du pays. A l'époque du séjour du docteur Barth sur le Niger, il varia entre 3000 et 6000 kourdis[1] pour les blocs de dimension moyenne. Le trafic du sel de Taodenni s'étend bien au delà de Tombouctou, même jusqu'à Sansandi et dans le Libtako.

On trouve dans Barth des renseignements curieux sur une autre mine de sel, située à Bilma et qui, par l'intermédiaire d'énormes caravanes, alimente la partie orientale du pays des nègres : il nous apprend également que ces peuples cherchent par une foule de moyens à se procurer le sel qui leur manque.

Au royaume Foulbe de Gando, se trouvent un certain nombre de hameaux dont les habitants se livrent à l'extraction du sel : ils sont établis surtout dans la vallée Fogha, dont le fond est marécageux à cause de son peu d'inclinaison. Chaque hameau est bâti sur une terrasse, de forme carrée, ayant 300 mètres à peu près de côté : l'élévation peut être de 15 à 18 mètres du côté de la vallée et de 5 à 6 mètres vers la pente le long de laquelle la terrasse est construite. Il est aisé de voir que ces terrasses, élevées par les hommes, sont bâties avec les élé-

---

[1] Le kourdi est un petit coquillage employé comme monnaie : 1000 kourdis valent environ 1 franc; car 2500 kourdis valent un florin d'Autriche. On continue toujours à frapper comme neuf, pour le marché africain, le florin de Marie-Thérèse au millésime de 1788 : sa beauté le fait rechercher, surtout par les femmes.

ments du sol dépouillé de ses parties salines. Pour extraire le sel, on met la terre dans de grands tamis de paille et de roseau, puis on y verse de l'eau : elle s'écoule saturée de sel et se recueille dans des vases placés au dessous; après quoi, on l'évapore. On obtient aussi du sel en pains d'un gris jaunâtre. Il est meilleur que le sel amer de Bilma, mais ne vaut pas à beaucoup près le beau sel cristallin de Taodenni.

La fabrication du sel n'est possible de cette façon que pendant la sécheresse ou le commencement de la saison des pluies : car à la fin de celle-ci, tout le fond de la vallée est submergé : l'eau qui la couvre est douce, parce que la quantité de sel contenue dans le sol est assez minime. Les habitants font donc des provisions de terre, afin de pouvoir continuer leur travail pendant plus long-temps : ce sont des Foulbes et leurs esclaves, retenus dans ces lieux par le profit qu'ils tirent du commerce du sel : mais ils sont constamment en butte aux attaques de leurs implacables ennemis, les aborigènes de la province de Dendina.

A Yola, le sel, qui est une des principales marchandises, vient de Boumanda, près d'Hamarroua. Il ne s'obtient pas, comme celui de la vallée Foja, par le lavage du sable, mais on l'extrait des cendres d'herbes que l'on fait brûler. En beaucoup de localités on emploie, à cet effet, les cendres du *Siwak*, le *Capparis sodata*. Le sel extrait du lavage des cendres et de l'évaporation de l'eau salée ainsi obtenu est mis dans des moules qui lui donnent la forme de prismes triangulaires. Les Kanembou le trans-portent à Koukaoua, où il sert de moyen d'échange pour les objets d'un prix peu élevé : on en fait également des cadeaux.

Quelque insipide que soit ce sel, il est bien préférable à celui que les habitants de Kotoko, sur la rive méridio-nale du Tsad, tirent de la bouse de vache. A Milton, sur le Schari ou Babousso supérieur, on tire d'assez bon sel

d'une herbe qui croît dans le fleuve : ailleurs on en
extrait quelque peu des cendres de paille de millet ou de
sorgho.

Les mines de sel de Bilma ne sont autre chose que
des sources salées, dont on recueille l'eau pour la faire
évaporer dans des vases d'argile : le sel obtenu est mis
en forme de pains cylindriques. L'eau se rassemble dans
de grands bassins et, comme elle est saturée, elle laisse
déjà déposer beaucoup de sel par évaporation spontanée.
Bilma est située à côté d'un épais bois de palmiers : elle
est d'ailleurs presque complètement déserte en temps
ordinaire et ne devient vivante et animée qu'à l'époque de l'arrivée de la caravane du sel.

La grande caravane au sel composée de tribus Touaregs est une des choses les plus curieuses de l'Afrique
centrale. Le docteur Barth, dans ces explorations, a eu
plusieurs fois l'occasion de la rencontrer et même de
voyager avec elle. Celle qu'il suivait, lors de son arrivée
à Kano, comprenait environ 5000 charges de chameaux,
dont un tiers destiné à la province de Kano. Le sel
s'échange, dans cette ville, contre le sarrasin et contre
les produits importés des autres pays d'Afrique et même
d'Europe.

L'importance annuelle de ces transactions peut atteindre-
dre 80 millions de kourdis pour les produits indigènes,
blé et coton, et 50 millions de kourdis pour les vêtements
et tissus venant de Tunis et du Caire.

Au moment de son passage à Agadès, Barth vit encore
la caravane au sel réunie dans les environs, et s'apprêtant
à partir pour Bilma. Bien qu'il y eût peut-être de l'exagé-
ration de la part des indigènes en l'évaluant à 10 000 chameaux, elle n'en était pas moins fort considérable.
Dans ces contrées où l'on ne peut rien isolément, mais
où tous doivent mettre leurs efforts en commun, le départ
de la caravane est une époque caractéristique qui sert
de point de repère dans l'année. Ces pérégrinations an-

nuelles, qui n'ont d'autre but que le commerce du sel, servent en même temps au transport des nouvelles et des lettres. Elles ont quelque chose de grandiose, et répandent une vie pleine de poésie, sur les régions désertes qui s'étendent entre les localités parcourues par la caravane.

Celle-ci est toute une tribu en marche; les hommes vont à pied ou montent des chameaux; les femmes sont à bœuf ou à âne, et portent avec elles non seulement leurs ustensiles de ménage, mais encore tout l'attirail des habitations indigènes : de sorte que les nattes, les perches, les boîtes et les pôts voyagent suspendus pêle-mêle aux flancs des bêtes de somme. Deux troupeaux, l'un de bétail, l'autre de chèvres laitières, courent, ainsi qu'une quantité de jeunes chameaux, à côté de la caravane. Ces derniers, dans leurs capricieux ébats, mettent souvent le désordre dans la file des chameaux de charge, tous attachés les uns aux autres. L'*airi* (nom indigène et particulier de la caravane au sel) porte à la fois les marques de l'activité commerciale et celles de la vie errante. Le départ offre, chaque matin quelque chose d'imposant et de solennel. Au signal donné par les tambours, un long cri retentit dans tout le campement; les divers contingents arrivent à la file conduits par les premiers serviteurs des chefs respectifs. Tous marchent ainsi en cortège long et paisible, traversant les vallées et les montagnes. Le soir, ont lieu des danses et des jeux : les joueurs de tambour s'exercent à l'envi, pour montrer leur savoir-faire ou bien pour exciter l'enthousiasme des danseurs. Ces scènes animées, au milieu de sites sauvages, éclairées par de grands feux, présentent un tableau de mœurs d'une beauté particulière et peuvent faire oublier un instant les mauvais côtés de la vie du désert.

Cette grande émigration d'une tribu errante n'a d'autre but que l'exploitation d'un seul objet de commerce. La nature s'est plu à créer dans la région la plus nue et la plus aride du désert, dans le Tebou, près de Bilma, un

riche gisement de sel : en même temps, elle a refusé à
de vastes et fertiles contrées de l'intérieur ce minéral
indispensable à la nourriture de l'homme. Ni les Tebou,
chez qui se trouve Bilma, ni les Haoussa, consommateurs
du sel, ne sont assez industrieux pour se livrer à ce grand
trafic : un tiers s'interpose et pourvoit aux besoins de
ces derniers, en se créant à lui-même des moyens d'existence. Cet intermédiaire est l'indigène des régions inhos-
pitalières qui s'étendent entre le nord et le midi : le
Touareg d'Aïr, parcourant des espaces immenses, se rend
aux mines de sel et charge de leurs produits ses milliers
de chameaux. Il voyage alors pendant des mois entiers
et arrive aux contrées fertiles des Haoussa, où les habitants lui prennent le sel, en l'échangeant contre du blé
ou contre des produits tirés du dehors.

La valeur du sel transporté par la caravane peut s'élever à 2 ou 300 millions de kourdis, à peu près 2 ou
300 000 francs, valeur minime au point de vue européen,
mais fort considérable eu égard aux conditions écono-
miques de l'Afrique centrale. Une partie du sel s'arrête
à Sinder; une autre portion est destinée à Tessaoua et à
tous les marchés de la contrée, jusqu'au Gober; la plus
grande partie va jusqu'à Kano. Il faut remarquer d'ailleurs que l'état politique des pays traversés par l'*airi*
influe sur son importance. Pendant les désordres dont
le pays d'Asben fut le théâtre, la caravane était bien moins
nombreuse; il y eut même des années, où elle ne se
forma pas du tout.

On voit par ce qui précède quelle importance possède
le commerce du sel dans l'Afrique centrale : aussi n'est-
il pas étonnant que le transport de cette marchandise
entre dans les prévisions que l'on peut établir sur le
trafic du chemin de fer transsaharien. Sa réalisation est-
elle possible? C'est là une question dont nous n'avons pas
à nous occuper : mais en tous cas, n'y aurait-il pas lieu
de chercher à renouer des relations commerciales an-

ciennes. Autrefois, dans le moyen âge, un commerce considérable par caravanes se faisait entre l'Algérie et le
pays des nègres. Elles arrivaient de la Nigritie à Ouargla,
oasis algérienne, par différentes routes. M. Duveyrier,
qui a longtemps voyagé au milieu des Touaregs, et de qui
ces contrées sont admirablement connues, s'est occupé
de retrouver ces routes; il est parvenu aux résultats suivants, fort intéressants pour la question du sel.

L'une des routes de caravanes, se dirigeant vers le sud-
est, allait de Ouargla à Agades, en passant par la *Sebkha
d'Amadghor*, l'un des dépôts de sel les plus riches et les
plus vastes du Sahara. Située à moitié chemin du Tell
algérien et du pays Haoussa, sur le territoire des Touaregs
Ahaggar, la Sebkha d'Amadghor est destinée à redevenir
ce qu'elle était autrefois, l'emplacement de foires annuelles où s'échangeraient les produits du nord contre
ceux du Soudan, et à servir en même temps de saline
principale pour le peuple Haoussa.

Au milieu des bouleversements politiques qui ont
agité le Sahara central, les Haoussa, peuple peu guerrier,
se virent privés du beau sel qu'ils achetaient chez les
Touaregs Ahaggar, et obligés d'accepter le sel bien inférieur de Bilma, que les Touaregs d'Aïr vont recueillir chez
les Tebbous, hommes belliqueux et d'une autre race.

La reprise de l'exploitation des salines d'Amadghor
serait donc saluée avec joie par les habitants des sept
États Haoussa : cette idée ne serait pas repoussée par les
Touaregs d'Aïr qui, plus laborieux que ceux d'Ahaggar,
tireraient du transport du sel d'Amadghor les mêmes
bénéfices que de celui de Bilma. Ils seraient en outre avec
leurs frères d'Ahaggar en meilleurs termes qu'avec les
Arabes des environs de Bilma, qui attaquent souvent et
cherchent à enlever les chameaux employés au transport
du sel.

Il faudrait pour cela rétablir, à Amadghor, les anciennes
foires périodiques qui attiraient les caravanes de la Nigritie.

Cette institution profiterait, ce qui est important, à toutes les tribus qui vivent sur la route d'Algérie au Soudan, et aucune d'elles ne se verrait privée de ses droits ou de ses moyens d'existence. Il suffirait probablement d'acheter les bonnes dispositions des Touaregs Ahaggar par une petite rente payée à leur chef. Car dans tous les pays Touaregs, il est admis de temps immémorial que tout voyageur doit payer au chef une redevance établie, soit par voyage, soit par charge de chameau, et moyennant laquelle le chef s'engage à veiller sur les biens du voyageur et sur la sécurité des personnes qui l'accompagnent. Le sel, longtemps symbole d'alliance entre les personnes, deviendrait ainsi un trait d'union entre les peuples les plus différents, entre les nations européennes et les nègres de l'Afrique centrale.

FIN

TABLE DES GRAVURES

TABLE DES MATIÈRES

TROISIÈME PARTIE

SEL MARIN ET SEL GEMME.

3817. — Imprimerie A. Lahure, 9, rue de Fleurus, à Paris.

www.ingramcontent.com/pod-product-compliance
Lightning Source LLC
Chambersburg PA
CBHW070242200326
41518CB00010B/1649